O. Lasche

Konstruktion und Material
im Bau von Dampfturbinen und Turbodynamos

Dritte, umgearbeitete Auflage

von

W. Kieser
Abteilungs-Direktor der AEG-Turbinenfabrik

Mit 377 Textabbildungen

Berlin
Verlag von Julius Springer
1925

ISBN-13: 978-3-642-90018-1 e-ISBN-13: 978-3-642-91875-9
DOI: 10.1007/978-3-642-91875-9

Softcover reprint of the hardcover 3rd edition 1925

Vorwort zur ersten Auflage.

Die Wechselbeziehung „Konstruktion und Material" unter unmittelbarer Verwendung der Ergebnisse eingehender Versuchsreihen aus den Laboratorien und Prüffeldern, sowie der unerbittlichen und oft genug üblen Erfahrungen aus dem Betrieb der erbauten Maschinen wurde bisher wenig, sicherlich aber nicht entsprechend der ihr innewohnenden außerordentlich großen Bedeutung behandelt.

Die vorliegende Arbeit bezweckte ursprünglich, den Betrieben draußen durch die Beleuchtung der verschiedenen Materialfragen im Zusammenhange mit den konstruktiven Möglichkeiten zu zeigen, daß auch die heutige Dampfturbine trotz ihrer gewaltigen Fortschritte gegenüber allen anderen großen Kraftmaschinen noch immer an das Wesen der erhältlichen Materialien gebunden ist und so auch heute noch eine gewisse Rücksichtnahme auf diese obwalten muß. Weiterhin ist in dieser Ausarbeitung aber gezeigt, welche verschiedensten Zweige der Technik sich in der einzelnen Konstruktion berühren und welche Sorgfalt geboten ist, um eine den Anforderungen entsprechende Lösung zu erzielen. Gerade das Aufblühen der Turbinenkraftwerke mit ihren mehr als zehnfachen Einheitsleistungen gegenüber jenen vor kaum zwei Jahrzehnten zeigt das Anwachsen der an den Ingenieur gestellten Forderungen.

Besonderer Wert wurde auf die bildliche Darstellung gelegt und häufig lediglich durch die Sprache des Ingenieurs in ihrer gedrängten Ausdrucksweise unter möglichster Vermeidung weitläufiger textlicher Beschreibungen oder undurchsichtiger Zahlenbündel berichtet. Um die photographische Wiedergabe der Bruchflächen in gut leserlicher Darstellung zu bringen, wurden die charakteristischen Teile in starker Vergrößerung wiederholt, der Maßstab dieser Vergrößerungen soweit als tunlich einheitlich durchgeführt und auf die farbige Aufnahme und Wiedergabe größter Wert gelegt.

Berlin, im November 1918.

Dr. O. Lasche.

Vorwort zur zweiten Auflage.

Durch mancherlei Schwierigkeiten konnte die erste Auflage erst im Oktober 1920 erscheinen. Alle in den seitdem verflossenen wenigen Monaten erschienenen Kritiken betonen den Wert des Buches als grundsätzliches Beispiel für die auch bei der Reform unserer Hochschule einzuschlagende neue Richtung, die einzelnen Disziplinen nicht mehr abstrakt zu lehren, sondern alle gemeinsam in den Dienst der schaffenden Industrie zu stellen. Es ist weniger schwer, in der einzelnen Disziplin zu schaffen, aber unsagbar schwer, das eine oder andere in den Dienst des Ganzen zu stellen und wissenschaftliches Forschen soweit zu fördern, daß die Gesamtheit, die Industrie, tatsächlich und tatkräftig gefördert wird. Wieviel die Hochschulreform mit den heute vorgeschlagenen Mitteln in dieser Richtung zu schaffen vermag, erscheint mir fraglich. Die Voraussetzung — grundsätzliches Umstellen des Rüstzeuges und der Lehrmittel zwecks Erziehung zum technisch-wissenschaftlichen Forschen — verlangt mehr Kraft als die schon durch die Unzahl der Schüler über Gebühr angestrengten Lehrer zu leisten vermögen. Es ist unrichtig, an ein frohes, frisches Schaffen Vieler während zwölf täglicher Stunden zu glauben.

Mein Büchlein sollte eine Sammlung mir besonders nahestehender Beispiele sein, es sollte zeigen, wie heute in der schaffenden Technik gearbeitet und gedacht werden müßte, welches Rüstzeug die Lehrer unserer Schulen der technischen Jugend zu geben haben. Nicht „aus Scheu vor Kampf schwieg ich“ gegenüber dem Althergebrachten. Mein Buch kämpft durch Beispiel für das in der Hochschul-Reform Angestrebte, aber Beispiel oder Vorbild erfahren Absage, falls für den Anderen Arbeit mit dem Fortschritt verbunden ist, und hier handelt es sich um interne, intime Arbeit; Beispiel oder Vorbild machen trotz überzeugender Richtigkeit nur sehr selten „Schule“, sofern zum „Jünger sein“ emsiges, schweigendes Schaffen gehört. Wem die Beispiele als Anregung nicht genügen, vermag sich nicht — ein Vorwurf gegen das Bestehende — für das Neue zu begeistern.

Die Industrie muß selbst die fortschrittlichen Wege bahnen, die verschiedenen Disziplinen zusammenführen. Scheuklappen und Stachelzäune sind in der Wissenschaft von Disziplin zu Disziplin nicht kleiner als in der Industrie von Firma zu Firma. Die internen Forschungen des einzelnen Unternehmens müssen Bausteine bilden zum gemeinsamen Aufbau, und hierzu muß die einzelne Arbeit — ob für Turbine, Ölmaschine, Dynamo, Isolator aus Porzellan oder Mikanit usw. — Dritten verständlich sein. Geschürft wird an allen Ecken, aber erst die eigenen Arbeiten noch vertiefen und sie dadurch für die Gesamtheit lesbar gestalten, heißt die Gesamtheit, die Industrie, die Technik und die Wissenschaft fördern und so auch zu unserem Teil helfen am Wiederaufbau unseres Vaterlandes.

Berlin, März 1921.

Dr. O. Lasche.

Vorwort zur dritten Auflage.

Die Neuauflage erscheint zwei Jahre nach dem allzu frühen Tode des Urhebers. Da die zweite Auflage, ähnlich wie die erste, infolge der großen Nachfrage schon kurze Zeit nach dem Erscheinen vergriffen war, hatte Dr. Lasche bereits die Neubearbeitung vorbereitet, als ihn ein tragisches Geschick jäh dahin riß.

Der Herausgeber ist bestrebt gewesen, als langjähriger Mitarbeiter Dr. Lasches das vorbereitete Material im Sinne des Verstorbenen zu verwenden und die Eigenart des Buches zu wahren.

Unter Berücksichtigung der neueren Erfahrungen sind die einzelnen Kapitel zum Teil umgearbeitet, zum Teil ergänzt worden. Über die besonders in den letzten Jahren zu Bedeutung gelangten Resonanzschwingungen in Laufrädern und Schaufeln ist ein von Prof. Dr. W. Hort verfaßter Abschnitt eingefügt. Die Abschnitte über Materialeigenschaften sind unter Mitwirkung von Dipl.-Ing. Paul Melchior durchgesehen und erweitert. Über Gußeisen als Werkstoff und seine Eigenschaften bei höheren Temperaturen berichtet Oberingenieur W. Helmich. Zu dem Kapitel IX „Anfressungen an Kondensatorrohren" ist von Oberingenieur A. Siegel der Abschnitt 27 „Betriebs-Erfahrungen" geliefert, in dem auf Grund etwa 20 jähriger Beobachtungen das Verhalten der einzelnen Kondensatorrohr-Legierungen in den verschiedensten elektrischen Zentralen erörtert wird. Über die Eigenschaften verschiedener Zusammensetzungen von Lagermetallen gibt Dipl.-Ing. F. Kissing wertvolle Aufschlüsse. Schließlich hat mich Ing. W. Suter bei der Sichtung des Materials und Bearbeitung des Manuskripts unterstützt.

Für diese Mitarbeit spreche ich auch an dieser Stelle den genannten Herren meinen Dank aus.

Berlin, Juli 1925.

Walter Kieser.

Inhaltsverzeichnis.

Einleitung.

1. Die Wechselbeziehungen zwischen Konstruktion und Material.

Die Wechselbeziehung zwischen Konstruktion und Material hat oft das ausgemacht, was uns unbewußt der Begriff der Schöpfungen des Konstrukteurs im höchsten Sinne des Wortes war. Die Mathematik, eines der Rüstzeuge des Konstrukteurs, ist für ihn nie Selbstzweck, darf nie zum Selbstzweck werden. Die Materialienkunde als solche sollte dem Konstrukteur ein vertrautes Gebiet sein, so auch vieles aus der Chemie und Elektrochemie; auch im physikalischen Wissen und Können soll er sich auf beherrschtem Gebiete befinden. Was von diesen eben angedeuteten Gebieten gilt, gilt auch bezüglich der in anderer Beziehung aneinandergrenzenden Arbeitsgebiete. Für den Schiffsmaschinenbau, für den Bau von ortsfesten Kraftmaschinen, von Dampfturbinen oder Ölmaschinen sind viele grundsätzliche Fragen immer wieder die gleichen, ebenso wie Konstruktion und Verteilung des Materials für den Flugzeugkonstrukteur und für den Konstrukteur von Brükken, leichten Markthallen und schweren Montagehallen sehr viel Gemeinsames haben.

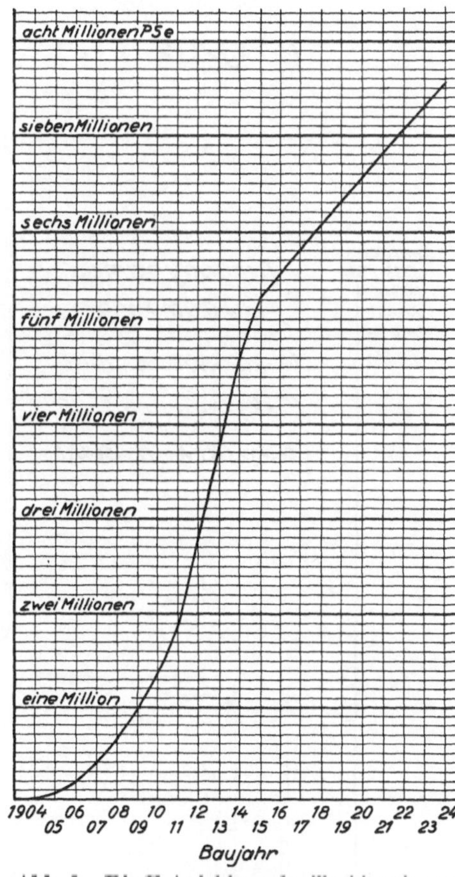

Abb. 1. Die Entwicklung des Turbinenbaues der AEG.

Die Erwärmung der Brücken durch die Sonnenstrahlen bewirkt innere Spannungen, einseitige Längungen, denen bei den Brücken ebensogut Rechnung getragen werden muß wie bei den stehenden Dampfmaschinen durch Schieflegen der Vertikalachse bei der Montage; bei den Dampfturbinen muß auf das gegeneinander verschiedene Wachsen des Rotors und des Gehäuses Rücksicht genommen werden, bei den Dynamomaschinen auf das relative Wachsen der Kupferwicklung gegenüber dem aus Stahl gebauten Rotorkörper. Die zusätzlichen inneren Spannungen, hervorgerufen durch einen falsch ausgeführten Reckprozeß in der Herstellung von Stangen aus hochprozentigem Nickelstahl, brachten nach wiederholtem Temperaturwechsel die Schaufeln von Turbinen, insbesondere von Schiffsturbinen, zum Brechen und verursachten manche schwere Havarie. Aber auch für diesen von dem Hersteller des Materials verschuldeten Fehler hatte allein der Konstrukteur der Turbine die ganze Verantwortung und die erheblichen Kosten zu tragen, ist doch die von dem Materialhersteller gebotene Garantie für das Material wenige Monate nach dessen Lieferung, also längst vor der ersten Inbetriebnahme der Maschine abgelaufen. Andererseits sind innere Spannungen, mit anderen Worten verschiedene Beanspruchungen in demselben Stück eines Konstruktionskörpers unvermeidlich; sie derart zu gestalten, daß das Material sie aufnimmt und nicht müde wird, sie im Dauerbetrieb zu ertragen, ist eine andere Aufgabe der Konstruktion und des Konstrukteurs.

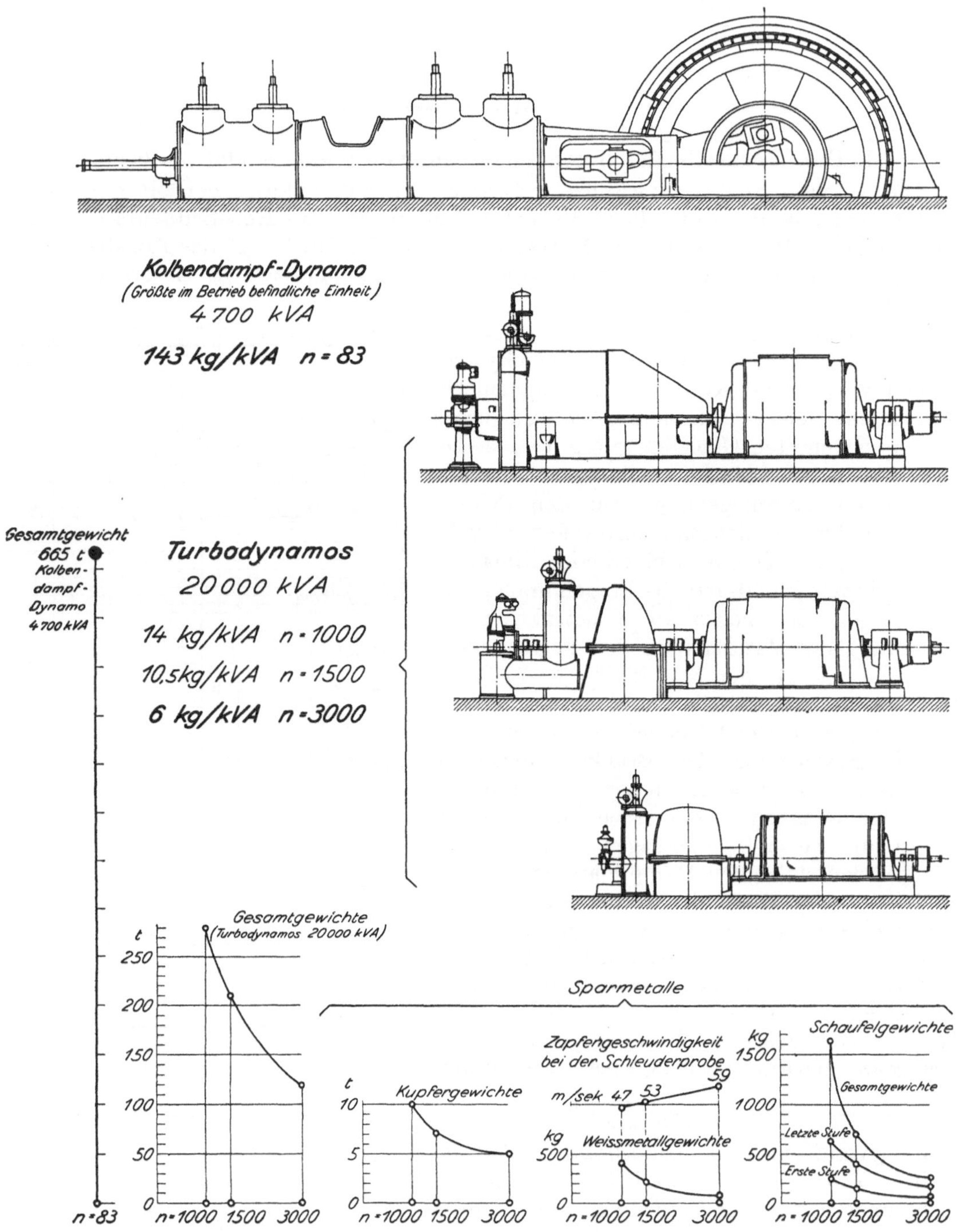

Abb. 2—5. Gewichte und Hauptabmessungen von Turbodynamos gleicher Leistung bei verschiedenen Umlaufzahlen.

Die nachstehenden Erfahrungen stützen sich auf den Bau und Betrieb von Dampfturbinen, Turbodynamos, der dazugehörigen Kondensationsanlagen und ihrer Hilfsmaschinen mit einer Gesamtleistung von mehr als 7 Millionen PS (Abb. 1), sowie auf das einschlägige Versuchsmaterial. Die Entwicklung begann im Jahre 1903 mit der 500 kVA-Turbodynamo bei n = 3000; es folgten 3000 kVA-Einheiten bei n = 1500 und 6000 kVA bei n = 1000, dann Schiffsturbinen von zunächst 3000 PS für Handelsdampfer, solche für Torpedoboote, Kreuzer und Linienschiffe größter Leistungen bei sehr niedrigen Umlaufzahlen, sowie Getriebeturbinen, und schließlich konnten Turbodynamos bis zu 30000 kVA noch bei n = 3000 und 60000 kVA bei n = 1000 (Abb. 2 bis 5) entwickelt werden. Das Gesamtgewicht einer Turbodynamo von beispielsweise 20000 kVA, allerdings bei zum großen Teil höherwertigem Material, beträgt bei der für diese Leistung heute möglichen Umlaufzahl von n = 3000 weniger als die Hälfte einer solchen von n = 1000, und bei dieser letzteren Umlaufzahl war zur Erzielung der genannten Leistung einige Jahre früher die Aufstellung von nicht weniger als drei selbständigen Maschineneinheiten erforderlich. Das Einheitsgewicht pro kVA sank so in kaum zwei Jahrzehnten durch den Übergang von der Kolben-Dampfmaschine größter Leistung zur Dampfturbine mittlerer Leistung auf weniger als ein Zwanzigstel herab, d. h. auf kaum 5% des damaligen Gewichtes.

2. Die verschiedenen Materialeigenschaften, die Beanspruchungen und Arten der Prüfung.

Die im Bau von Dampfturbinen und Turbodynamos zur Verwendung kommenden Baustoffe erfahren Beanspruchungen gänzlich verschiedener Art, so daß auch die Untersuchungen des Materials in den verschiedensten Richtungen zu erfolgen haben.

Durch die Umlaufsgeschwindigkeit treten in den Turbinen- und Dynamorotoren Beanspruchungen auf, die in den Hauptkörpern zunächst „ruhende" Zug- und Druckspannungen erzeugen. Die Bruchbelastung der Rotoren und ihrer Teile bzw. die in Frage kommende Zugfestigkeit ist ebenso wie die Bruchdehnung des Materials von geringerem Interesse als schon das Maß der Streckgrenze und der federnden Dehnung, wodurch bereits die Grenze der Betriebsbrauchbarkeit gegeben wird. Das Überschreiten der Streckgrenze bedeutet den Eintritt einer bleibenden Formveränderung, einer bleibenden Dehnung; Turbinenräder erfuhren gelegentlich beim Durchgehen der Turbine auf etwa doppelte Umlaufzahl eine bleibende Erweiterung der Nabenbohrung, sie wurden auf der Welle lose, der Gang der Maschine wurde stark unruhig. Das Material war gereckt worden, hatte eine bleibende Dehnung erfahren. Bauschinger berichtete schon im Jahre 1886 über die Möglichkeit, die Streckgrenze des Materials durch Recken zu erhöhen, jedoch unterblieb ein Hinweis auf eine etwa zulässige Nutzanwendung hiervon oder eine Warnung gegen eine solche Nutzanwendung[1]). Es entstand die Frage: Dürfen z. B. die so gereckten Radscheiben unter Verwendung entsprechender Zwischenbuchsen weiter in Betrieb bleiben, nachdem sie von neuem die erforderliche Montagespannung auf der Welle, den geforderten Preßsitz, erhielten? Fortgesetzte Wechselbiegeversuche mit gerecktem und mit frischem Material sowie entsprechende Kerbschlagversuche — Abschnitt II und III — helfen zur Beurteilung dieser Frage, ob ein über die ursprüngliche Streckgrenze beanspruchtes Material als Konstruktionsmaterial noch voll brauchbar bleibt.

Eingetretene bleibende Dehnungen an hochbeanspruchten scheibenförmigen Körpern gaben fernerhin einen Einblick in das gegenseitige Verhalten der höchstbeanspruchten Faser zur sogenannten mittleren Beanspruchung — Abschnitt IV/32, S. 55 —, mit anderen Worten, sie erbrachten einen Einblick in die Anteilnahme minder

[1]) C. Bach weist 1883 in „Die Konstruktion der Feuerspritzen" darauf hin, durch eine entsprechend hoch bemessene Druckprobe die Elastizitätsgrenze höher zu legen und so das Dichthalten der Zylinder mehr zu sichern.

hoch beanspruchter Teile, nachdem die höchstbeanspruchten bereits mit Überschreitung der Streckgrenze oder gar der rechnerischen Zugfestigkeit eine gewisse Formveränderung erfahren hatten. Um in dieser Richtung Klarheit zu erzielen, mußte an die Stelle des Zerreißstabes der Versuch mit dem ganzen Konstruktionskörper (Abb. 6) treten. Die Beanspruchungen in den umlaufenden Konstruktionskörpern wachsen vom Stillstand bis zum vollen Betrieb der Maschine derart, daß es unmöglich ist, diese Beanspruchungen im Innern des Körpers untereinander gleich zu erhalten, mag der Körper im Ruhezustand gänzlich frei von inneren Spannungen oder bereits mit starker Schrumpfspannung aufgesetzt bzw. bereits vor dem Aufsetzen künstlich gereckt gewesen sein; als Beispiel sei hier Abb. 24 gegeben. Mehrere Versuchsreihen wurden hier bis an die Grenze des Zerberstens der Versuchskörper geführt (Abb. 30 bis 32).

Abb. 6. Senkrechter Versuchsstand für Schleuderversuche mit großen Scheiben.

Unter tunlichster Anlehnung an die Beanspruchungen im Betriebe wurde das Material Kerbschlagprüfungen — Einschlag- und Vielschlagversuche — unterworfen.

Durch viele Jahre zogen sich die vergleichenden Wechselbiegeversuche mit frischem und mit bereits gerecktem oder gezogenem Material hin.

Zu diesen mehr oder weniger allgemein gültigen Untersuchungen treten bei den verschiedenen Konstruktionskörpern der Dampfturbinen und Turbodynamos noch Sonderfragen hinzu, welche die Prüfung der ganzen Körper fordern, Fragen, für deren Beantwortung auch der auf das sorgsamste entnommene Probestab nicht genügt. So wurde vielfach behauptet, die Radscheiben hätten große Neigung, sich zu werfen, eine Behauptung, die sich bei einigermaßen sorgsamer Herstellung der Scheiben als völlig irrig erwies.

Die Anfressungen und sonstigen chemischen und mechanischen Zerstörungen, insbesondere der Turbinenschaufeln, forderten ein gründliches Eingehen auf den mechanischen Verschleiß des Materials, sowie auf die Zersetzung durch chemische Verunreinigungen des Dampfes bzw. des Wassers.

Die stets wiederkehrenden Anstände an den Messingrohren der Kondensatoren konnten nach einem gehörigen Zerlegen in ihre verschiedenartigen Entstehungsursachen in ihrem inneren Zusammenhang zum größeren Teil erkannt werden.

Für Wellen wurde eine ständige Erwärmungsprobe durchgeführt; während der Erwärmung beim langsamen Umlaufen wurde geprüft, ob sie gerade blieben. Diese Maßnahmen waren insbesondere durchzuführen bei den Rotoren der Dynamomaschinen, zumal diese zusammengebaute Körper sind, die bei hohen Umfangsgeschwindigkeiten — bis zu 200 m/sek während der Schleuderprobe — stromführende, also isolierte Spulen zu tragen haben.

Die Ansprüche an das Laufflächenmaterial der Lagerschalen bei Geschwindigkeiten, die etwa das Doppelte der gebräuchlichen Umlaufgeschwindigkeit des Kranzes von Schwungrädern betragen, forderten das Eingehen auf die außerordentlich verschiedenen örtlichen Temperaturen und Drücke an den einzelnen Stellen der Lagerschalen. Um diese zu finden und zu erforschen, wurden Schalen mit mehreren Dutzend Meßstellen ausgerüstet und mit Laufgeschwindigkeiten bis hinauf zu 50 und 60 m sekundlich bei mittleren Flächendrücken bis zu 20 kg/cm² betrieben. Hierdurch gelang es, die Größenordnung festzulegen, die für die Beanspruchung des Laufmetalls durch die Betriebsverhältnisse gegeben ist. Die örtlichen Temperaturen sind nennenswert höher als die Temperaturen des abfließenden Öls, die örtlichen Drücke bei mittleren Flächendrücken von 6,5 kg/cm² steigen bis reichlich 20 kg/cm². Der Konstrukteur vermag auch hier, nachdem er diese Verhältnisse kennengelernt hat, bezüglich Wahl des Materials und Durchführung der Konstruktion entsprechend einzugreifen.

Die Frage, ob von einem eigentlichen Maschinenbaustil gesprochen werden kann oder nicht, mag offen bleiben; Tatsache ist, daß die Formgebung sowohl im Äußeren der Maschinen als auch in ihrer inneren Gestaltung von allergrößter Wichtigkeit ist. Der Grundsatz: so konstruieren, daß man rechnen kann, wird ergänzt durch den Grundsatz: so konstruieren, daß das Material in allen Teilen seine volle Güte hat, wozu das Verlangen nach einer einheitlichen, dem Zwecke der Maschine entsprechenden Linie kommt.

I. Die Dehnung und Festigkeit des Materials.

3. Die bleibende Dehnung des Materials.

Abb. 7 zeigt aus den Arbeiten von Bauschinger[1]), hier aber in anderer zeichnerischer Darstellung, die bleibenden Dehnungen eines Probestabes während des Zerreißens bzw. während des Reckens. Die schrägliegenden Linienzüge zeigen die Spannung beim Recken, die dazwischenliegenden horizontalen Strecken zeigen das Nachfließen des Materials während der jeweils gleichmäßig aufrechterhaltenen Spannung.

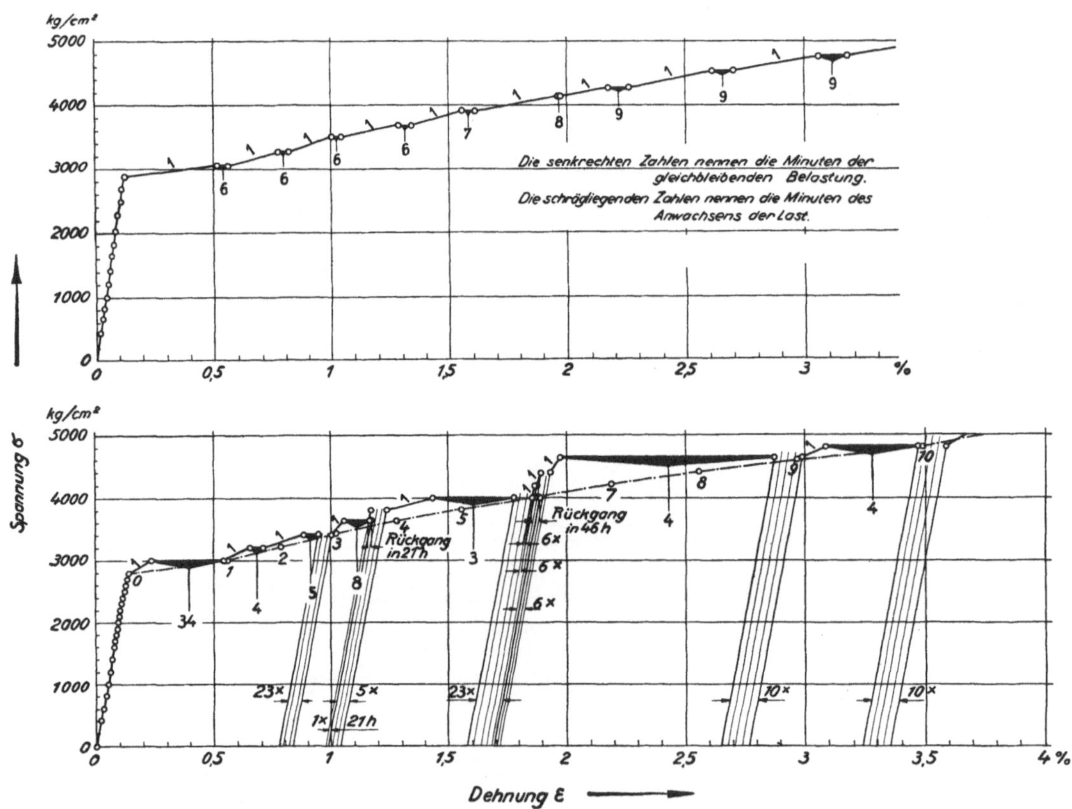

Abb. 7—8. Zerreißvorgang an Probestäben, dargestellt auf Grund von Angaben von Bauschinger.

Abb. 8 zeigt einen ähnlichen Reckvorgang von Bauschinger, bei dem die für das Fließen gegebenen Zeiten sehr verschieden lang genommen und außerdem eine große Zahl von Entlastungen und vielfach wiederholte Be- und Entlastungen zwischengeschaltet wurden. Letztere sind hier durch ein neben die Zahl gesetztes ×-Zeichen hervorgehoben. Die strichpunktierte Linie gibt den Verlauf des ununterbrochenen Vergleichsversuchs, wobei die schwarzen Kreise den Spannungs-Dehnungszustand nach

[1]) Mitt. a. d. mech.-techn. Labor. d. K. T. H. München 1886, 13. H., Blatt I und S. 67/8.

je 1 vollen Minute bedeuten. Der Bruch würde bei dem gewählten Maßstab der Dehnung etwa 1 m weiter rechts darzustellen sein.

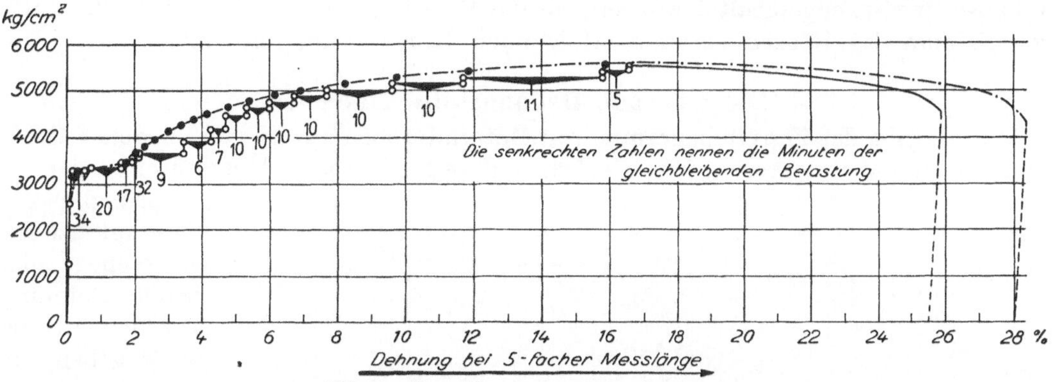

Abb. 9. Zerreißvorgang an Probestäben.

Abb. 9 zeigt im Vergleich mit einem in der üblichen Weise hergestellten Zerreißdiagramm den sich über mehrere Stunden erstreckenden Versuchsvorgang mit gleichfalls wieder zwischengelegten Pausen, in denen das Material unter aufrechterhaltener

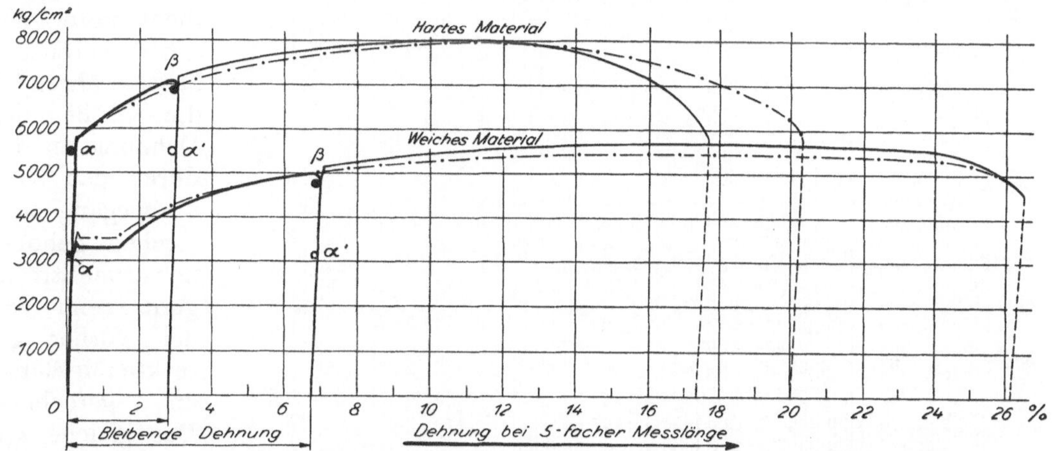

Abb. 10. Zerreißvorgang an Probestäben verschiedener Materialgüte mit einmaliger vollständiger Entlastung nach erheblichem Überschreiten der ursprünglichen Streckgrenze (Recken des Materials).

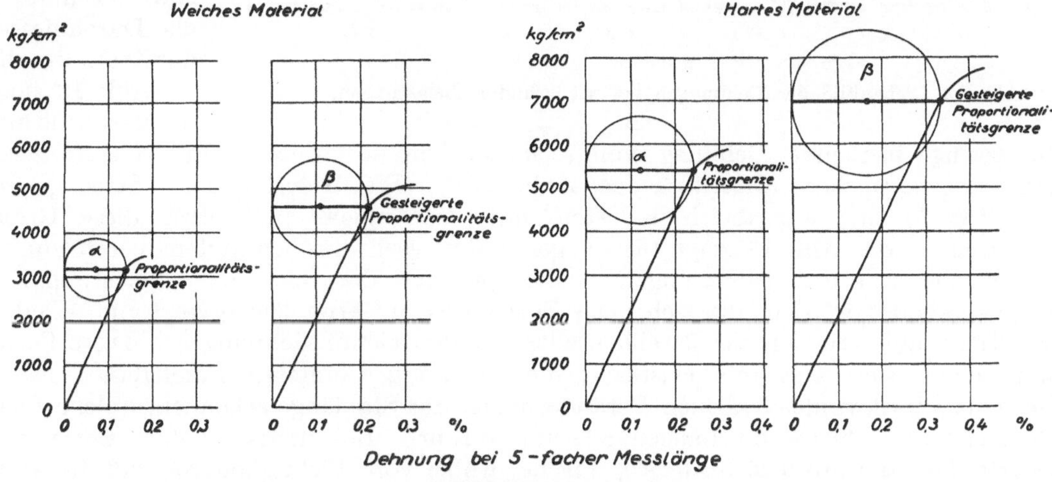

Abb. 11—12. Der Einfluß des Reckens auf Spannung und Dehnung an der Proportionalitätsgrenze.

Spannung weiterfloß. Hier zeigt es sich, daß der Zerreißvorgang in bezug auf den Wert der Zugfestigkeit und Bruchdehnung im wesentlichen der gleiche bleibt, gleichgültig ob Pausen zwischengeschaltet wurden, ob die Belastung mehrfach wiederholt wurde oder ob man das Recken bis zum erfolgenden Bruch stetig fortsetzte.

4. Die federnde Dehnung des Materials.

Abb. 10 gibt das Zerreißdiagramm von Materialproben zweier verschiedener Qualitäten bei einmal unterbrochenem Recken und zeigt die beim Überschreiten der ursprünglichen Streckgrenze eingetretene bleibende Dehnung. Die kleinen Kreise α geben die Größe der Dehnung an der ursprünglichen Proportionalitätsgrenze an, die dicht unter der Streckgrenze liegt, während β die Größe der Dehnung an der durch das vorangegangene Recken gehobenen neuen Streckgrenze zeigt, von der vorher gereckten Meßlänge an gerechnet. Das gleiche zeigen in starker Vergrößerung Abb. 11 und 12 als Durchmesser der Kreise α und β.

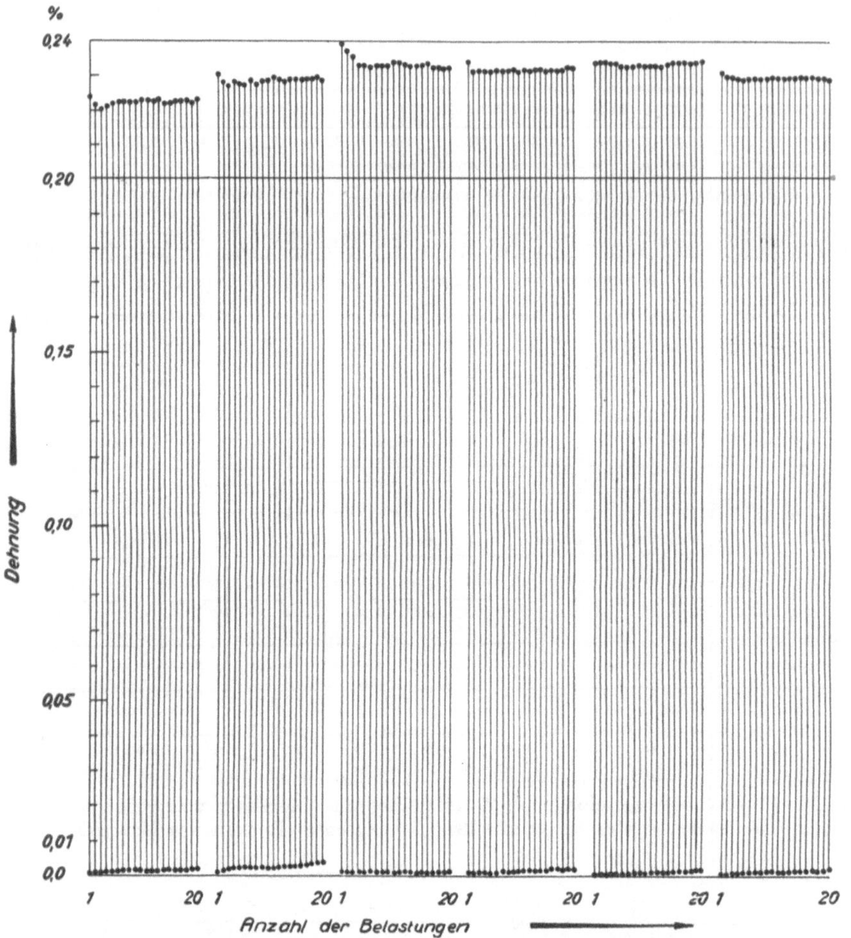

Abb. 13. Schaubild der Dehnungen bei wiederholten Belastungen.

Abb. 13 zeigt die elastische und die geringe bleibende Dehnung von sechs Proben des weichen Materials (unterer Linienzug „weiches Material“ der Abb. 10). (Die ursprüngliche Streckgrenze von 3200 kg/cm² war durch Belasten mit 4800 kg/cm² auf etwa diese Größe gestiegen.) Die Abb. 13 zeigt für die genannten sechs Proben in den oberen Punktreihen, die von den jedesmaligen Umkehrpunkten des Reck- oder Belastungsvorganges gebildet werden, die sich nach Entlastung auf etwa 300 kg/cm² und Wiederbelastung auf 4800 kg/cm² jeweils wiederholenden Gesamtdehnungen. Diese Formänderungen sind fast rein elastisch; die zugehörigen unteren Punktreihen lassen die ganz verschwindend kleinen Veränderungen der Stablänge erkennen, welche diese als zusätzliche bleibende Längenänderung erfuhr. Bei nahezu voller Entlastung federte der Stab um 0,22 bis 0,24% zurück, wobei von Wichtigkeit ist, daß diese Federung sich auch bei häufiger Wiederholung des Belastungsspiels und auch bei weit über der ursprünglichen Streckgrenze liegenden Beanspruchungen voll und ganz erhielt. Die Gesamtdehnung besteht also aus der elastischen oder federnden Dehnung und der bei Belastungen unterhalb der Streckgrenze, selbst unterhalb der Proportionalitätsgrenze stets, wenn auch nur mit feinen Meßapparaten nachweisbaren bleibenden Dehnung. Durch Recken über die Streckgrenze hinaus werden vor allem die bleibenden Dehnungen vergrößert, in begrenztem Maße aber auch die elastischen Dehnungen. Hierbei wird also nicht nur die Streckgrenze, sondern auch die Elastizitätsgrenze erhöht.

Abb. 14 zeigt für ein erheblich härteres Material (entsprechend dem oberen Linienzug „hartes Material" der Abb. 10) den gleichen Vorgang. Das Material (Probe a) wurde von etwa 5800 kg/cm² ursprünglicher Streckgrenze auf eine Streckgrenze von reichlich 7000 kg/cm² gebracht und hierbei um bleibend 2,8%, d. h. um etwa 1,4 mm gereckt. Die Federung des Materials bei Entlastung auf 300 kg/cm² und wiederholter Belastung auf 7000 kg/cm² beträgt 0,335%; eine Veränderung der bei der erstmaligen Überlastung eingetretenen Reckung hat sich während vielfacher Wiederholung dieses Vorganges so gut wie nicht — weniger als um ein tausendstel Millimeter — ergeben (vgl. die fünf Punktreihen am Fuß der Abb. 14).

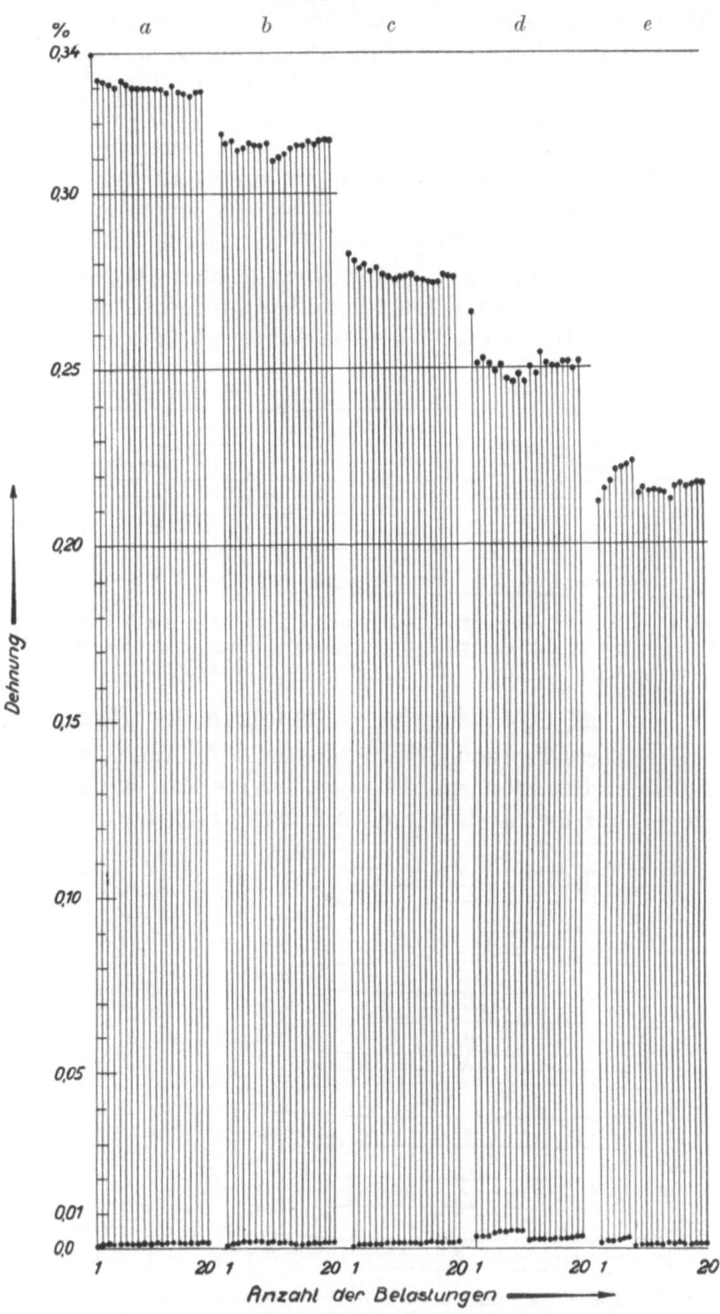

Abb. 14. Schaubild der Dehnungen bei wiederholten Belastungen.

Die gleiche Eigenschaft des Federns von gerecktem Material zeigen die Punktreihen b, c, d, e der gleichen Abb. 14, wobei noch besonders darauf hingewiesen sei, daß entsprechend Abb. 11 und 12 die federnden Dehnungen der Materialien etwa proportional der höhergelegten Streckgrenze größer geworden waren.

Eine 50malige Wiederholung der Belastung ist für die Aufrechterhaltung der Güte eines Materials durch einen Reckvorgang naturgemäß noch kein Beweis, weshalb hier die Dauerversuche mit vielen Millionen Lastwechseln und ebenso die Kerbschlagversuche mit stark gereckten Versuchskörpern im Vergleich zu denen an frischem Material einsetzen mußten, wobei hier bereits auf die Abb. 58—59 verwiesen sei. Immerhin lassen schon die in den vorstehenden Punktreihen wiedergegebenen Beobachtungen vermuten, daß, nachdem die Überlastung eines Körpers an dessen höchstbeanspruchter Stelle eine bleibende Längung hervorrief, durch dieses Längen andere Stellen des Körpers in erhöhtem Maße zum Tragen herangezogen wurden, und sich somit die Belastungen auf ausgedehnte Stellen des beanspruchten Körpers verteilen; es formt sich die an einer kleinen Stelle herrschende rechnerische Höchstbeanspruchung in eine gewisse, über eine größere Stelle verteilte mittlere Beanspruchung um. Dieser Vorgang des Heranziehens benachbarter, zunächst wenig belasteter Teile zur vollen Kraftleistung erfolgt in erhöhtem Maße bei einem „weichen" Material, das bis zu seiner Höchstbeanspruchung einen großen Dehnungsweg bietet, wogegen ein sogenanntes hartes Material bis zur zulässigen Höchstbeanspruchung nur um ein geringes Maß fließt. Ein Vorteil, den die Verwendung „weichen" Materials bietet.

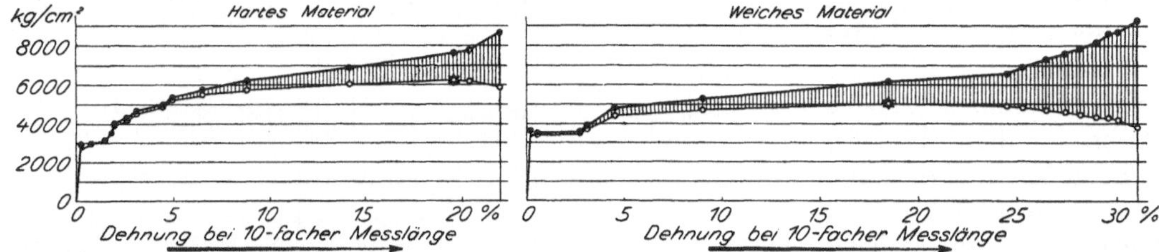

Abb. 15—16. Die Zerreißfestigkeit eines Probestabes „A", bezogen auf den jeweiligen Stabquerschnitt im Gegensatz zu der allgemein üblichen Darstellung, welche sich auf den ursprünglichen Stabquerschnitt bezieht.

5. Das scheinbare Ansteigen der Festigkeit des Materials.

Der Zerreißvorgang eines Stabes wird üblicherweise entsprechend Abb. 9 dargestellt; zu beachten ist dabei aber, daß die Bezeichnung der Belastung mit 5600 kg/cm², bezogen auf den ursprünglichen Querschnitt, leicht irreführt. Mit Überschreiten des

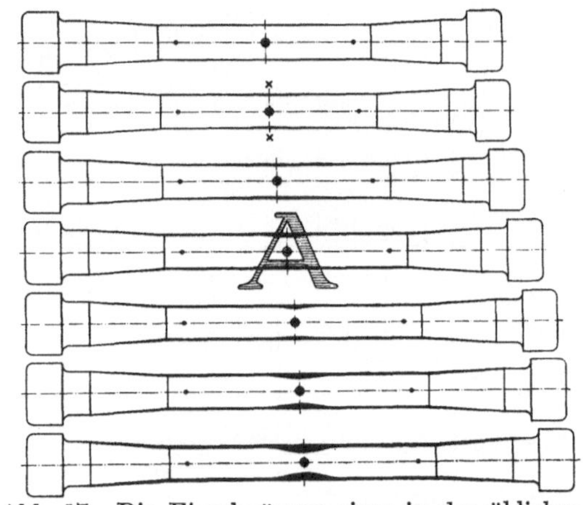

Abb. 17. Die Einschnürung eines in der üblichen Weise laufend zerrissenen Probestabes „A".

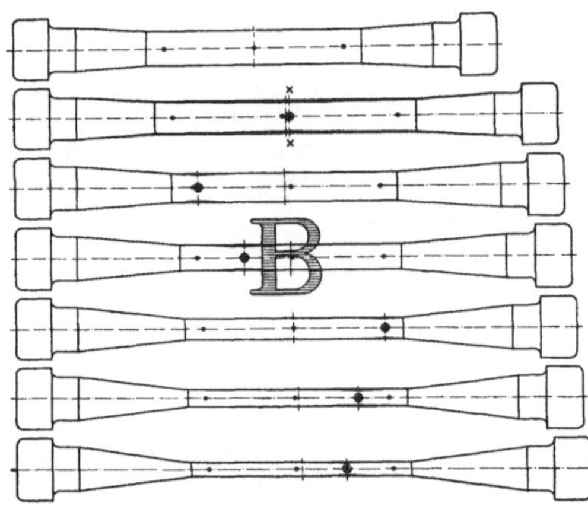

Abb. 18. Das Wandern der Einschnürstelle eines wiederholt gereckten und jeweils auf den Durchmesser an der Einschnürstelle nachgedrehten Probestabes „B".

höchsten Punktes der Kurve und auch schon vorher setzt die Einschnürung in dem Stab ein, und die Zugbelastung sollte weiterhin nicht auf den ursprünglichen Stabquerschnitt, sondern auf den jeweils mehr und mehr verringerten kleinsten Querschnitt des Stabes bezogen werden. Es ergibt sich so, im Gegensatz zu der üblichen schwach ausgezogenen Linie, der stark ausgezogene Linienzug Abb. 15 und 16. Die größte „wahre Spannung“ — stark ausgezogener Linienzug — besteht also nur an der Stelle der stärksten Einschnürung, wogegen das Material in der übrigen Länge des Stabes nur jene geringe Beanspruchung erfährt, die praktisch der Verteilung auf die ursprüngliche volle Querschnittfläche entspricht. Die „wahre Spannung“ zeigt mit fortschreitender Einschnürung keinen Abfall, sondern im Gegenteil einen bis zum Bruch steilerwerdenden Anstieg.

Abb. 17 und 18 zeigen zwei übliche Zerreißstäbe A und B (oberstes Bild); an der Stelle × (zweites Bild) entstand bei der erstmaligen Belastung die Einschnürung, an dieser Stelle erfolgte also erstmalig der Vorgang des stärksten Reckens, der künstlichen Erhöhung der Streckgrenze. Der Stab B wurde danach über seine volle Meßlänge auf den an der Einschnürstelle entstandenen Durchmesser abgedreht und wiederum belastet, bis er sich von neuem kräftig einschnürte. Diese Prüfung wurde fünfmal wiederholt. Der Versuch[1]) bestätigt durch das Wandern der Stelle der Einschnürung über die ganze Stablänge, daß das Material durch das Recken nicht zerstört ist. Es hat vielmehr den Anschein, als ob es weiter gefestigt wäre. Heyn[2]) erklärte den Vorgang durch die Hypothese von den verborgenen Dehnungen bzw. Spannungen, die im gereckten Stab durch elastische Hysteresis zurückbleiben. Es wird später bei den Dauerversuchen (S. 35) gezeigt, daß das Material durch den Reckvorgang an Kerbzähigkeit und Schwingungsfestigkeit etwas eingebüßt hat[3]).

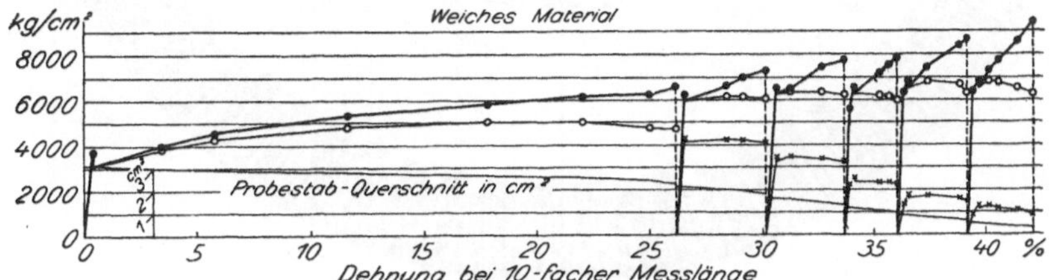

Abb. 19. Zugfestigkeit eines Probestabes „B“, der nach mehrfach erfolgter Einschnürung jeweils wieder nachgedreht wurde.

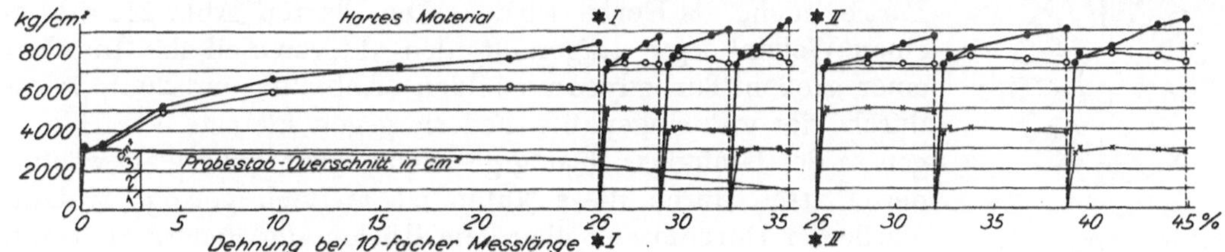

Abb. 20. Zugfestigkeit eines Probestabes „B“, der nach mehrfach erfolgter Einschnürung wiederholt nachgedreht wurde.

*I. Dehnung bezogen auf die wirkliche Meßlänge ohne Rücksicht auf die einseitige Lage der Einschnürung.

*II. Dehnung bezogen auf die ideelle Meßlänge; beidseitig der Einschnürung wurde das gleiche Maß für die Dehnung angenommen.

Abb. 19 und 20 zeigen wiederum für weiches und hartes Material in dem obersten stark ausgezogenen Linienzug das Ansteigen der Festigkeit des Materials an der jeweiligen Einschnürstelle; die tieferliegenden Linienzüge geben im Gegensatz hierzu die gleiche totale Belastung, verteilt auf die ursprünglichen bzw. die größeren Querschnitte.

[1]) Vgl. Hartmann: Phénomènes qui accompagnent la déformation permanente des métaux. Bulletin Soc. Ind. Min. Bd. 14, 1900.

[2]) Heyn, E.: Eine Theorie der „Verfestigung“ von metallischen Stoffen infolge Kaltreckens. Festschrift der Kaiser-Wilhelm-Gesellschaft 1921, S. 121.

[3]) Diese Erscheinungen sind noch nicht völlig geklärt: Sachs: Mechanische Technologie der Metalle, Leipzig 1925.

6. Die endliche Länge der höchstbeanspruchten Stellen.

Die Nutzanwendung dieses Fließvorganges des Materials in den Konstruktionskörpern findet ihre Grenze in der Tatsache, daß die Längenausdehnung der Stelle höchster Beanspruchung eine tunlichst große sein muß. Die Höchstbelastung darf sich nicht nur über einen kleinen Bruchteil der gesamten Längenausdehnung des

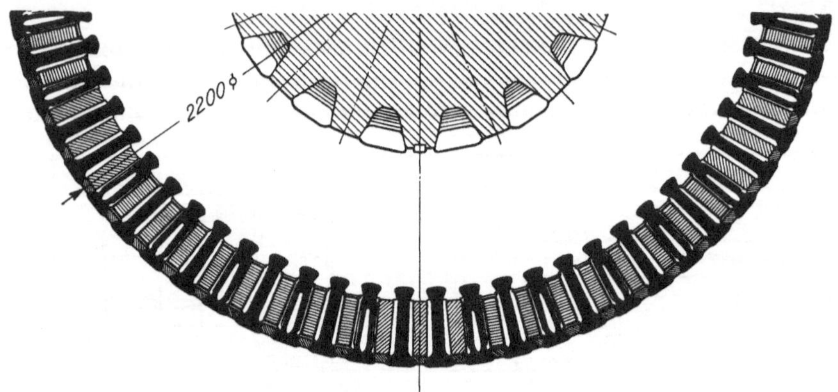

Abb. 21. Induktorplatte mit Belastungsprismen als Versuchskörper für Schrumpf- und Schleuderversuche.

Konstruktionskörpers erstrecken, sie darf keinesfalls etwa in die Nähe einer Kerbe im weiten Sinne des Wortes fallen. Die Radscheiben eines Turbinenrotors erfahren an der Bohrung ihre Höchstbeanspruchung; die Bahn für den Befestigungskeil oder die Feder, welche die Mitnahme in Umfangsrichtung gewährleisten soll, darf nicht als nennenswerte Verschwächung der inneren Partie, nicht als Kerbe wirken. Die Platten Abb. 21, die, auf einen Wellenkörper aufgereiht, den aktiven Teil des Induktors einer großen Turbodynamo bilden (Abb. 201 und 208), werden durch vier gut eingepaßte Federn gegen kleinste Verschiebungen in der Umfangsrichtung gesichert. Die radiale Schwächung der Platten durch diese Nuten ist an sich gering; trotzdem wurde der Durchmesser über dem Rücken der Federn als Hauptdurchmesser, als Hauptlinie der Konstruktion genommen, und die Flächen für den Schrumpfsitz der Platten auf der Welle wurden als schmale Füßchen ausgebildet. Für die elastische Dehnung kommt demnach die weit größere Summe der Längen des großen Durchmessers, nicht die absichtlich viel kleiner gehaltene Summe der die Welle berührenden Stellen in Frage.

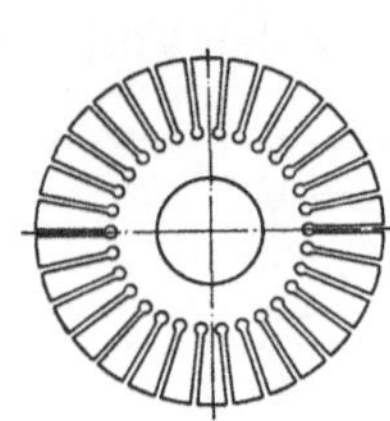

Abb. 22. Platte von 460 mm ∅ über den Belastungszähnen als Modellversuchskörper für Fortsetzung der Schrumpf- und Schleuderversuche bis zum Zerbersten.

7. Das Verhalten einer aufgeschrumpften umlaufenden Platte.

Abb. 6 zeigt den Versuchsstand für das Schleudern einer Platte der Abb. 21 von etwa 2000 mm Außendurchmesser. Diese Platten bilden den aktiven magnetischen Teil des Induktors einer 60000 kVA-Dynamomaschine (Abb. 23); sie wurden auf einen Wellenkörper aufgeschrumpft, da es nicht möglich war, den vollen Magnetkörper aus dem Ganzen genügend zuverlässig durchgeschmiedet zu erhalten (vgl. Abb. 208).

Es ist bekannt, daß auf Wellen oder Zapfen aufgeschrumpfte Platten, Ringe, Kurbeln usw. lose werden, wenn der erforderliche Schrumpf nicht richtig gewählt wurde; auch bei Induktoren elektrischer Maschinen, deren Aufbau mittels solcher auf eine Welle aufgeschrumpfter Platten erfolgte, wurde vorstehende Erscheinung des öfteren festgestellt. Es mußten daher hier, um den gleichen Fehler von vornherein auszuschließen, alle mit dem Schrumpfen zusammenhängenden Fragen gründlich geklärt werden.

Der Induktor der oben erwähnten Turbodynamo hat eine Betriebsumlaufzahl n = 1000. Als Sicherheit gegen etwaige Zufälligkeiten wurde eine Schleuderprobe

Abb. 23. 60000 kVA-Turbodynamo in den Werkstätten der AEG-Turbinenfabrik.

mit 50% Erhöhung der Umlaufzahl, d. h. n = 1500, vorgesehen. Sämtliche Berechnungen wurden daher für diese Umlaufzahl durchgeführt.

Wie aus dem Diagramm (Abb. 24) ersichtlich ist, wurde bei der ersten Berechnung der Platten davon ausgegangen, daß sie sich erst bei einer Umdrehungszahl von n = 1600 von der Welle abheben dürfen, um so gegen Zufälligkeiten gesichert zu sein, falls die Berechnung mit der Wirklichkeit oder mit der Werkstattausführung nicht genau übereinstimmt. Andererseits darf die rechnerische Abhebedrehzahl, um den Abstand von n = 1500 zu vergrößern, nicht beliebig weit nach oben verlegt werden, da alsdann die Schrumpfspannungen und damit auch die sich ergebende Schrumpf-Rotationsspannung entsprechend wachsen.

Für die Feststellung der oberen Streckgrenze, d. h. der Beanspruchung, bei der alle Fasern, sowohl die inneren an der Bohrung als auch die äußeren, die Streckgrenze des Materials erreicht haben, also ein Ausgleich der Beanspruchungen stattgefunden hat, wurde ein zweites Diagramm (Abb. 25) angefertigt. Wie aus diesem zu ersehen,

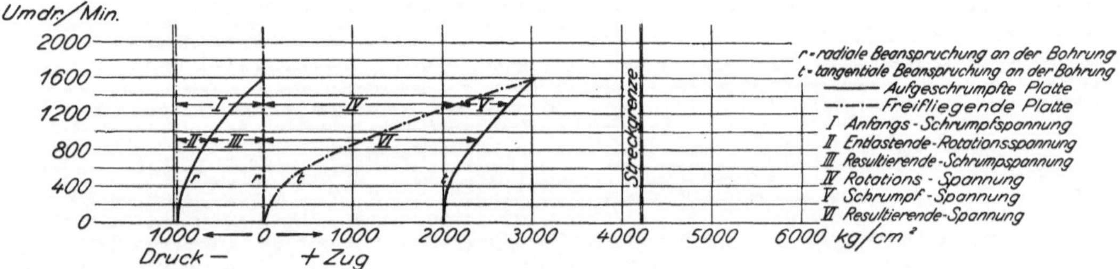

Abb. 24. Spannungsdiagramm der Induktorplatten an der Bohrung bei verschiedenen Umlaufzahlen. Schrumpf = 1,64 mm.

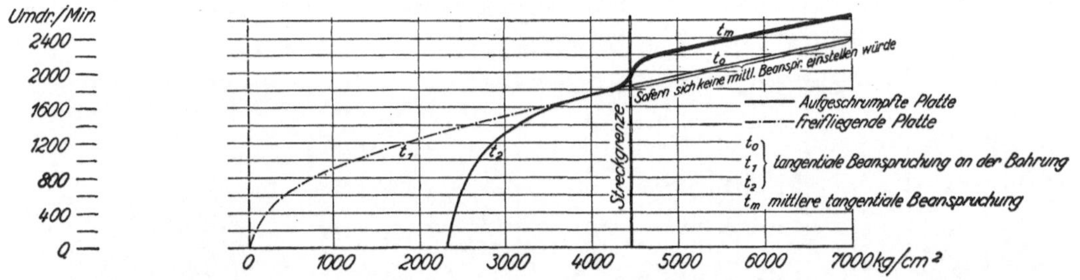

Abb. 25. Spannungsdiagramm der Induktorplatten an der Bohrung. Übergang zur mittleren Beanspruchung. Schrumpf = 2 mm.

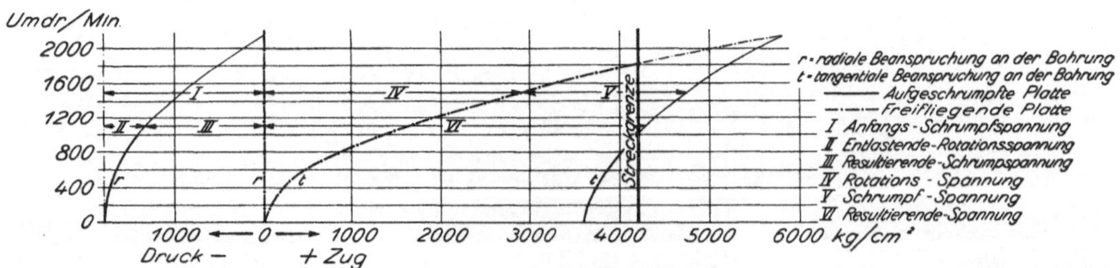

Abb. 26. Spannungsdiagramm der Induktorplatten an der Bohrung bei verschiedenen Umlaufzahlen. Schrumpf = 3,14 mm.

beträgt hier die tangentiale Beanspruchung an der Bohrung, und auf diese kommt es zunächst an, bei einem Schrumpf = 2 mm 2320 kg/cm² im Stillstand und 2680 kg/cm² bei n = 1000, während bei etwa n = 1800 die Streckgrenze des Materials erreicht wird und der Übergang zur mittleren Beanspruchung eintritt. Abb. 26 zeigt im Gegensatz zum Linienzug der Abb. 24 die Beanspruchungen, die in der Platte auftreten würden bei einem erheblich größeren Schrumpf, wie er aber gerade noch zulässig wäre.

Um nun Klarheit darüber zu gewinnen, wie die Rechnung mit dem wirklichen Verhalten übereinstimmt, wurde folgender Versuch vorgenommen: Von den vom Stahlwerk angelieferten Induktorplatten wurde eine herausgegriffen und genau so bearbeitet, wie die Platten später für den Induktor selbst verwendet werden sollten. Die Belastung der Platten im Induktor durch Prismen, Spulen usw. wurde bei der

Versuchsplatte durch entsprechend beschwerte Prismen erreicht. Weiter wurde ein eigens für diesen Zweck bestelltes Wellenstück in gleicher Weise wie der Induktorkörper selbst bearbeitet und diese erste Versuchsplatte mit einem Schrumpf von 1,64 mm (Abb. 24) auf die Welle aufgezogen.

Damit nun genau festgestellt werden konnte, bei welcher Umdrehungszahl sich die Platte von der Welle abhebt, wurde die Welle mit Platte in einer Schleudergrube aufgebaut, und zwar in stehender Anordnung, um zu erreichen, daß beim Abheben der Platte diese infolge ihres Gewichtes (1700 kg) um ein größeres Maß herunterfiel und sich auf einen auf der Welle vorgesehenen Konus aufsetzte (Abb. 6, S. 4).

Wie aus dem beigefügten Bericht[1]) ersichtlich, hat sich bezüglich der bei der Rechnung angenommenen n = 1600 und der beim Versuch erzielten n = 1620 Abhebedrehzahl annähernd Übereinstimmung ergeben. Die nach der dritten Fahrt festgestellte Vergrößerung des Durchmessers um 0,5 mm war eine nur elastische Dehnung, die aber meßbar wurde, weil sich die Platte auf dem Konus festgeklemmt hatte. Eine andere Veränderung der Platte war aber nicht festzustellen. Die an der Bohrung vor dem Betrieb entnommenen Probestäbe hatten folgende Zahlenwerte ergeben: 7200 kg/cm² Zugfestigkeit, 4900 kg/cm² Streckgrenze, 20,5% Bruchdehnung, 50% Einschnürung, 2 mkg Schlagarbeit.

Für den Versuch mit der zweiten Platte (Schrumpf 3,14 mm Abb. 26) sollte die tangentiale Beanspruchung an der Bohrung bei 1650 Umdrehungen 5000 kg/cm² betragen, d. h. die Platte sollte bereits durch das Aufschrumpfen wesentlich über die Streckgrenze hinaus beansprucht werden, um so die obere Grenze für eine noch zulässige höchste Schrumpfbeanspruchung erkennen zu lassen. Die in Abb. 26 dargestellten Kurven haben nur, soweit sie durch kräftigen Strich hervorgehoben sind, Gültigkeit, d. h. so weit als das Hookesche Gesetz erfüllt wird. Der Einfachheit halber sei hier die Proportionalitätsgrenze als mit der Streckgrenze zusammenfallend angenommen.

---

[1]) Versuchsbericht über Induktorplatte Nr. I, mit ungenügendem, nur 1,64 mm betragendem Schrumpf.

Fahrt I.

Langsames Ansteigen der Umlaufzahl auf 1550 und hierbei 15 Minuten gefahren. Die Messung zwischen den eingebauten Meßstiften zeigte keine Veränderung des Plattendurchmessers.

Fahrt II.

Langsames Ansteigen der Umlaufzahl auf 1650 und hierbei 15 Minuten gefahren. Nach dem Abstellen wurde ein Herunterrutschen der Platte um etwa 45 mm festgestellt. Die Platte hatte sich demnach zwischen 1550 und 1650 Umdrehungen geweitet — die Berechnung hatte 1600 Umdrehungen ergeben —. Der Durchmesser der Platte war im Betrieb zwischen den Meßstiften um 0,5 mm größer geworden. Die Klingelvorrichtung, welche das Abrutschen der Platte anzeigen sollte, hatte infolge Leitungsbruches versagt.

Fahrt III mit aufgesetzter Verschalung.

Feststellung der Erwärmung der Platte während 15 Minuten durch die Luftreibung bei 1550 Umdrehungen: Raumtemperatur 20° C, Plattentemperatur 35° C, Erwärmung danach 15° C.

Fahrt IV ohne Verschalung.

Feststellung der Erwärmung der Platte während 15 Minuten Fahrtdauer durch die Luftreibung bei 1650 Umdrehungen: Raumtemperatur 23° C, Plattentemperatur 37° C, Erwärmung danach 14° C.

Durch Erwärmen wurde die Platte auf ihren alten Sitz zurückgezogen und bei erkalteter Platte festgestellt, daß der Durchmesser zwischen den Meßstiften wieder die alte Größe angenommen hatte, d. h. die Platte war in ihre ursprünglichen Abmessungen zurückgegangen.

Fahrt V.

Die Umlaufzahl wurde allmählich auf 1460, dann auf 1510 und schließlich auf 1600 gebracht, ohne daß ein Rutschen der Platte eintrat, was nach jedesmaligem Abstellen festgestellt wurde.

Bei der nächsten Fahrt mit 1620 Umdrehungen erfolgte eine deutlich wahrnehmbare Erschütterung, gleichzeitig läutete die zum Anzeigen des erfolgten Abrutschens eingestellte Klingel. Nach dem Abstellen wurde festgestellt, daß die Platte wieder um 45 mm heruntergerutscht war. Die Übertemperatur betrug 10° C. Die durch diese Übertemperatur der Platte hervorgerufene Dehnung würde bei kalter Welle dem Dehnungsmaß einer um etwa 80 Umläufe erhöhten Umlaufzahl entsprechen.

Der Zweck des Versuches war wiederum, festzustellen, ob sich nach Überschreiten der Streckgrenze an der Bohrung die Platte reckt, bzw. die Umdrehungszahl bis zum Eintritt von solchen bleibenden Dehnungen zu steigern. Bei dem Versuch wurde die Umlaufzahl langsam bis zu 1100 gesteigert, eine Viertelstunde gefahren und dann abgestellt. Bei dieser Umdrehungszahl hatte die tangentiale Beanspruchung an der Bohrung die Streckgrenze bereits überschritten; trotzdem war, zwischen den Meßstiften gemessen, eine Änderung der Durchmesser der Platte nicht festzustellen. Es wurde nun die Umdrehungszahl von n = 1100 ab um je 150 Umdrehungen gesteigert, mit jeder Umdrehungszahl eine Viertelstunde gefahren und alsdann abgestellt und gemessen. So wurde die Umdrehungszahl bis auf 1650 gebracht; es entspricht dies einer tangentialen Beanspruchung an der Bohrung von 5000 kg/cm^2. Nach dem Abstellen zeigte sich, daß auch hierbei eine meßbare Veränderung der Platte noch nicht eingetreten war, trotzdem die Streckgrenze wesentlich überschritten wurde. Dies erklärt sich wohl dadurch, daß die tangentiale Beanspruchung an der Bohrung nach dem Erreichen der Streckgrenze vorerst nicht mehr wächst, sondern die weiter nach außen liegenden Fasern der Platte in erhöhtem Maße zum Tragen herangezogen werden (vgl. Abb. 25).

Die Platte wurde außer durch den Schrumpf noch mit vier Nutenfedern auf der Welle gehalten, und es erschien wegen der an den Nutenecken auftretenden Spannungserhöhungen ratsam, diesen Versuch abzubrechen. Bei einer etwaigen Explosion der Platte würde durch ihre große Masse eine starke Beschädigung der Schleudergrube eingetreten sein. Um aber die angeschnittene Frage gründlich zu erledigen, wurde der Versuch mit kleineren Platten (Abb. 22 bzw. 32), die aus den großen Platten herausgestochen wurden, also die gleichen Materialeigenschaften aufwiesen, fortgesetzt. Diese Modellversuche erbrachten außerordentlich klare Resultate, aus denen hervorging, daß eine Fortsetzung des Hauptversuches ohne Gefahr möglich gewesen wäre.

8. Zerstörungsvorgang an einem Versuchsmodell[1]).

Zwei einander gleiche Versuchskörper (Abb. 22 und 27) wurden unter Zwischenschaltung einer zylindrischen Buchse bei einem Temperaturunterschied von etwa 300° C aufgeschrumpft und Nr. 1 etwa 20 mal, Nr. 2 etwa 200 mal gefahren. Gefahren wurde jeweils bis zu einer Umlaufzahl, bei der die Platte sich von der Welle abhob und sich entsprechend dem angewandten Aufbau ohne Feder um ein kleines Maß verdrehte. Das Abheben von der Welle machte sich durch das Eintreten einer mit starkem Geräusch verbundenen Unruhe, meist auch durch ein plötzliches kurzes Durchgehen der Antriebsturbine bemerkbar. Es wurde dieses Abheben der Platte bei geringem Ändern der Umlaufzahl beliebig oft wiederholt; wie auf Kommando saß die Platte fest und löste sich ebenso wieder von der antreibenden Welle. Durch diese Versuche wurde für die verschiedenen Umlaufzahlen das Maß der erfolgten bleibenden Dehnung der Platten eindeutig festgestellt. Nicht gänzlich einwandfrei liegt der Zusammenhang zwischen dem Maß der erfolgten Längung, der Dehnung und der Beanspruchung der Platte. Die Platte konnte bei den erzielbaren Umlaufzahlen, lediglich durch ihr Eigengewicht belastet, nicht zu Bruch gebracht werden; die erforderliche Zusatzbelastung wurde erreicht durch angewachsene Zähne, wobei die Abmessungen der Zahn-

[1]) Versuchsbericht — Modellversuch mit Platte Nr. 2

Fahrt	n =	Anmerkungen
I	nur aufgeschrumpft	Dünne Welle, beim Schrumpfen verzogen; ruhiger Lauf nicht zu erzielen. Welle auswechseln.
II	9000	Platte hob sich nach 20 Minuten Fahrt mit 9000 Umdrehungen beim Betätigen des Schnellschlusses infolge Beharrungsvermögens von der Welle ab.
II	9300	

füße das Maß der gesamten Dehnung (Abb. 27) beeinflußten. Die Annahme, daß der unter den Zähnen liegende Ringteil, also etwa die Hälfte des Umfanges starr sei

Fahrt	n =	Anmerkungen
IV	9540	Umlaufzahl wurde bis 9750 gesteigert. Bei 9600 Umdrehungen starke Erschütterung des ganzen Systems, das vorher ruhig lief. Durchmesser 1,23 mm geweitet.
V	10050	Starke Steigerung der Umlaufzahl gegenüber IV.
VI	10050	
VII	10150	Bei Erreichen der Umlaufzahl 10150 hob sich die Platte ab, die Umlaufzahl (Welle ohne Platte) stieg augenblicklich auf 10500 an, um dann ebenso schnell wieder zu sinken. Abheben und Aufsetzen der Platte.
VIII	10200	Bei 10200 Umdrehungen starke Unruhe infolge Abhebens der Platte. Höhere Umlaufzahl trotz doppelten Dampfdruckes unmöglich.
IX	10320	Das Abheben der Platte war an einem momentan großen Ausschlag des Zeigers des Tourenzählers bemerkbar (Durchgehen der Welle ohne Platte).
X	10500	
XI	10500	Ruhiger Lauf bis 10500 Umdrehungen, darauf starke Erschütterung infolge Abhebens der Platte. Höhere Umlaufzahl trotz doppelten Dampfdruckes nicht möglich.
XII	9900	Starker Abfall der Umlaufzahl gegenüber XI.
XIII	9900	
XIV	9960	
XV	9600	
XVI	9600	Trotz auf das Doppelte gesteigertem Dampfdruck war die Umlaufzahl nicht höher zu bringen.
XVII	9900	
XVIII	9960	Es genügt eine sehr kurze Zeitdauer mit wenig erhöhter Umlaufzahl, um die Platte stark zu weiten.
XIX	9960	Das Abheben der Platte macht sich durch sehr starkes Geräusch bemerkbar, Verschiebung am Umfang nur 4 mm. Auftrommeln der Platte auf die Welle.
XX	9600	
XXI	9600	
XXII	9600	
XXIII	9600	Bei n = 9600 stellt sich Geräusch und leichte Unruhe ein. Platte hat sich um 1 cm verschoben. Auffällig ist der starke Abfall der Umdrehungen gegenüber letztem Versuch.
XXIV	9700	
XXV	9840	100 Fahrten von n = 6000 bis 9650 hinauf und wieder herunter bis auf 6000. Nach diesen 100 Fahrten hatte sich die Platte nicht geändert, insbesondere auch nicht abgehoben. Es wurde n gesteigert bis sich, erkennbar am Gehäuse und Unruhe, die Platte bei n = 9840 von der Welle abhob.
XXVI	10000	Die Platte hob sich bei n = 10000 ab, Verschiebung am Umfang ca. 20 cm.
XXVII	10100	Die Platte hob sich bei n = 10100 ab, Verschiebung am Umfang 1,5 cm.
XXVIII	10400	Die Platte hob sich bei n = 10400 ab, Verschiebung am Umfang 1,5 cm.
XXIX	10500	Die Platte hatte sich bei n = 10400 abgehoben und um 3 mm verschoben. Bei einer zweiten Fahrt mit n = 10500 betrug die Verschiebung 3 cm.
XXX	10100	
XXXI	10400	Bei n = 10350 leichte Unruhe. Verschiebung nicht eingetreten. Bei 10400 Umdrehungen starke Unruhe. Platte saß nach dem Abstellen sehr lose auf der Welle.
XXXII	9750	Bei 9750 Umdrehungen starke Unruhe, die Platte saß nach dem Abstellen lose auf der Welle.
XXXIII	9500	Bei n = 9500 starke Unruhe. Abheben der Platte, dieselbe saß vollkommen lose.
XXXIV	9300	Bei n = 9300 starke Unruhe. Umlaufsteigerung trotz hohen Dampfdruckes nicht möglich, Platte hatte sich 3 cm verschoben, eigentümlicherweise im Sinne der Drehrichtung.
XXXV	9000	Bei n = 9000 starke Unruhe. n fiel trotz starken Dampfdruckes langsam ab. Platte vollkommen lose auf der Welle.
XXXVI	8850	Bei n = 8850 starke Unruhe. Langsames Abfallen von n trotz hohen Dampfdruckes. Die Platte hing lose auf der Welle.

und an der Dehnung nicht teilnehme, dürfte im Ergebnis sich nicht allzu weit von der Wahrheit entfernen.

Für den Vergleich der bleibenden Dehnungen des Versuchskörpers mit den Zerreißlinien der von demselben entnommenen Versuchsstäbe wurden die Beanspruchungen einmal auf den ursprünglichen, zum andernmal auf den jeweils tragenden Querschnitt bezogen. Abb. 27 und 28 zeigen die Beanspruchungen und die jeweils bei diesen eingetretenen Dehnungen. Die obere Kurve der Abb. 28 zeigt die wirklichen Beanspruchungen und gibt bei Eintritt des Bruches die wirkliche Bruchfestigkeit an. Die den Versuchspunkten beigefügten Zahlen lassen das Wachsen der Bohrung der Versuchsscheibe erkennen.

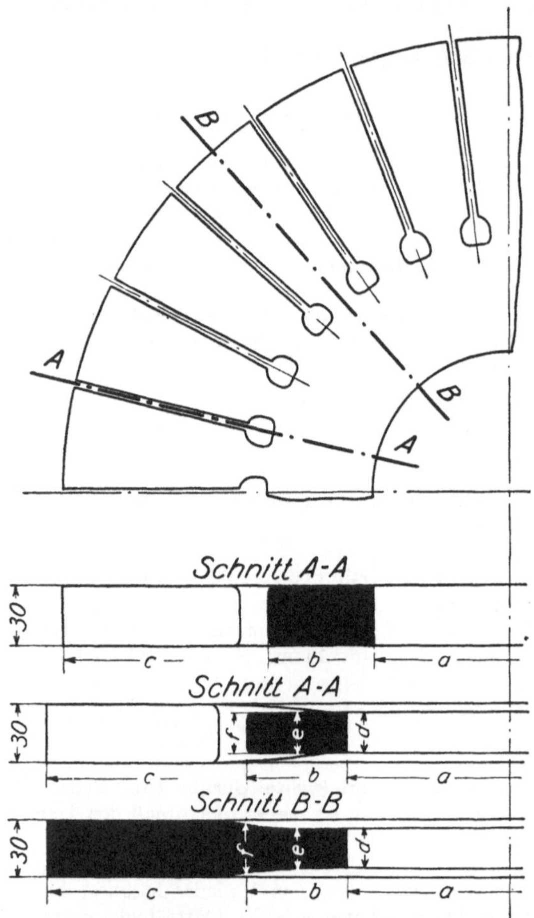

	Vor den Versuchen	Nach dem letzten Versuch	
	Schnitt A-A	Schnitt A-A	Schnitt B-B
a	140 ⌀	169,39 ⌀	169,39 ⌀
b	250 ⌀	274,22 ⌀	274,22 ⌀
c	460 ⌀	479,00 ⌀	479,00 ⌀
d	30	27,429	27,429
e	30	27,410	27,410
f	30	27,354	29,130

Abb. 27. Bild der Querschnitte im Modellkörper Nr. 2.

Abb. 29 zeigt die Lage von mehreren, den Scheiben nach erfolgtem Bruch entnommenen Bündeln A, B, C von Zerreißstäben. Abb. 30 und 31 bringen die zugehörigen Schaulinien. Scharf voneinander getrennt liegen die Punktreihen der Stäbebündel A, B und C, von denen die Reihe C mit der Linie des ursprünglichen Materials übereinstimmt. Die eingetretene Veränderung der Materialeigenschaften, der eingetretene Unterschied der Festigkeit durch das verschieden starke Recken des Materials in den einzelnen Zonen seiner Beanspruchung, ist eine Wiederholung der Reckvorgänge von Zerreißstäben an einem Konstruktionskörper. Bezüglich der eingetretenen Veränderung des Materials durch dieses Recken sei auf Abb. 58—59 (S. 35), — Wechselbiege- und Kerbschlagversuche mit gerecktem Material — verwiesen.

Unter der Annahme des Ebenbleibens der Platte würde diese, nach erfolgtem Recken durch eine Schleifscheibe angeschliffen, nur an den Zähnen angegriffen; an den gereckten Stellen, also zwischen den Zähnen, würde sie unberührt bleiben. Dieser Vorgang der Einschnürung zeigte sich außerordentlich deutlich; er wurde zwar nicht dauernd verfolgt, aber ein Maß für diesen Vorgang bietet die eingetretene große Dehnung und Kontraktion (Abb. 27).

Die entsprechend der Verminderung der tragenden Querschnitte tatsächlich aufgetretene örtliche Höchstbeanspruchung in dem Versuchskörper ist durch die an der Bohrung entnommenen Zerreißstäbe A bekannt: Die Beanspruchungen in den verschiedenen Kreiszonen der Platten während des Betriebes mit der höchsten Umlaufzahl entsprechen den Werten der Streckgrenze der nachträglich aus diesen Zonen entnommenen Zerreißstäbe.

Anschließend an Abb. 30 sind in Abb. 31 die Punkte der Streckgrenze der Zerreißproben Bündel A, B und C beider Platten in Vergrößerung wiederholt.

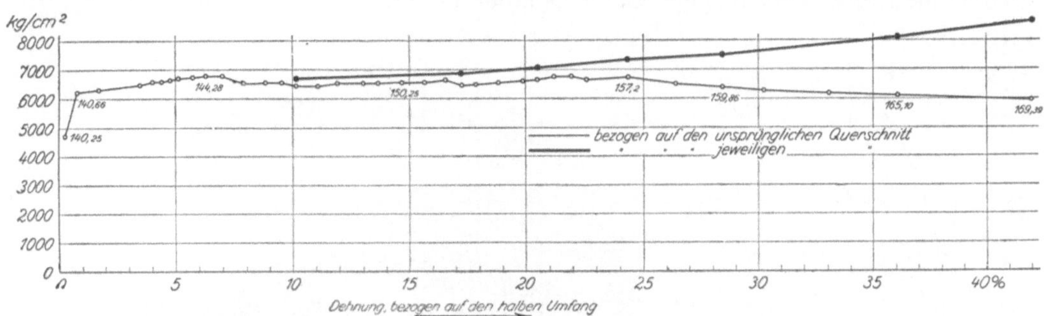

Abb. 28. Dehnungen und Beanspruchungen des Versuchskörpers Nr. 2.

Ausdrücklich sei hier nochmals ausgesprochen, daß die einem überbeanspruchten Körper entnommenen Probestäbe ein Bild der in diesem Körper aufgetretenen örtlichen Höchstbeanspruchungen geben. Das Maß der Streckgrenze dieser Probestäbe gibt unmittelbar die größte Beanspruchung an, welche der Konstruktionskörper an der betreffenden Stelle im Betrieb erfahren hatte. Gänzlich falsch ist es demnach, aus einem solchen Körper entnommene Materialproben zur Beurteilung des ursprünglich verwendeten Materials zu benutzen.

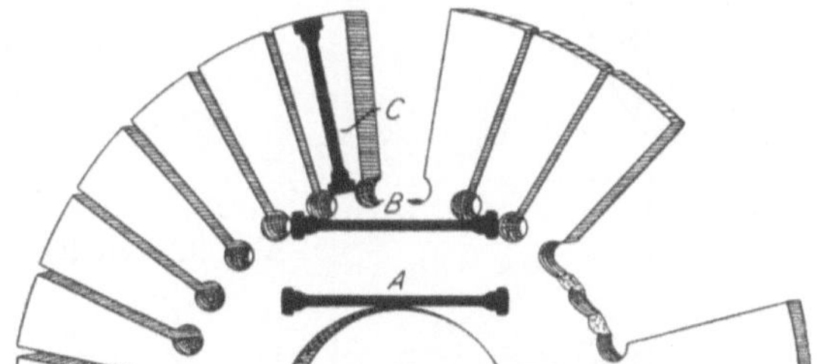

Abb. 29. Lage der Versuchsstäbe im Modellkörper Nr. 1 und sinngemäß im Modellkörper Nr. 2.

Andere Mittel, um den bis über die Streckgrenze hinaus gesteigerten Spannungszustand zu erforschen, bilden die Rekristallisation nach geeigneter Warmbehandlung und die Frysche Ätzung[1]) der Kraftwirkungslinien, die zur Zeit dieser Versuche noch nicht bekannt waren.

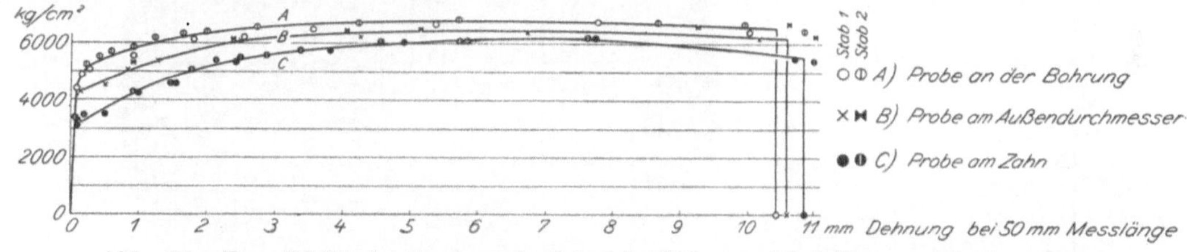

Abb. 30. Zerreißbild der Probestäbe-Bündel ABC vom Modellkörper Nr. 1 und 2.

Abb. 32 zeigt den ersten der beiden Körper des Modellversuches nach erfolgter Zerstörung; nicht der hochbelastete und bereits stark gereckte Ringquerschnitt war geborsten, sondern einige der Zähne waren am Fuß abgebrochen. Die rechnerische mittlere Zugbeanspruchung bei der erreichten höchsten Umlaufzahl von 10500 p. Min. beträgt, bezogen auf den ursprünglichen Ringquerschnitt, 5950 kg/cm², für den Fuß der Zähne hingegen nur 4400 kg/cm², also kaum 74⁰/₀. Abb. 33 läßt denn auch des weiteren den bereits eingetretenen Anriß an dem benachbarten Zahn deutlich erkennen und zeigt in der vorhandenen Bruchfläche links scharf ausgeprägt die frische Fläche eines plötzlich erfolgten Bruches, rechts den Charakter des allmählich entstandenen Dauerbruches. Die scharfen Kante der Zahnfüße waren versehentlich stehengeblieben, und bei den unvermeidlichen Vibrationen der Zähne dürften sie

[1]) Dr. Ing. Ad. Fry: Kraftwirkungsfiguren im Flußeisen dargestellt durch ein neues Ätzverfahren. Kruppsche Monatshefte Juli 1921, Stahl und Eisen Nr. 32, S. 1093. 1921.

das Auftreten von Haarrissen und Kerben am Fuß begünstigt haben; beim Versuchskörper Nr. 2 wurden diese Kanten kräftig gebrochen und wurde dann auch mit diesem Modellversuch eine weit längere Betriebsdauer erzielt.

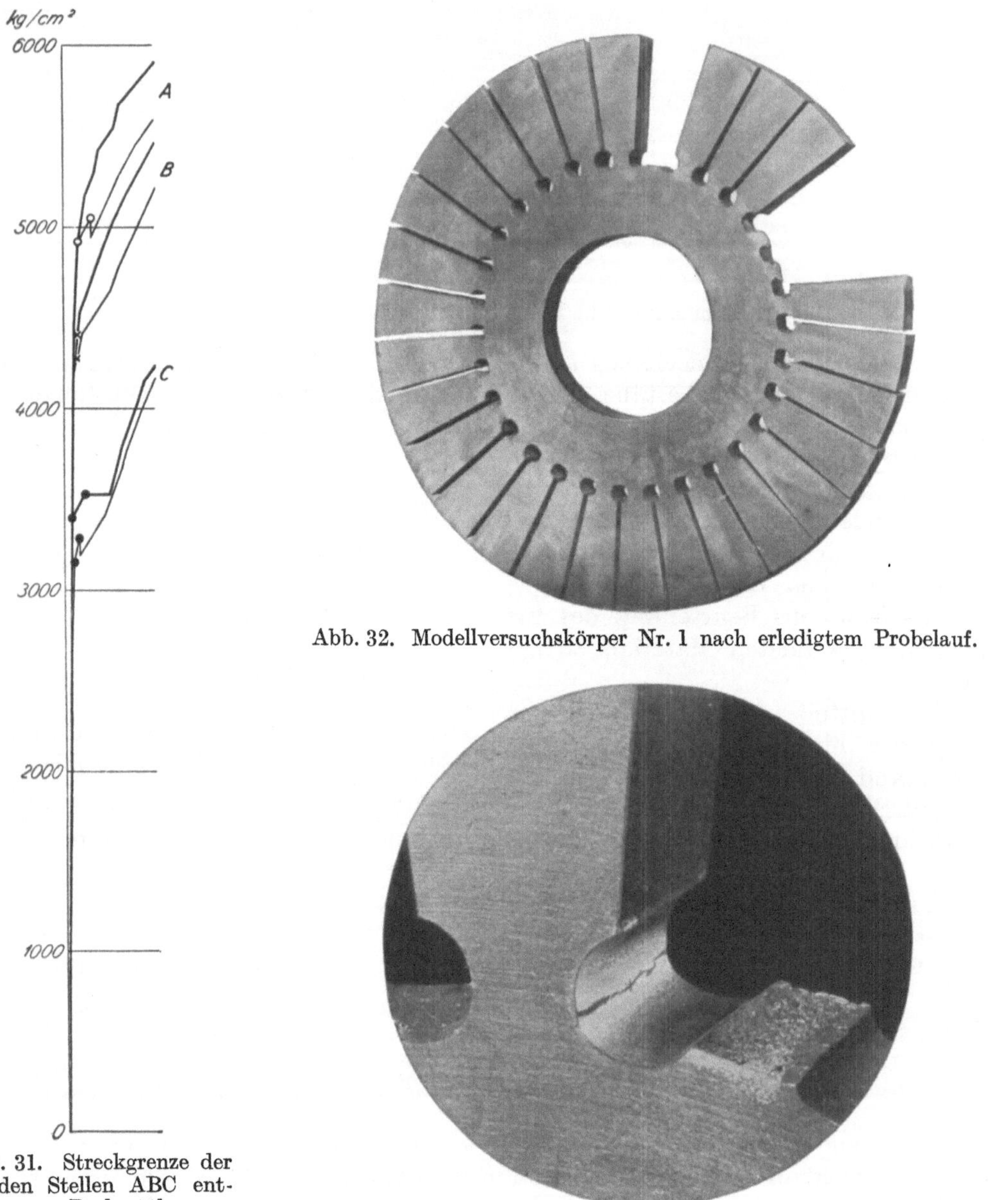

Abb. 31. Streckgrenze der an den Stellen ABC entnommenen Probestäbe vom Modellkörper Nr. 1 und 2.

Abb. 32. Modellversuchskörper Nr. 1 nach erledigtem Probelauf.

Abb. 33. Bruch eines Belastungszahnes am Modellversuchskörper Nr. 1.

Zusammenfassung.

Die vorstehenden Erörterungen sollen einen Beitrag geben zu der Wechselbeziehung von Berechnung und Verhalten des Materials. Die Beanspruchungen der höchstbelasteten Faser übertragen sich gern auf das benachbarte Material geringerer Beanspruchung, vorausgesetzt, daß die gewählte Formgebung dies zuläßt. Harte Querschnittsänderungen bedingen sprungweis verschiedene Beanspruchungen benachbarten Materials, verhindern das Fließen der Beanspruchungen und führen, wenn nicht sofort, zum mindesten nach kürzerer oder längerer Zeit zu Brüchen (vgl. III. Dauerversuche).

II. Die Kerbzähigkeit.

9. Der Kerbschlagversuch und die Kerbzähigkeit.

Fehler im Durchschmieden, im Glühen, in der chemischen Reinheit des Materials aufzudecken, und zwar mit einfachsten Werkstattmitteln, ist die Aufgabe des Kerbschlagversuchs, mit „einfachsten" Mitteln auch insofern, als sich aus dem fertigen Körper noch oft Material für eine Schlagprobe entnehmen läßt, wogegen eine Zerreißprobe weit mehr Material verlangt, das nicht immer zur Verfügung steht. An der Tatsache: beste vergleichsweise Feststellung der Kerbzähigkeit verschiedener Lieferungen des gleichen Materials mittels des Kerbschlagversuchs unter Verwendung stets gleicher Probestäbe ändern jene anderen Tatsachen nicht, daß ein Vergleichen der Meßergebnisse von Stäben verschiedener Abmessungen miteinander nicht angängig ist, daß ferner die Form der Kerbe einen außerordentlich großen Einfluß ausübt und die Anwendung verschiedener Schlagstärken der einzelnen Schläge (Schlagmoment), abhängig von Bärgewicht und Fallhöhe bzw. Auftreffgeschwindigkeit, zu undurchsichtigen Ergebnissen führt.

Führt man beim Mehrschlagversuch die Prüfungen nur bis zum Anriß, so zeigt der einzelne Probestab seine Materialeigenschaften in untrüglich sichtbarer Form; der erzielte Biegewinkel ist der beste Maßstab für die Güte des Materials. Indessen ist die Beobachtung des „ersten Anrisses" subjektiv; denn man darf hier nicht die Kräuselungen im Kerbgrund, die als Fließerscheinungen meist schon nach dem ersten oder zweiten Schlag zu beobachten sind, schon als Anriß rechnen. Daher werden die Versuche stets bis zum Bruch fortgesetzt und geben so noch weitere Kennzeichen für die Beurteilung des Materials.

10. Die Form der Kerbe und die Größe der Stäbe.

Für die Kerbschlagprobe ist die Form I der Kerbe Abb. 34 in der AEG-Turbinenfabrik seit 1906[1]) beibehalten worden, ebenso die Stabgröße. Da die für die Herstellung der Kerbe benötigten Fräser den Materiallieferanten zur Verfügung gestellt werden, fällt diese dauernd gleichmäßig aus, und es haben sich Mängel dieser Kerbenform nicht gezeigt. Immerhin sei zugegeben, daß die vom Deutschen Verband für die Materialprüfungen der Technik (DVM) im Jahre 1907 beschlossene Norm (Abb. 34) III: 30 × 30 × 160 mm mit aufgesägter Bohrung von 4 mm bis zur halben Höhe des Stabes[2]) recht zweckmäßig ist. Weniger zweckmäßig erscheint aber, daß die Dicke des Stabes gleich der Breite ist, da leicht eine Verwechselung bezüglich der für die Prüfung beabsichtigten Lage der Kerbe vorkommt, und daß ferner eine Stabdicke von 30 mm für die Probeentnahme an vielen Konstruktionskörpern überhaupt ausgeschlossen ist.

Da der Stab Form I nach Abb. 34 wegen seiner großen Abmessungen bei vielen Konstruktionsteilen nicht anwendbar ist, wurde ein zweiter Stab Form IIa eingeführt.

---

[1]) Lasche, O.: Vortrag Hauptversammlung d. V. d. I. 1906. Z. V. d. J. 1906, S. 1358/61.

[2]) Ehrensberger: Die Kerbschlagprobe im Materialprüfungswesen. Druckschrift 35 des D. V. M. 1907.

Es wurde derselbe Fräser für die Kerbe beibehalten; lediglich der Einschnitt wurde entsprechend den übrigen Abmessungen der Stäbe statt 5 mm nur 2,5 mm tief gefräst. Der rechteckige Querschnitt des Stabes im Gegensatz zum quadratischen wurde aus dem obengenannten Grunde beibehalten.

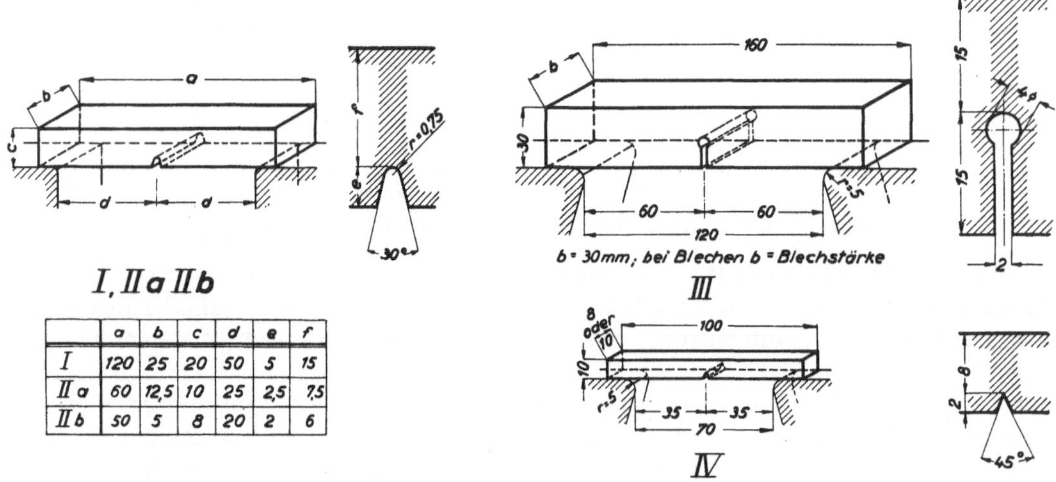

	a	b	c	d	e	f
I	120	25	20	50	5	15
IIa	60	12,5	10	25	2,5	7,5
IIb	50	5	8	20	2	6

Abb. 34. Die Stabgröße und Kerbform.

Abb. 34 gibt noch als Form IV den kleinen Stab vom Deutschen Verband für die Materialprüfungen der Technik. In den Versuchsergebnissen sind die Stabgrößen mit:

Form I AEG-Tf Normalstab (1906),
Form IIa und b AEG-Tf kleiner Stab (1912),
Form III DVM (1907),
Form IV DVM, kleiner Stab

bezeichnet.

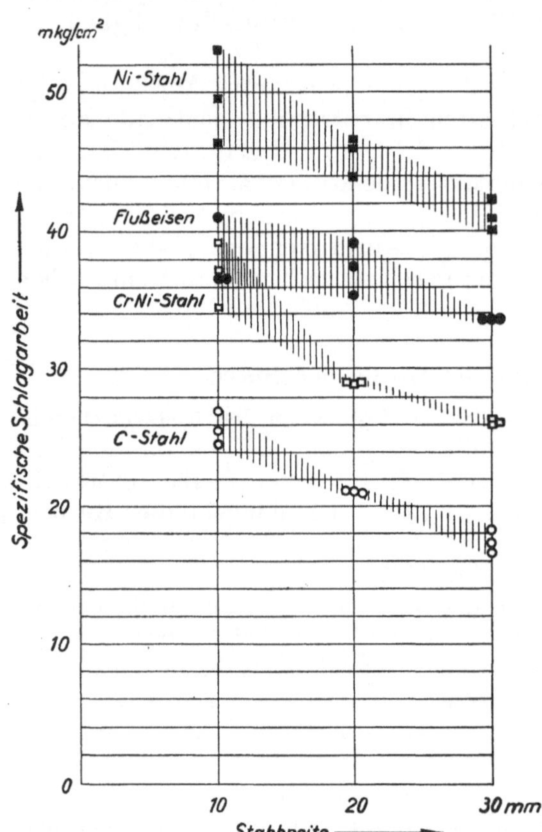

Abb. 35. Einfluß der Stabbreite auf die Kerbzähigkeit beim Einschlagversuch nach Ehrensberger.

Vom Internationalen Verband für die Materialprüfungen der Technik ist neben

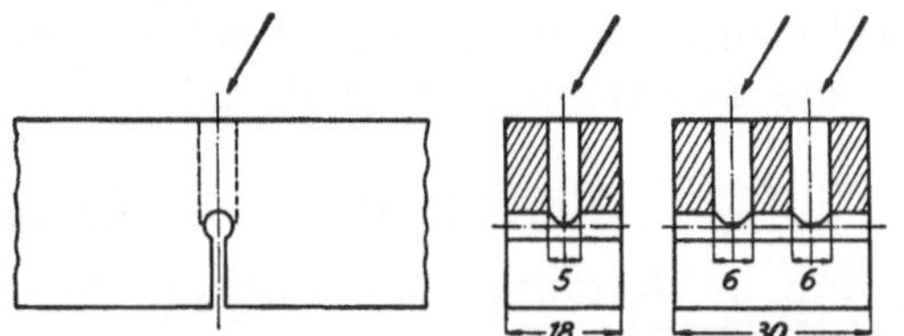

Abb. 36. Bruchquerschnitt durch Bohrungen unterteilt. Die Kerbzähigkeit wird dadurch erhöht. — Nach Baumann.

der Form III eine in allen Einzelheiten 1 : 3 verkleinerte Stabform anerkannt worden, also 10 × 10 × 53 mit 1,33 Bohrung und 5 × 10 Bruchquerschnitt. Die gleiche Probe, nur mit 2 mm Bohrung, ist in Frankreich zur Norm erhoben. England hat Probestäbe mit den Querschnitten 10 × 10, 5 × 10 und 5 × 5, also sehr kleine Stäbchen genormt, die durchweg einen mit 0,25 mm abgerundeten Spitzkerb haben.

Ein Schulbeispiel guter Konstruktionstechnik, das den außerordentlichen Einfluß der Form der Kerbe auf die Festigkeit zeigt, bietet der Fuß der Laufschaufeln der Dampfturbinen (Abb. 137, S. 65). Tritt an Stelle des an sich sehr stumpfen Winkels — Form a — ein Kreisbogen — Form b — (r = 4 mm), so steigt die Biegefestigkeit um ein Mehrfaches. Werden außerdem die Kanten an der engsten Stelle des so geformten Schaufelfußes gebrochen — Form c —, so steigt die Biegefestigkeit durch dieses Wegnehmen von Material um ein weiteres. Eine ähnliche Steigerung der Festigkeit wird durch einen noch größeren Radius der Ausrundung erzielt. Es ist die engste Stelle so groß wie möglich auszurunden, damit der Übergang vom engsten zu dem breiteren Querschnitt ein möglichst weicher, ein möglichst langgestreckter ist; es ist anzustreben, dieser engsten Stelle, d. h. dem sogenannten gefährlichen Querschnitt, eine möglichst große Baulänge zu geben. Des weiteren sei bezüglich Ausgestaltung des Fußes der Turbinenschaufeln auf Abschnitt 39 verwiesen.

11. Einfluß der Stabbreite auf die Kerbzähigkeit beim Einschlagversuch.

Die spezifische Schlagarbeit, d. h. die Arbeitsleistung, die bis zum Anriß bzw. Bruch des Versuchsstabes pro qcm des Stabquerschnittes erforderlich ist, ergibt, sobald man auf andere Stabquerschnitte übergeht, einander nicht vergleichbare Werte. Die Werte sind also von einer Stabgröße auf die andere nicht übertragbar, weder bei proportionaler Verkleinerung des Stabes, noch unter Beibehaltung der Höhe und Änderung nur der Stabbreite. Diese Tatsache ist auch für die Anwendung der Schlagproben als laufende Abnahmeprüfung von Bedeutung.

Die Veröffentlichung von Einschlagversuchen von Ehrensberger a. a. O. zeigt für verschiedene Materialien bei einer von 3 cm bis herunter zu 1 cm abnehmenden Stabbreite ein Zunehmen der pro Querschnittseinheit aufgenommenen Schlagarbeit (Abb. 35). Eine Veröffentlichung von Baumann[1]) behandelt die gleiche Frage. Baumann stellte ferner durch Untersuchungen an quer zur Kerbe durchbohrten Stäben (Abb. 36) fest, daß sich beim Einschlagversuch eine erheblich größere Kerbzähigkeit des gebliebenen Querschnitts als mit dem vollen, nicht unterteilten Querschnitt ergab; ja, es war die gesamte Kerbschlagarbeit des Stabes nach dem Durchbohren sogar noch größer als vor der Wegnahme des Materials.

12. Einfluß der Stabbreite auf die Kerbzähigkeit beim Mehrschlagversuch.

Um den Einfluß der Stabbreite beim Mehrschlagversuch und bei verschiedener Stärke des einzelnen Schlages festzustellen, wurde von einem gleichmäßigen Material (einer 3⁰/₀igen Nickelstahlwelle) eine große Anzahl Stäbe mit verschiedenen Schlagstärken von 1, 2, 3 und 5 mkg geschlagen. Die Versuche wurden mit Stabbreiten von 5 mm bis zu 25 mm durchgeführt; die Stabform war der Tf-Stab, Form I (Abb. 34, S. 22). Die mit gleichen Schlagstärken an Stäben verschiedener Breite erzielten spezifischen Schlagarbeiten sind in den Kurven Abb. 37 durch Linienzüge verbunden. Außer diesen Schlagarbeiten ist auch jeweils der bis zum Anriß festgestellte Biegewinkel (Abb. 38) aufgetragen.

Der höhere Zahlenwert der Kerbzähigkeit bei den Stäben schmäler als 1 cm ist darauf zurückzuführen, daß die bei allen Stabbreiten beibehaltene gleiche Form der Kerbe bei den schmalen Stäben eine „Kerbwirkung" nur noch in geringerem Maße ausübt und mehr eine Biegungsbeanspruchung auftritt; es wird, was auch für den Konstrukteur von Bedeutung ist, die totale Formveränderung, das Fließen des Materials, bei den schmalen Stäben erheblich größer als bei den breiteren Stäben. Die Linien der spezifischen Schlagarbeit in der Abb. 37 zeigen von 1 cm Stabbreite an ein kräftiges Ansteigen mit größerer Breite des Stabes; letzteres ist nichts anderes als

[1]) Z. V. d. I. 1912, S. 1311/14.

eine Bestätigung des Verhaltens der verschiedenen Schlagstärkekurven gegeneinander: je kleiner die Stärke des einzelnen Schlages, desto größer die totale bzw. die spezifische Schlagarbeit. Die Linie der Biegewinkel zeigt von 0,5 cm Stabbreite ab einen völlig horizontalen Verlauf. Die Photos (Abb. 39 und 40) der Schlagproben verschiedener Breite aus dem gleichen Material zeigen recht deutlich die verschiedenen Werte des Fließens.

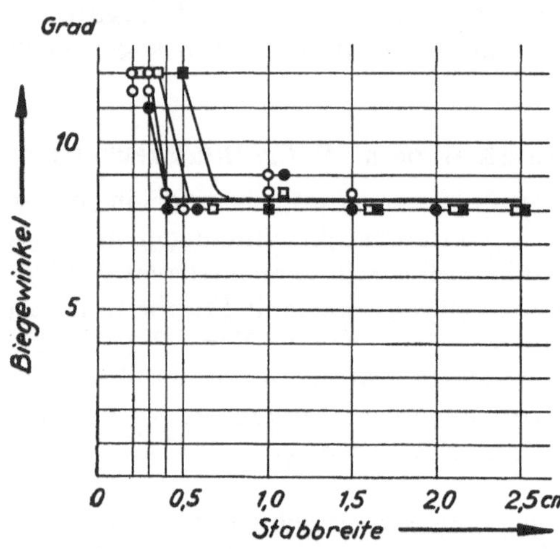

Abb. 37—38. Einfluß der Stabbreite auf die Kerbzähigkeit und den Biegewinkel beim Mehrschlagversuch.

13. Die Vorzüge des Mehrschlagversuchs gegenüber dem Einschlagversuch.

Der Einschlagversuch erfordert eine Apparatur, die den zum Brechen der Probe nicht verbrauchten Anteil der Schlagarbeit zu messen gestattet. Der DVM hat hierzu den Pendelhammer nach Charpy gewählt, in England sind ähnliche Pendel von Izod und von Olsen gebräuchlich. Andere Schlagwerke sind als Schwungrad von Guillery, als Fallwerk von Frémont konstruiert worden. Frémont fängt den Bär, nachdem er die Probe zerschlagen hat, durch eine Feder elastisch auf und beobachtet die Ausbiegung der Feder.

Die Einschlagwerke geben lediglich die Arbeit für das volle Durchbrechen des Stabes; der Biegewinkel kann durch Zusammensetzen der Bruchstücke bei sehr kerbzähem Material kaum bestimmt werden, weil die Bruchflächen nicht aneinander passen. Der Mehrschlagversuch dagegen, zu dessen Ausführung ein schlichtes Fallwerk genügt[1]), gibt außer der Arbeit bis zum Anriß und der Arbeit bis zum Bruch auch den Biegewinkel bis zum Anriß und bis zum Bruch. Gerade aus der Abhängigkeit des Biegewinkels von der Schlagarbeit läßt sich die Kerbzähigkeit des Materials beurteilen. Wie einleitend (S. 21) gesagt, zeigen die Versuche mit einem einzigen Schlag und diejenigen mit einer kleineren oder größeren Anzahl schwächerer Schläge einen ganz gewaltigen Unterschied, der sogar derart enorm ist, daß die Kurven der Wertigkeit verschiedener Materialien einander durchschneiden.

Abb. 41 und 42 stellen eine Anzahl Mehrschlagversuche verschiedener Schlagstärke an drei verschiedenen Stabformen gleichen Materials dar. Die durch die gefundenen Werte gelegten Linienzüge zeigen, daß von einer bestimmten Schlagstärke an die ermittelten Werte der spezifischen Schlagarbeit — Kerbzähigkeit (mkg/cm²) — in ihrem

[1]) Lasche, O.: Z. V. d. I. 1906, S. 1360.

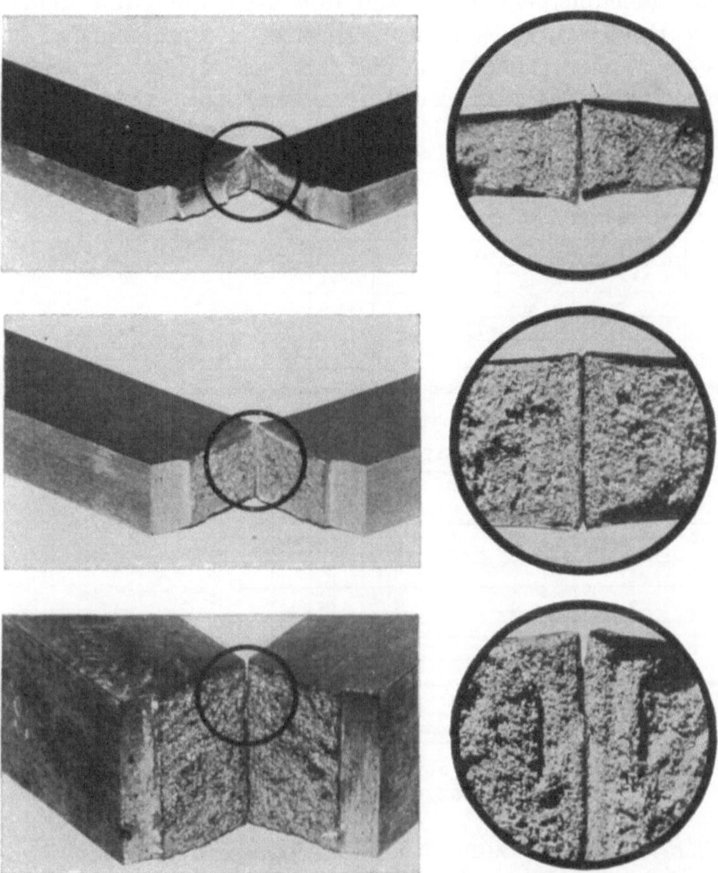

Abb. 39. Das Fließen des Materials an Schlagstäben.

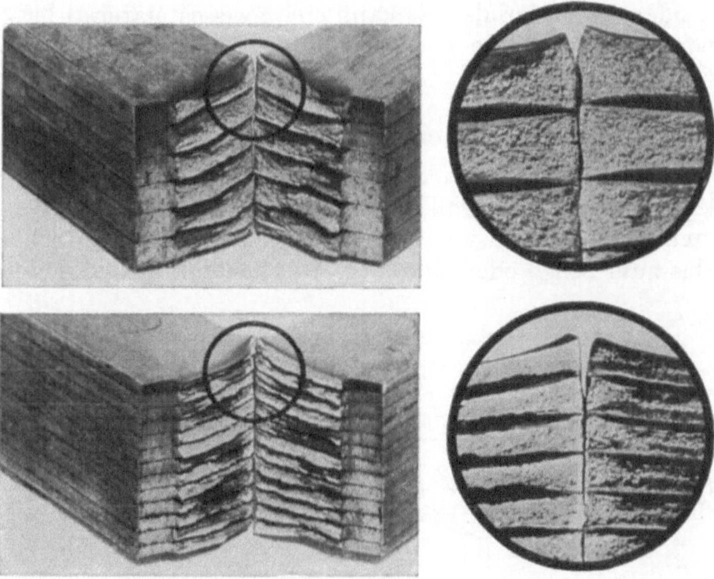

Abb. 40. Das Fließen des Materials an lamellierten Schlagstäben (Haltepaket der Induktoren).

weiteren Verlaufe gleichbleibend sind, und daß diese auch mit dem Wert des Einschlagversuchs — Pendelschlag — nahezu übereinstimmen. Hierbei ist zu beachten, daß beim Einschlagversuch die Arbeit bis zum vollen Durchbrechen, bei der Vielschlagprobe dagegen nur bis zum Anriß gemessen wird. Dieser Unterschied beider Werte ist für Stabform III in Abb. 41 durch eine zweite Linie vermerkt. Es ist ferner

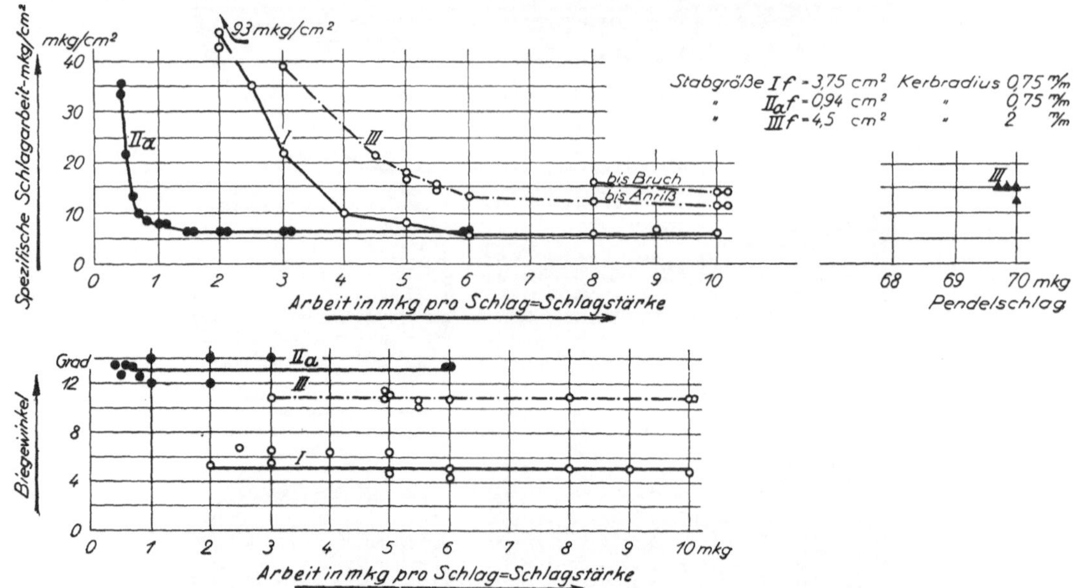

Abb. 41—42. Der Einfluß der Schlagstärke auf die Kerbzähigkeit und auf den Biegewinkel bei den verschiedenen Stabgrößen der Mehrschlagversuche.

leicht zu verstehen, daß die bis zum Bruch des Stabes aufzuwendende gesamte Schlagarbeit grundverschieden sein muß, sobald der Stab durch einen einzelnen Schlag außerordentlich hoch beansprucht wird oder nur sehr mäßige oder schließlich viele außerordentlich leichte Schläge erfährt. Dies ist bezüglich der Schlagarbeit genau das gleiche wie bei jeder anderen Beanspruchung bzw. Dauerbeanspruchung der Konstruktionskörper oder des Materials. Es kann ein gewisses Material bis zu 1500 kg/cm² auf Biegung unendlich viele Male beansprucht werden, wogegen es bei 2000 kg/cm² nach kurzer Zeit bricht.

14. Spezifische Schlagarbeit (Kerbzähigkeit) und Biegewinkel.

Außerordentlich interessant ist es, daß die erzielten Biegewinkel bis Anriß (Abb. 43 und 44) im Gegensatz zu der großen Verschiedenheit der gefundenen Werte der Kerbzähigkeit unabhängig sind von der Stärke des einzelnen Schlages bzw. von der Anzahl der bis zum Anriß oder Bruch erforderlichen Schläge. Diese Tatsache läßt

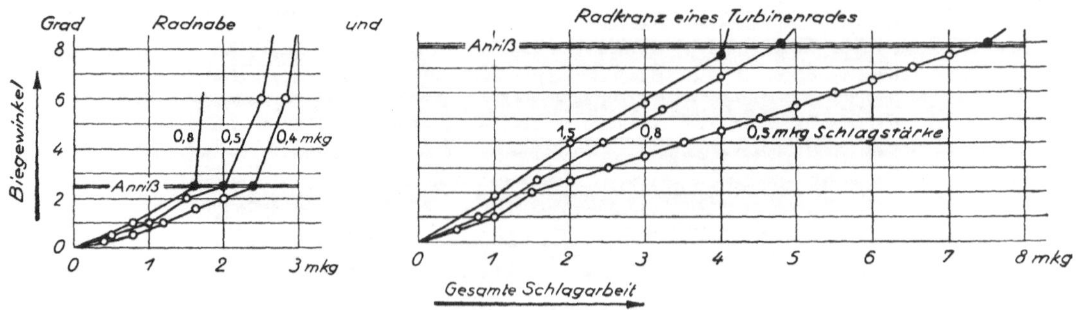

Abb. 43—44. Der Biegewinkel als Maßstab der Kerbzähigkeit bei verschiedener Schlagstärke.

sich mit anderen Worten aussprechen: Die Längung der Fasern in der Kerbe bis Anriß hat das gleiche Maß, sie ist unabhängig von der Stärke des einzelnen Schlages. Anscheinend fallen hier auch die mittels Einschlag- und Mehrschlagversuchs gewonnenen Werte zusammen, nur daß sich der Biegewinkel bei den voneinander gänzlich getrennten Stabenden der Pendelschlagprobe nicht mehr genau feststellen läßt. Für die laufende Werkstättenprüfung des Materials hat diese Erkenntnis insofern auch noch eine recht praktische Bedeutung, als der Biegewinkel allein schon für die Beurteilung der Kerbzähigkeit einer Materialsorte und damit zur Beurteilung ihrer Gleichmäßigkeit genügt und der Versuchsstab in seinem angerissenen Zustand eine stete Nachkontrolle ermöglicht.

Als Beispiel für die große Bedeutung der Werte der Biegewinkel seien die Prüfungszahlen der Naben- und Kranzproben einer Radscheibe miteinander verglichen. Die Prüfung wurde mit kleinen Stäben — Form II — bei verschiedener Arbeit pro Schlag: a) mit 1,5, b) mit 0,8, c) mit 0,5 und d) mit 0,4 mkg durchgeführt. Abb. 43 und 44 zeigen außerordentlich deutlich, daß der Biegewinkel bei allen vom Kranz entnommenen Proben $= 8^0$, hingegen bei den an der Nabe entnommenen Proben unter sich wiederum gleich, aber nur $2{,}5^0$ ist.

15. Mehrschlagversuch

bei chemisch verschiedenen Materialien und gleicher Form des Schmiedekörpers (Abb. 45); bei chemisch gleichem Material und verschiedener Form der Schmiedekörper (Abb. 47).

Abb. 45 und 47 zeigen die für verschiedene Arten von Konstruktionskörpern auf dem gleichen Untersuchungswege erhaltenen Werte der Kerbzähigkeit. Bei diesen

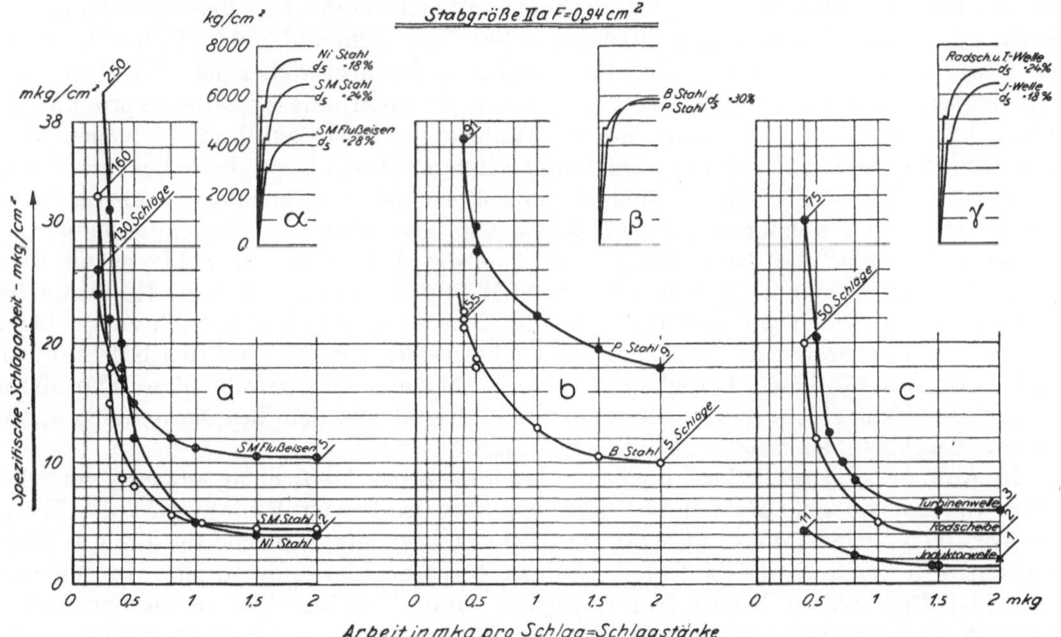

Abb. 45—47. Bewertung des Materials bezüglich Kerbzähigkeit durch den Mehrschlagversuch.
Radscheiben gleicher Abmessung aus verschiedenem Material. Profilierte Schaufelstangen aus verschiedenem Material. Schmiedekörper aus gleichem Material, aber verschiedener Formgebung.

Untersuchungen wurde durchgehend mit Stäben Form II gearbeitet. Festgestellt wurde die Größe der spezifischen Arbeit in mkg/cm², bei der ein einziger Schlag genügt, um den Stab zu brechen. Fortgeführt wurden die Untersuchungen mit abnehmender Schlagstärke, so weit gehend, bis die Anzahl der Schläge 20, 30, 50, 100 und noch mehr betrug, so daß hier bereits ein gewisser Übergang zu Dauerschlagversuchen und zu dem späteren Kapitel „Dauerversuche" (S. 30), die sich auf viele Millionen Beanspruchungen des einzelnen Versuchsstabes erstrecken, hergestellt wird.

Bei dem 3%igen Nickelstahl-Material von 6500—7000 kg/cm² Zugfestigkeit, wie es sowohl für Turbinenwellen und Radscheiben, als auch für Induktorwellen verwendet wird, bleibt der Charakter der Linienzüge der gleiche, wogegen die Zahlenwerte der Kerbzähigkeit (Abb. 47) bei nahezu gleicher Zugfestigkeit je nach der Form der Stücke und somit je nach der Durchschmiedung der Konstruktionskörper ganz verschieden sind. Bei Induktorwellen, die entsprechend ihrer späteren Betriebsbeanspruchung mittels Querprobe geprüft werden — eine an sich sehr heikle Probe —, bedeutet die Vielschlagprobe mit kleiner Arbeit pro Schlag eine weit empfindlichere Materialprüfung als die Prüfung mit nur einem kräftigen Schlag. Bei nicht gut durchgeschmiedeten Induktorwellen läßt überhaupt nur noch die Vielschlagprobe einen Unterschied zwischen besserem und weniger gutem Material erkennen.

Anders als die Ergebnisse in Abb. 47 verhalten sich die Resultate der Kerbzähigkeit bei gleichartigen Konstruktionskörpern (Radscheiben Abb. 45), aber aus chemisch verschiedenem Material. Der Verlauf des Linienzuges bei wachsender Stärke des einzelnen Schlages ist bei SM-Flußeisen und SM-Stahl gegenüber den legierten Stählen ein völlig anderer. Bei großer Schlagstärke und besonders beim Einschlagversuch ist die spezifische Schlagarbeit von Flußeisen mit nur 4500 kg/cm² Zugfestigkeit wesentlich größer als diejenige von Nickelstahl mit über 7000 kg/cm² Festigkeit; je kleinere Schlagstärken jedoch angewendet werden, um so größer wird der Wert der Kerbzähigkeit des Nickelstahles und übersteigt beträchtlich die Werte der Kerbzähigkeit des Flußeisens. Demnach ist der vorliegende Nickelstahl bei Beanspruchung auf Kerbzähigkeit im Nachteil gegenüber dem SM-Flußeisen und dem SM-Stahl, sofern die Beanspruchung durch den einzelnen Schlag so hoch getrieben ist, daß durch ihn eine bleibende Dehnung eintritt, im Vorteil hingegen, sofern die Einzelbeanspruchungen keine bleibenden oder nur geringe Formveränderungen herbeizuführen vermögen. Der vorliegende Nickelstahl hat eben bei seiner größeren Zerreißfestigkeit, bei seiner größeren Härte, nur eine kleinere Fähigkeit, eine Formänderung zuzulassen, als das weitaus weichere und dehnbarere SM-Flußeisen. Es erscheint dem Maschinenbauer zunächst widersinnig, daß bei kräftigen Schlägen die Aufnahme von Schlagarbeit beim „zähen" Nickelstahl nur $^1/_3$ von der beim SM-Flußeisen sein soll (vgl. Resultate bei 2 und 1,5 mkg Arbeit pro Schlag); erst die Erprobung mit vielen leichten Schlägen zeigt die Überlegenheit des vorliegenden Nickelstahles sowohl über den SM-Stahl als auch über das Flußeisen bezüglich der Kerbzähigkeit, und gerade diese Erprobung mittels des Mehrschlagversuchs deckt sich annähernd mit den Beanspruchungen, wie sie im Maschinenbau an die Materialien gestellt werden.

In Abb. 46 sind schließlich noch die Ergebnisse des Mehrschlagversuchs verschiedener Sorten von Schaufelmaterial gegeben. Der Linienzug P-Stahl gibt die Werte eines 5%igen Nickelstahles mit Wolfram- und Chromzusatz, während die Linie B-Stahl von einem 5%igen Nickelstahl ohne weitere Zusätze aufgenommen ist. In den vorzüglichen Ergebnissen beider Materialsorten kommt außer den chemischen Eigenschaften die hervorragende mechanische Durcharbeitung eines Qualitätsmaterials zum Ausdruck. Bezüglich der Schwingungsfestigkeit dieser zwei Schaufelmaterialsorten sei noch besonders auf den Abschnitt „Dauerversuche" hingewiesen.

16. Zusammenfassung.

Sofern man die Kerbschlagversuche benutzt, um dem Konstrukteur eine Handhabe zur Beurteilung des zu verwendenden Materials zu geben, ist wohl ausschließlich die Prüfung mit vielen leichten Schlägen vorzunehmen, da diese Prüfung bei den im Maschinenbau vorliegenden Konstruktionskörpern den Bedingungen, wie sie nachher im Betriebe an das Material gestellt werden, am nächsten kommt. Dieser Forderung kamen übrigens die Werke für Qualitätsmaterial bereits seit mehreren Jahren nach durch Bekanntgabe von Gütezahlen, die mittels recht leichter Schläge in der Dauerschlagmaschine[1]) festgestellt werden. Handelt es sich dagegen für den Stahlwerksmann bei einer bestimmten Materialsorte lediglich darum, die Gleichmäßigkeit des Materials in einem Stück bzw. den Ausfall eines Stückes bekannter chemischer Zusammensetzung zu prüfen, so mag die Einschlagprobe wegen ihrer großen Einfachheit genügen.

Wie brauchbar die Kerbschlagprüfung für verantwortliche Abnahmeversuche ist, sobald man alle äußeren Beeinflussungen der Probe ausschaltet, zeigt der außerordentlich gleichartige Verlauf der aufgetragenen Versuchswerte; auch in den „Monatsberichten" über das Radmaterial (Abb. 75, S. 44) und über das Induktormaterial (Abb. 203, S. 107) ergab die Kerbschlagprobe eine gute Gleichartigkeit der Schmiedekörper bezüglich der Kerbzähigkeit.

Es ist nicht die Absicht der vorliegenden Arbeit, auf eine Einheitlichkeit im Versuchsverfahren hinzuzielen; es wurde lediglich eine möglichst innige Fühlung zwischen der Materialprüfung und den Beanspruchungen der Konstruktion im Betrieb angestrebt.

---

[1]) Maschine von Stanton, Z. V. d. I. 1910, S. 864. Maschine von Krupp, Z. V. d. I. 1914, S. 701.

III. Dauerversuche.

17. Betriebsgemäße Dauerversuche.

Die Zerreißproben geben auch im Zusammenhang mit dem Ergebnis der Kerbschlagproben noch kein erschöpfendes Urteil über alle für den Konstrukteur wichtigen Eigenschaften des Materials. Sowohl für die ruhende als auch für die im verantwortlichen Betrieb auftretende wechselnde Beanspruchung eines Materials kommt zu obigen Eigenschaften hinzu die Lebensdauer, welche das Material bei ruhenden oder wechselnden Beanspruchungen verschiedener Stärke erreicht. Die Gründe, weshalb die Materialien sowohl vom Hersteller als auch vom Verarbeiter fast ausschließlich auf Zerreißfestigkeit untersucht und außerdem höchstens noch dem Kerbschlagversuch unterzogen werden, sind leicht ersichtlich; sie liegen in der leichten und raschen Durchführbarkeit dieser Prüfungen, obschon ihre Ergebnisse oft genug im Gegensatz zu der Art der Beanspruchung im Betrieb stehen.

18. Die Prüfvorrichtung für die Dauerversuche.

Die Dauerversuche wurden als Schwingungs-Biegeversuche mittels einer Biegemaschine (Abb. 49) unter wechselnder Biegebeanspruchung („Anspannung") verschiedener Höhe unter verschiedenen Nebenumständen durchgeführt, wobei der spannungslose Zustand in der Mittellage erreicht wurde. Die Zug- und Druckspannungen der äußersten Faser wechselten daher zwischen entgegengesetzt gleich großen Werten.

Die Periodenzahl der Schwingungen wurde entsprechend derjenigen im Turbinenbetrieb von 1000—3000 pro Minute gewählt, d. h. so hoch als mechanisch

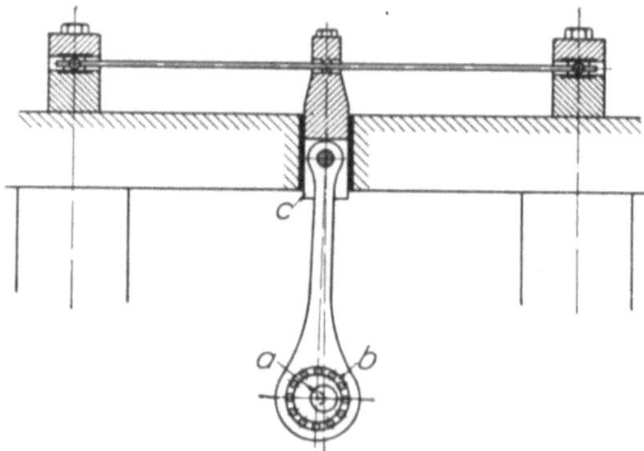

Abb. 48. Schema der Biegemaschine für Dauerversuche.

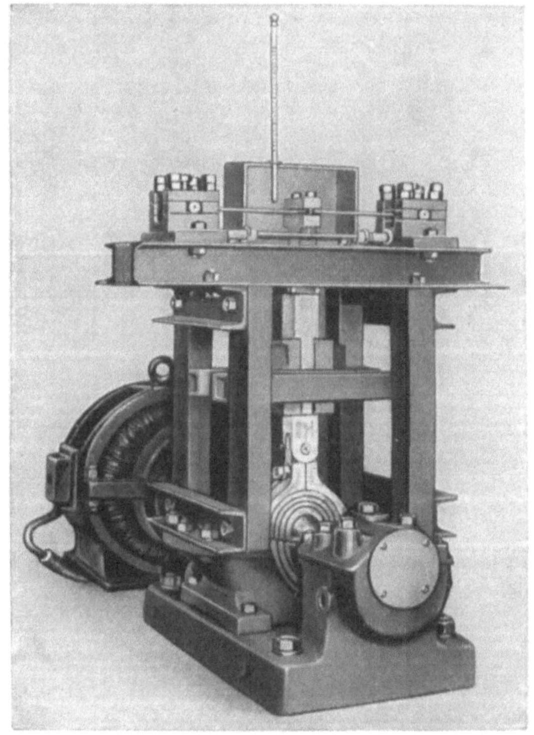

Abb. 49. Biegemaschine für Dauerversuche bei Temperaturen bis 400° (elektrische Heizung).

durchführbar; hierdurch ergab sich zugleich der Vorteil eines immerhin schnellen Erhaltes der Versuchsergebnisse.

Das in Abb. 48 dargestellte Schema der Biegemaschine zeigt ein Kurbelgetriebe mit 3 mm Kurbelradius, angetrieben von einem Drehstrommotor. Wegen der hohen Umdrehungszahl und zur Vermeidung toten Ganges wurde ein exzentrischer Zapfen a mit Kugellager b als Antrieb des geradlinig geführten Querhauptes c gewählt. In das Querhaupt wird der Probestab in seiner Mitte spielfrei, aber ohne Quetschung eingespannt; die Backen sind zylindrisch gewölbt und lassen die elastische Linie des Probestabes frei. Die freien Enden des Versuchsstabes werden in aufgespannten Kloben mit seitlichen Zapfen drehbar und gleitend gelagert. Die Kloben sind verschiebbar, damit durch eine andere Einstellung des Auflagerabstandes die Belastung bei 3 mm Durchbiegung und somit die Beanspruchung geändert werden kann. Alle beweglichen Teile sind gehärtet und auf etwaigen Verschleiß leicht kontrollierbar. Abb. 49 gibt eine nach diesem Schema gebaute Biegemaschine wieder, mit der Schwingungsversuche bei einer durch Heizung mit elektrischem Strom erzielten erhöhten Temperatur durchgeführt werden. Abgestufte Widerstände lassen die gewünschte Temperatur mit der erforderlichen Gleichmäßigkeit leicht einhalten.

19. Die Stäbe für die Schwingungsversuche und ihre Belastung.

Für die Probestäbe wurde ein Querschnitt von 5 × 15 mm gewählt, wie er aus dem vom Walzwerk gelieferten vorprofilierten Stangenmaterial für die Laufschaufeln der Dampfturbinen noch herausgefräst werden kann. Die im gefährlichen Querschnitt durch die zwangläufige Durchbiegung von ± 3 mm erzeugte Biegungsbeanspruchung

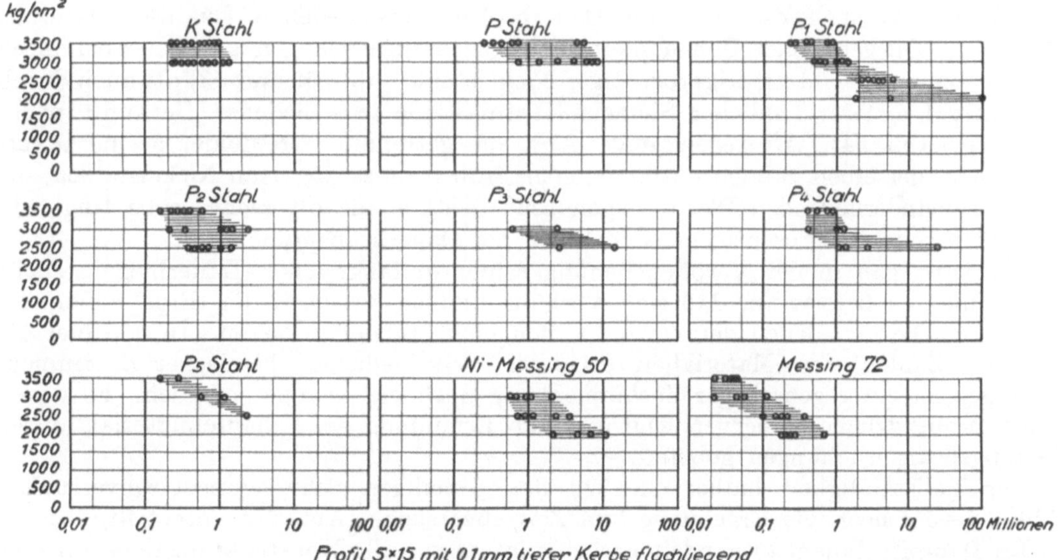

Abb. 50. Schwingungsversuche mit 0,1 mm eingekerbten Flachstäben aus verschiedenen Materialien.

hängt außer vom Querschnitt und der einstellbaren Länge vom Elastizitätsmodul ab. Dieser wird zweckmäßig vorher durch einen einfachen Biegeversuch ermittelt. Da sich die Ermüdung infolge der dreieckigen Momentenfläche nur auf einen sehr kurzen Stabteil erstrecken kann, werden durch sie die elastischen Verhältnisse während des Versuches nicht wesentlich geändert; erst nach Eintritt eines Risses, also kurz vor Beendigung des Versuches, dürfte die anfangs eingestellte Anspannung abfallen. Der Einfluß der Schubspannungen auf die elastische Linie wurde rechnerisch nicht berücksichtigt.

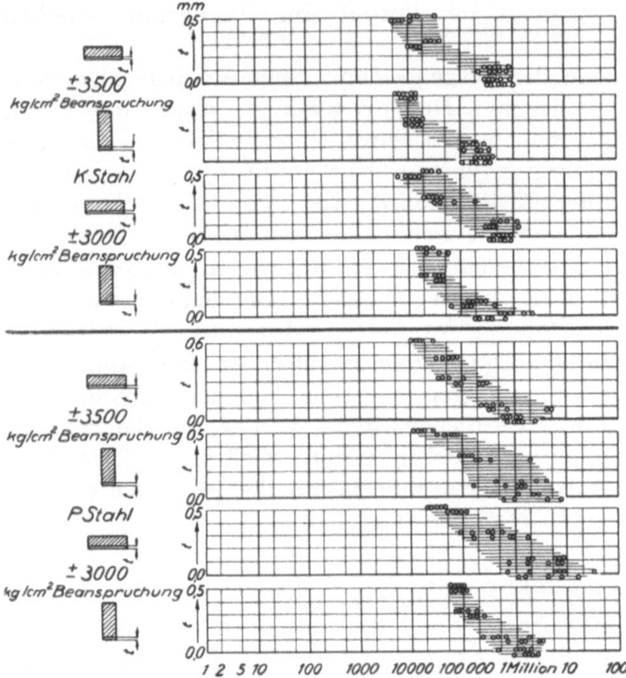

Abb. 51. Schwingungsversuche mit verschieden tief eingekerbten Flach-Stäben aus K- und P-Stahl.

Die Versuche wurden mit flachgestellten und auch hochkantgestellten Stäben ausgeführt. Auch wurden die Stäbe bei verschiedener Art der Oberflächenbearbeitung geprüft, später aber, zur Verminderung der Streuung, nur noch geschliffen und poliert. Um aber den Einfluß von Oberflächenverletzungen erkennen zu lassen, wurden bei vielen Versuchsreihen die Stäbe am gefährlichen Querschnitt scharf eingekerbt, und zwar einseitig in 0,1—0,5 mm Tiefe (Abb. 50 und 51).

20. Die Ergebnisse der Schwingungsbiegeversuche.

Tatsache ist, daß die Gütezahlen der Zerreißfestigkeit durchaus nicht gleichlaufend sind mit der Wertigkeit, welche die verschiedenen Materialien im Dauerversuch ergeben. Es sei daher eine Anzahl Versuchsresultate von Dauerproben verschiedenen Qualitäts-Materials mitgeteilt. Die genügende Genauigkeit der Versuchseinrichtungen an sich wird durch die Ergebnisse sowohl niedrigprozentiger Nickelstähle (Abb. 52 und 53) als auch durch eine Anzahl anderer ähnlicher Siemens-Martin-Stähle verschiedener Herkunft nachgewiesen (Abb. 54). Hingegen zeigt Abb. 55 getrennte Streufelder a und b verschiedener, derselben Stange entnommenen Proben eines $25^0/_0$igen Nickelstahles; die weit auseinanderliegenden Werte zeigen sehr deutlich die oft recht große Ungleichmäßigkeit von hochprozentigem Nickelstahl bei Dauerbeanspruchung.

Martens gab in der Veröffentlichung seiner umfangreichen Dauerbiegeversuche über Flußeisen bereits an, daß sich Verhältniszahlen zwischen den Ergebnissen der Dauerversuche und denen der Zerreißproben nicht aufstellen lassen. In den hier gebrachten Zahlen von Materialien erheblich verschiedener chemischer Zusammensetzungen ist ein gegenseitiger Zusammenhang noch viel weniger möglich. Es waren daher diesbezügliche Dauerversuche über die Ermüdung des Schaufelmaterials durch Biegungsbeanspruchungen geboten.

Der Vollständigkeit halber sind zu den jeweiligen Schwingungsbiegeversuchen (Abb. 52—55) noch die Ergebnisse von Zerreißversuche (Abb. 56) mitgeteilt.

Im Dampfturbinenbau handelt es sich für nahezu alle Konstruktionsteile um eine während des Betriebes vorwiegend gleichbleibende, also ruhende Belastung; eine Ausnahme hiervon machen die Schaufeln der Turbinenräder, bei denen außer der durch die Zentrifugalkraft hervorgerufenen ruhenden Zugbelastung noch durch die Leitschaufeln rhythmisch unterbrochenen Biegungsbeanspruchungen durch die Umfangskraft des Dampfes, durch mitgerissenes Wasser, durch Schwingungen oder andere Zufälligkeiten als wechselnde Beanspruchungen hinzukommen.

Es ergibt sich die Schlußfolgerung, daß es z. B. auch mit Rücksicht auf das Auftreten etwaiger Schwingungen gänzlich unzulässig ist, die Güte eines Materials für die Schaufeln der Laufräder von Dampfturbinen nur nach dem Ergebnis der Zerreiß- und der Kerbschlagproben beurteilen zu wollen. Es ist unerläßlich, für Material ge-

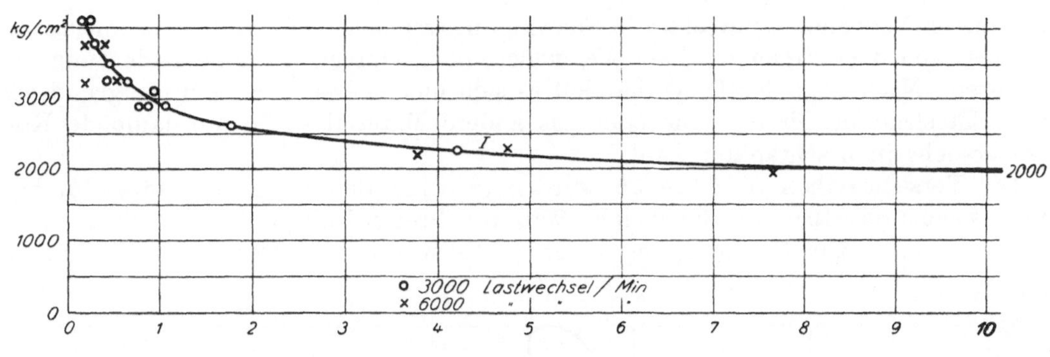

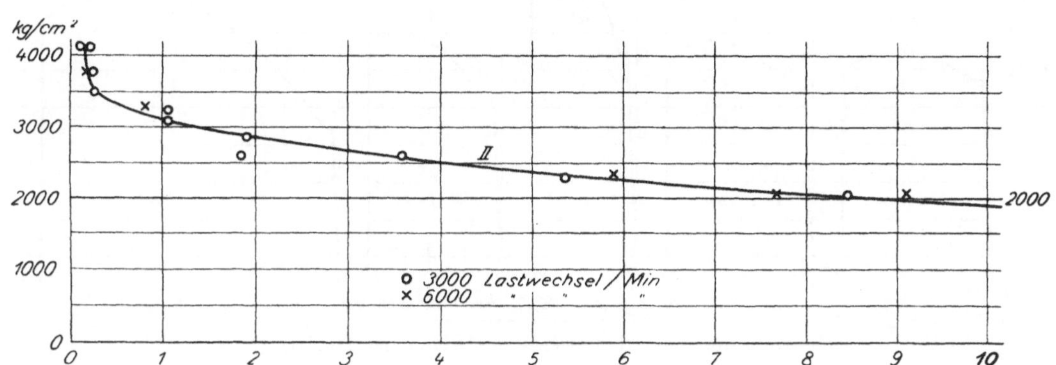

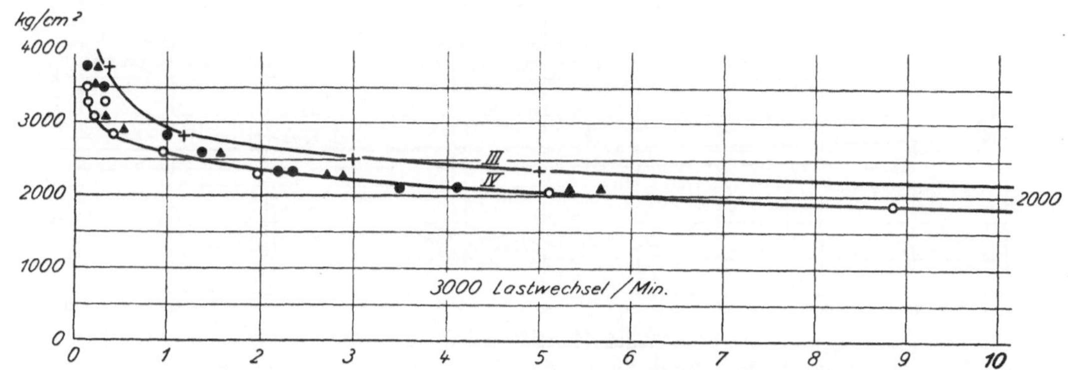

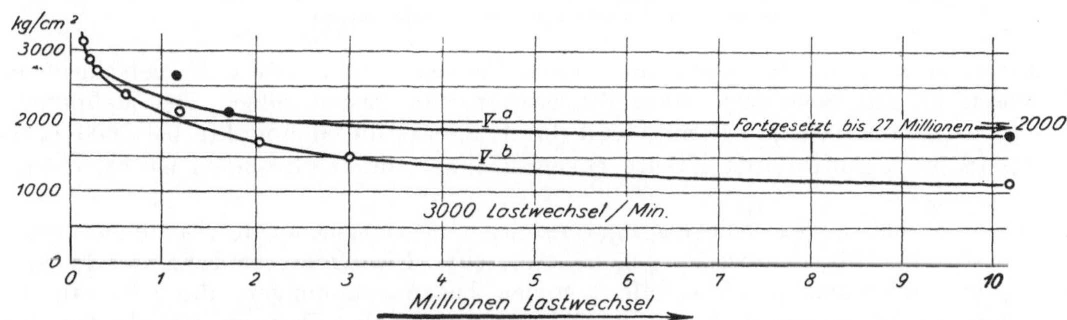

Abb. 52—55. Versuchsergebnisse von Dauerproben bis zu ca. 10 Millionen Lastwechseln.
I mit 5%igem Ni-Stahl Sorte „P"
II mit 5%igem Ni-Stahl Sorte „B"
III, IV mit vier verschiedenen SM-Stahlsorten
V mit 25%igem Ni-Stahl.

rade dieser Verwendungszwecke die Schwingungsversuche voll und ganz mit heranzuziehen und dem Ergebnis dieser Versuche eine entsprechend hohe Bedeutung beizumessen. Nach Lage der Dinge handelt es sich hier insbesondere um die grundsätzliche Entscheidung für das eine oder das andere Material sowie um laufende Kontrollversuche in beschränkter Zahl.

Die Versuchsreihen Abb. 52—55 wurden für eine Belastung der Stäbe durchgeführt, welche dieselben um das gleiche Maß aus ihrer Schwerpunktachse heraus nach oben und unten zur Durchbiegung brachte. Es wurde angestrebt, den Einfluß der

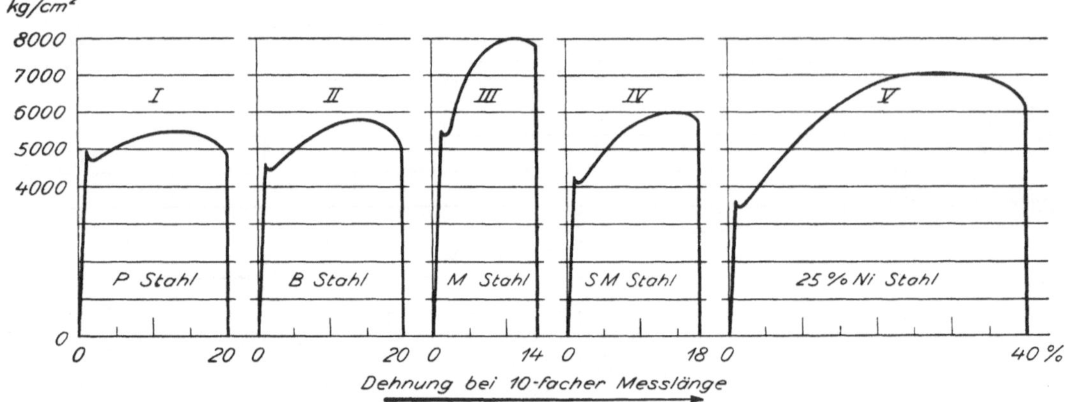

Abb. 56. Festigkeitswerte des Versuchsmaterials.

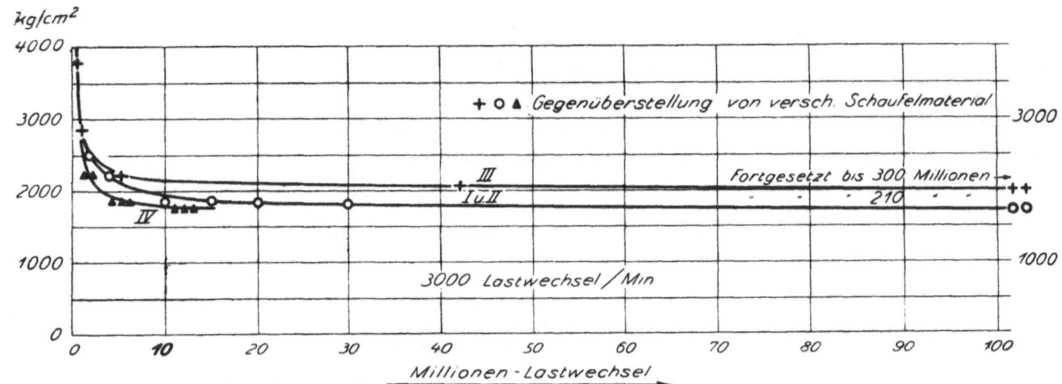

Abb. 57. Gegenüberstellung der Versuchsergebnisse von Dauerproben bis zu 300 Millionen Lastwechseln an vier verschiedenen Sorten Schaufelmaterial.

Dauer einer einzelnen Beanspruchung durch Versuche mit um 50 v. H. verschiedener Wechselzahl, mit 3000 bzw. 6000 Wechseln p. Min. festzustellen. Die Meßpunkte bei 3000 Lastwechseln pro Minute sind durch Kreise, die Meßpunkte bei 6000 Lastwechseln pro Minute durch Kreuze gekennzeichnet; der Unterschied ist verschwindend gering.

Die Ergebnisse der Schwingungsversuche mit verschiedenen Schaufelmaterialsorten sind in Abb. 57 einander gegenübergestellt. Die Unterschiede in der Lebensdauer der untersuchten Werkstoffe kommen bei Anspannungen, die nahe an die Streckgrenze heranreichen, hierin kaum zum Ausdruck. Dagegen ist die für den vorliegenden Verwendungszweck, also für eine große Zahl der Belastungswechsel in Frage kommende höchst zulässige Beanspruchung merklich verschieden. Weder das Zerreißdiagramm noch die Ergebnisse des Kerbschlagversuches ließen auf die großen Unterschiede in der Lebensdauer bei geringerer Anspannung schließen. Bei 2000 kg/cm²

Anspannung wurde der Versuch mit Stahl III nach 150 Millionen Schwingungen abgebrochen, weil er nach dem Verlauf der vorausgegangenen Versuche wahrscheinlich niemals zu einem Bruch geführt haben würde. Eine weitere Verminderung der Anspannung auf 1700 kg/cm² ließ aber auch die Stähle I und II in das Gebiet anscheinend unbegrenzter Lebensdauer gelangen, in dem es keine „Ermüdung" gibt, 2000 kg/cm² bzw. 1700 kg/cm² stellen somit die „Ermüdungsgrenze" oder „Arbeitsfestigkeit" dar. Nur durch die recht langwierigen Schwingungsversuche wird Aufschluß gegeben, bis zu welcher Höhe eine Materialsorte für ein bestimmtes Anwendungsgebiet im Dauerbetrieb belastet werden darf.

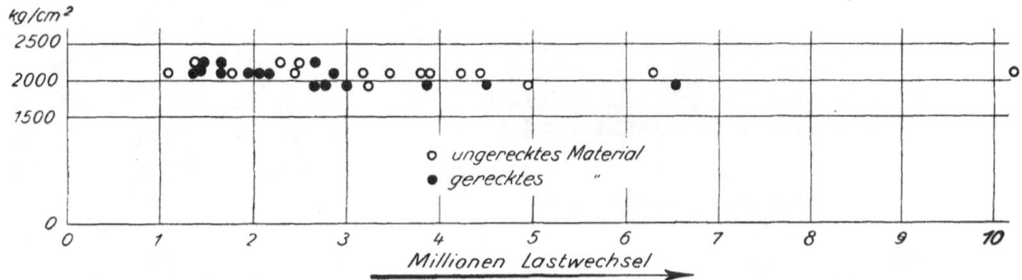

Abb. 58. Vergleichsergebnisse von Dauerversuchen mit vorgerecktem und ungerecktem 5%igen Nickelstahl.

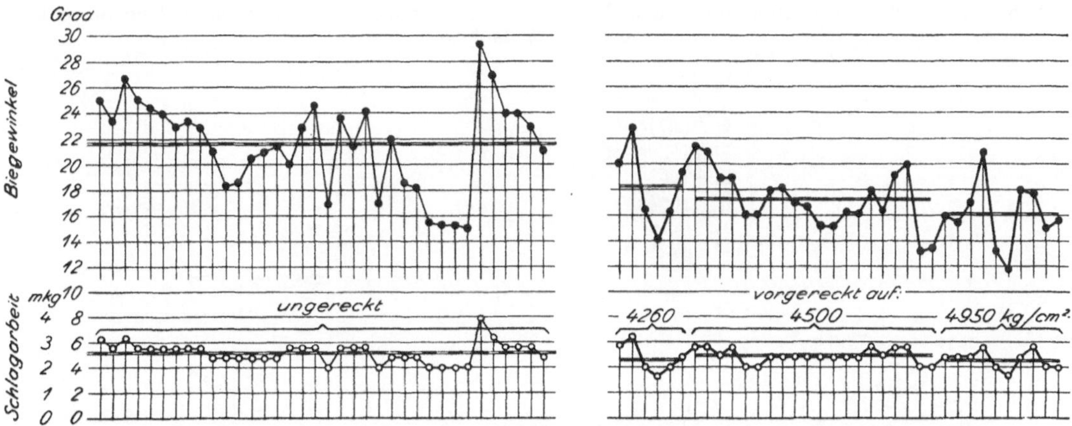

Abb. 59. Schlagarbeit und Biegewinkel mit ungerecktem und vorgerecktem Material.

Eine weitere Anwendung fanden die Dauerversuche in der Beurteilung von gerecktem und ungerecktem Material. So wurden Dauerversuchsstäbe aus SM-Stahl mit einer Streckgrenze von 3500 kg/cm² auf 4500 kg/cm² belastet und dann einer Dauerprobe bei 2100 und 2200 kg/cm² unterworfen. Die Ergebnisse derartiger Proben sind in Abb. 58 wiedergegeben, aus denen man nur eine geringe Verschlechterung des Materials herausfinden kann. Im Anschluß an die Dauerversuche wurden an den gleichen Stäben noch Kerbschlagversuche vorgenommen (Abb. 59), die ebenfalls eine geringe Veränderung des Materials, insbesondere erkennbar in der Abnahme des Biegewinkels, ergaben.

Die gleichen Versuche wurden aus Schaufelmaterial aus 5%igem Nickelstahl vorgenommen. Auch hier zeigte sich bei den Dauerversuchen eine Verschlechterung des gereckten Materials gegenüber dem ursprünglichen; auch die Kerbschlagversuche, die ebenfalls wieder an den gleichen Stäben vorgenommen wurden, zeigten eine Veränderung der Güte des Materials.

21. Harte Querschnittsübergänge und harte Beanspruchungen.

Beim Eindringen der Elektrotechnik in den allgemeinen Maschinenbau, beim Bau der ersten Elektrolokomotive, der ersten elektrischen unterirdischen Wasserhaltung, der ersten Fördermaschinen und der ersten elektrisch angetriebenen Walzenstraße, beim Bau der elektrischen Schnellbahnwagen usw. mußte der Konstrukteur seine Erfahrungen hineintragen in andere Gebiete, die ihm zunächst noch fremd waren. Wenn heute in diesen Gebieten genügende Erfahrungen vorliegen, so hatte sich doch

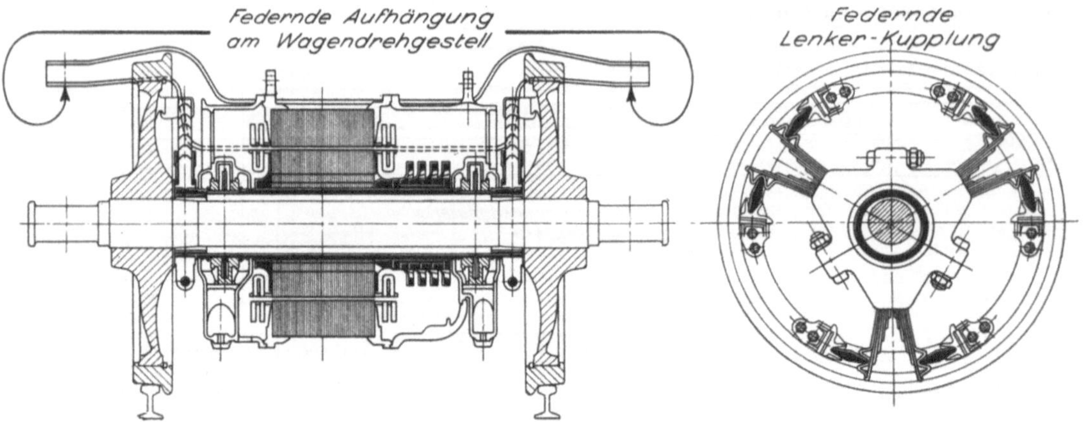

Abb. 60. Federnd aufgehängter Motor und federnde Lenkerkupplung zwischen der hohlen Motorachse und der Radachse.

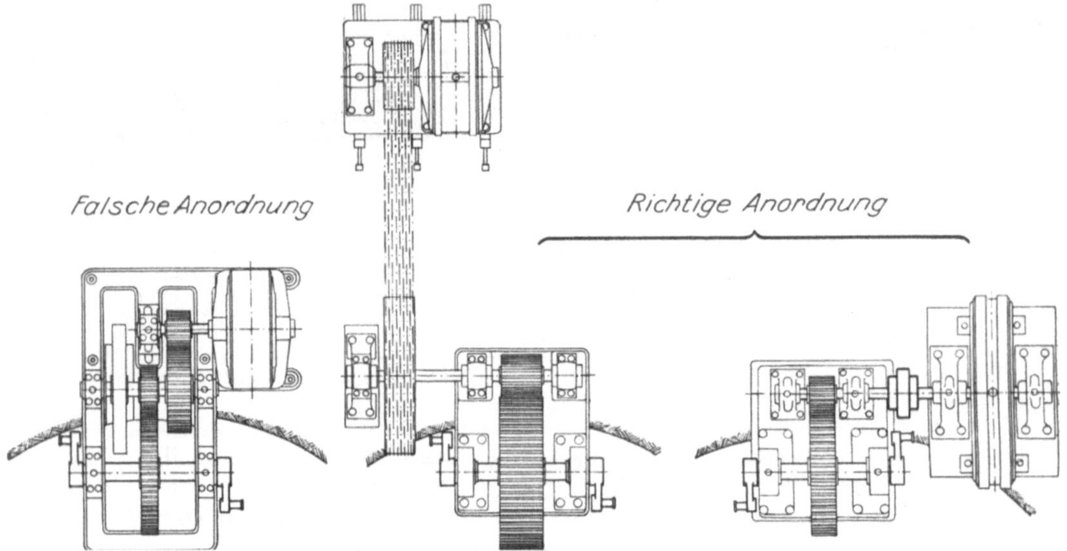

Abb. 61—63. Durch Zahnradvorgelege angetriebene Kolbenpumpen. Z. V. d. I. 1899.

immer wieder gezeigt, daß neue Erfahrungen ganz besonders in der Behandlung und Beherrschung der Zwischenglieder zu machen waren. Auch diese sind für das Gebiet „Konstruktion und Material" ein großer Lehrmeister, das Material läßt sich nicht zwingen; harte Stöße, harte Beschleunigungen und Verzögerungen sind genau so unzulässig wie harte Querschnittsübergänge im einzelnen Stück, sie führen unbedingt früher oder später zu Brüchen. Das Schwungrad (Abb. 61) auf der Zwischenwelle gibt Anlaß zu Schwingungen gegenüber dem Rotor, die Wellen und Zähne zusätzlich beanspruchen.

Bei der Konstruktion des Schnellbahnwagens der AEG im Jahre 1901[1]) waren schwere Elektromotoren auf die Radachsen aufzubauen. Motoren im Gewichte von etwa 3000 kg, hart aufgebaut auf die Achsen des Wagens und mit etwa 1000 Umdr.

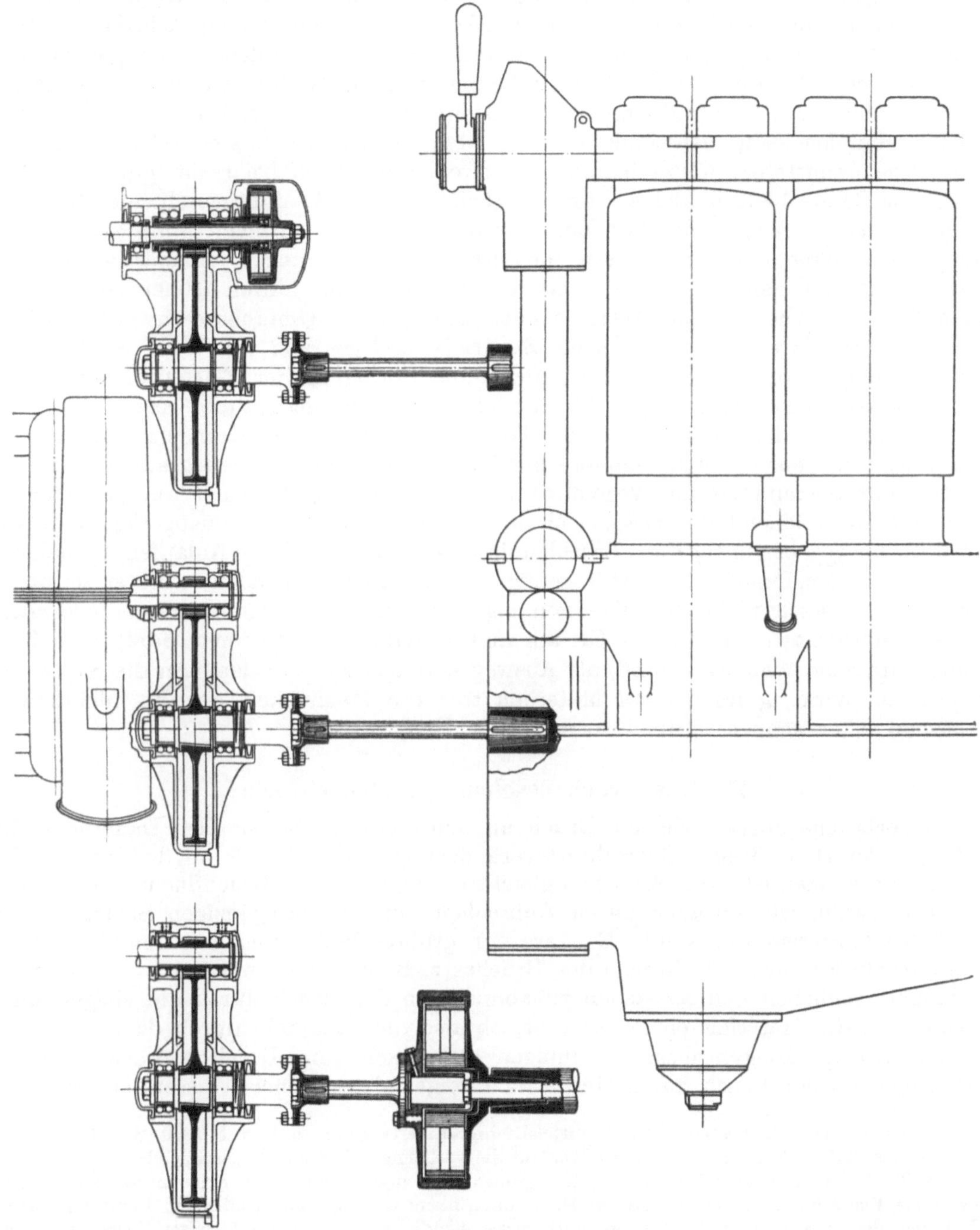

Abb. 64. Zentrifugal-Reibungskupplung hoher Umlaufzahl zwischen den Zahnrädern und dem Gebläse.
Abb. 65. Federnde Welle zwischen Antriebsmotor und Gebläse bei zwischengeschaltetem Vorgelege.
Abb. 66. Vergrößerung der Zeit für die Beschleunigung durch eine Zentrifugal-Reibungskupplung zwischen Benzinmotor und Zahnrädern.

[1]) Lasche, O.: High-Speed Railway Car of the AEG. International Congress Glasgow, Paper read on Sept. 4. 1901.

p. Min. laufend, würden ohne Gnade sowohl die Achsen als auch den Oberbau zerstört haben. Es war deshalb erforderlich, das Gewicht der Motoren nicht hart auf die Achsen aufzulagern, sondern die Motoren am Untergestell der Wagen federnd aufzuhängen und die Drehbewegung durch entsprechend federnde Kupplungen auf die nunmehr vom Gewicht des gesamten Motors völlig entlasteten Achsen zu übertragen. Abb. 60 zeigt die seinerzeit neuartige Kupplung, welche diese geforderten Wege zwischen der antreibenden Motorwelle und dem angetriebenen Radsatz gestattete.

Zahnräder und Zahnradvorgelege[1]) dürfen mit den angetriebenen Massen nicht hart verbunden sein, insbesondere nicht, wenn mehrfache Massen oder mehrfache Vorgelege unmittelbar hintereinandergeschaltet sind. Auch bei recht guter Ausführung der Zähne bleiben kleine Ungenauigkeiten in der Umfangsgeschwindigkeit bestehen, und es bringen die Beschleunigungen und Verzögerungen ohne zugelassene Wege bzw. ohne reichliche Zeiten für diese Beschleunigungen unzulässige Drücke hervor; sie erzeugen einen harten Gang der Räder und führen früher oder später zum Bruch. Fernerhin sind Antriebe mit nicht gleicher Umfangsgeschwindigkeit, so z. B. von Zusatzgebläsen, die mittels Zahnradvorgeleges von der Welle raschlaufender Flugzeugmotoren angetrieben werden, ohne Einfügung der Elastizität eines Zwischengliedes nicht ausführbar (Abb. 65). Eine zwischengeschaltete recht schwache Welle, ähnlich der Meßwelle eines Torsionsmessers, schien zunächst genügende Elastizität zu geben, um die entsprechend dem Ungleichförmigkeitsgrad des Benzinmotors nur kleinen relativen Wege ohne nennenswerten Kraftzuwachs aufzunehmen.— Gänzlich unzureichend aber erwies sich das Maß dieser künstlich hinzugefügten Elastizität für die gegebenen enormen Beschleunigungsverhältnisse beim Anlaufen des nahezu masselosen Benzinmotors. Hierfür genügt die Elastizität irgendeines Materials überhaupt nicht, auch nicht diejenige von anderen künstlich eingeschalteten federnden Zwischengliedern; es mußte das Gleiten und allmähliche Mitnehmen durch eine Reibungskupplung (Abb. 64 und 66) als Ausweg herangezogen werden. An die Stelle der federnden Wirkung irgendeines Materials trat die Möglichkeit der Beschleunigung während einer nennenswerten Anzahl voller Umdrehungen.

22. Das Bruchaussehen der Dauerbrüche.

Dauerbrüche ebenso wie der Bruch an den Versuchsstäben aller Dauerversuche erfolgen derart, daß eine Querschnittsveränderung des Materials an der Bruchstelle nicht zu erkennen ist. Das Aussehen gleicht der eigenartigen Bruchfläche von hartem Werkzeugstahl, wie sie auch durch Abbrechen mittels eines einzigen Schlages oder auch bei Härterissen entsteht. Es wäre von größter Bedeutung, aus dem Bruchaussehen rückwärts auf die Ursache des Bruches z. B. von den im Betrieb gebrochenen Schaufeln schließen und feststellen zu können, ob der Bruch durch die vielgenannte Ermüdung des Materials eingetreten ist, ob also die Schaufeln durch dauernd wechselnde niedrige Biegungsbeanspruchungen allmählich zum Bruch gebracht worden sind, oder ob der Bruch durch eine etwa infolge mitgerissenen Wassers eingetretene

---

[1]) Lasche, O.: Elektrischer Antrieb mittels Zahnradübertragung. Z. V. d. I. 1899, S. 1567.

Der erste Trieb (Abb. 61) war unmittelbar auf die verlängerte Motorwelle gesetzt, ebenso wurde der zweite Trieb unmittelbar neben dem ersten großen Rad und daneben ein Schwungrad angeordnet, also ohne Elastizität zwischen der großen Masse des Ankers und dem anzutreibenden Pumpengestänge. Trotzdem der erste Trieb nur mit einer Umfangsgeschwindigkeit von 9,8 m/sek. unter Verwendung von Rohhaut lief, traten starke Erschütterungen und Schläge auf, so daß Lagerschrauben und Fundamente ständig gelockert wurden. Trotz der niedrigen Zahnbeanspruchungen traten nach Wochen und Monaten dauernd Brüche der Triebzähne und des großen Rades ein, Brüche, welche durchaus nicht in der fortschreitenden Abnutzung begründet, sondern lediglich auf die Ermüdung des Materials durch die dauernden Schläge zurückzuführen waren. Richtige Anordnungen für den vorliegenden Fall zeigen Abb. 62 und 63. In dem ersten Fall ist als elastisches Glied zwischen Motor und Pumpenvorgelege ein Seiltrieb gesetzt, im zweiten Falle eine elastische Kupplung.

plötzliche, aber sehr hohe Überbeanspruchung herbeigeführt worden ist. Das Aussehen des Bruches gibt aber hierfür leider keine Handhabe, denn die Bruchflächen der im Betrieb gebrochenen Schaufeln und der im Dauerverfahren gebrochenen Probestäbe unterscheiden sich in ihrem Aussehen fast nicht (Abb. 67—71); weder der eine noch der andere Bruch läßt irgendeine Formänderung oder eine Änderung des Gefüges erkennen. Wohl konnte man feststellen, daß es sich bei den im Betrieb gebrochenen Schaufeln gelegentlich um einen „alten Anriß“ handelte; ob dieser Anriß aber durch die erste oder die zweite Art der Beanspruchung entstanden ist, oder ob vielleicht gar von Anfang an ein Materialfehler vorlag, ist kaum feststellbar; auch sei hierbei auf Abb. 72 verwiesen; trotzdem die „ermüdete“ Welle überhaupt noch nicht in Betrieb gewesen war, trug der Bruch aber vollkommen das charakteristische Aussehen eines Ermüdungsbruches.

Abb. 67. Bruchflächen eines flachen Probestahles (Dauerbiegeprobe). v = 2.

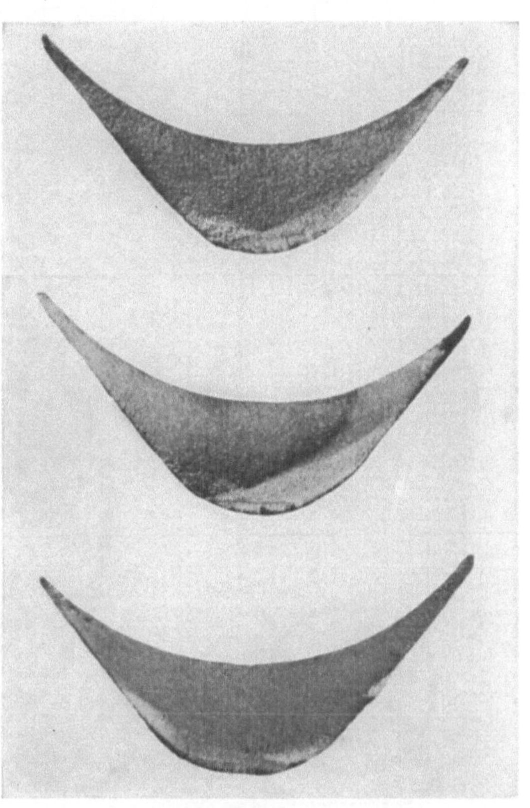

Abb. 68—70. Bruchflächen von Schaufelmaterial (Dauerbiegeprobe). v = 3.

Es lag daher nahe, bei den Dauerbiegeversuchen des Schaufelmaterials festzustellen, ob in der Nähe der höchsten Beanspruchung, also in Nähe der Bruchstelle, eine Strukturveränderung durch die Ermüdung des Materials eingetreten war, um dann aus dieser die Ermüdung des Materials nachweisen zu können. Diesbezügliche Untersuchungen lieferten bisher kein Ergebnis[1]).

23. Zusammenfassung.

Alle Arten der Materialprüfungen widersprechen einander in ihren Resultaten, sofern man von höheren und den noch zulässigen höchsten Beanspruchungen redet. Ein Material höchster Zerreißfestigkeit zeigt oft beim Kerbschlagversuch, zuweilen auch beim Schwingungs-Biegeversuch schlechtere Ergebnisse als ein anderes Ma-

[1]) Neuerdings ist es E. Schulz (Mitt. d. Dortmunder Union, Heft 2) und Müller und Leber (Z. V. d. I. 1923, S. 360) mit Hilfe der Fryschen Ätzung gelungen, die Gefügeveränderung durch Ermüdung schon vor vollendetem Bruch nachzuweisen.

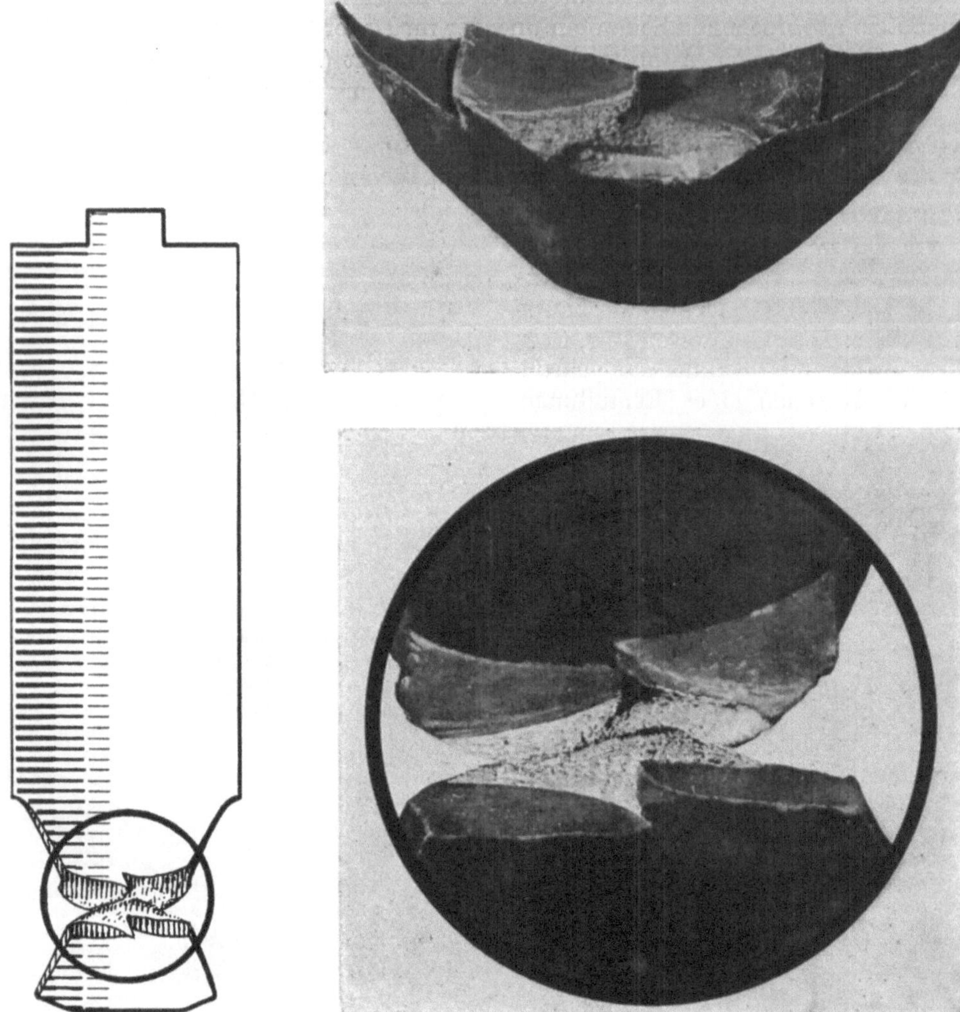

Abb. 71. Bruchfläche einer Turbinenschaufel, im Betrieb gebrochen.

Abb. 72. Anriß einer Welle infolge Schmiedefehlers.

terial mit mäßiger Zugfestigkeit. Sobald man von Materialien spricht, die über den Zahlen der gängigen Marktware liegen, ist ihre Prüfung der Beanspruchung, die das fertige Stück im verantwortlichen Betrieb erfährt, soweit als tunlich anzupassen; es hat dann eben die Prüfung des Materials genau ebenso sachlich zu erfolgen wie auch die Entnahme der Proben aus den Arbeitsstücken selbst. Als erschwerend kommt hierbei hinzu, daß sich die vorgenannten Eigenschaften in der anzustrebenden höchsten Qualität bei Stücken kleinster Abmessungen (fälschliche Nachbehandlung von Probestäben) immerhin noch leichter erreichen lassen, wogegen die Anforderungen, die an die Stahltechnik gestellt werden, um die gleichen vorzüglichen Qualitäten in den verschiedensten Richtungen zugleich an den Konstruktionskörpern selbst zu erreichen, auch mit den besten Einrichtungen kaum erfüllbar sind.

IV. Die Radscheiben[1]).

24. Das Material der Radscheiben[2]).

Für die Radscheiben werden je nach ihren Abmessungen und Umlaufzahlen, also entsprechend ihren mechanischen Beanspruchungen, nebeneinander drei verschiedene Materialsorten verwendet.

Für die niedrig beanspruchten Radscheiben kommt Material Nr. I und Nr. II, für die höchstbeanspruchten Material Nr. III zur Verwendung. Die Gütezahlen dieser Materialien sind in der folgenden Tabelle angegeben.

	Zug-festigkeit kg/mm²	Streck-grenze kg/mm²	Bruchdehnung bei 5facher Meßlänge %	Kerbzähigkeit Stabform I mkg
Nr. I	45	22	28	—
Nr. II	60—65	35—38	24/5	10 } 4° Biegewinkel
Nr. III	70—75	35—55	18/5	20 } 4° Biegewinkel

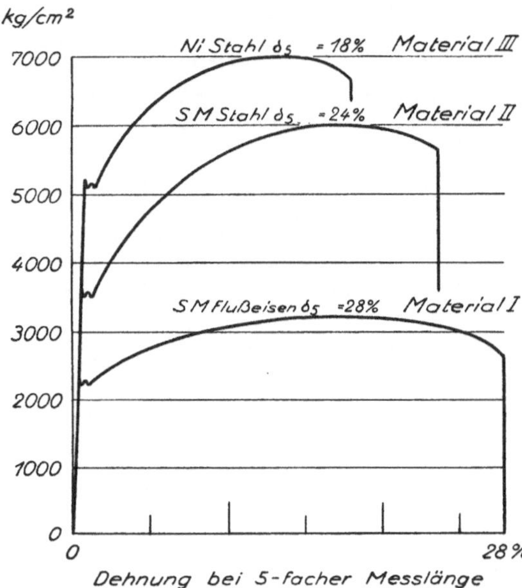

Abb. 73. Gütezahlen der verschiedenen Materialsorten.

Die Dehnungszahlen beziehen sich sämtlich auf die 5fache Meßlänge. Es ist erforderlich, sich mit so kurzen Stäben zu begnügen, da aus dem fertigen Schmiedestück längere Probestücke nicht entnommen werden können.

Material Nr. I ist ein sehr weiches Material, bei dem der Gedanke an zu große Sprödigkeit ausscheidet. Es wird selten verwendet. Bei den Materialien Nr. II und III mußten Vorschriften gegen eine zu hohe Sprödigkeit erlassen werden, und zwar durch Forderung des Kerbschlagversuchs. Für das Material Nr. II wird eine Schlagarbeit von 10 mkg bei einer Schlagstärke von 3 mkg pro Schlag und für das Material Nr. III eine Schlagarbeit von 20 mkg bei einer Schlagstärke von 3 mkg pro Schlag bis Anriß verlangt.

---

[1]) Das Material der Turbinenwellen s. Fußnote S. 60—61.

[2]) Auszug aus den Materialvorschriften für Radscheiben der AEG-Turbinenfabrik.

Jede Scheibe ist, wenn nicht anders vermerkt, nach angegebener Zeichnung bis auf 2 mm Zugabe in jeder Richtung vorzudrehen und mit der angegebenen Radnummer auf einer an der Naben-Stirnseite befindlichen Ringfläche zu stempeln. Die Scheiben sind nach dem Vordrehen spannungsfrei zu glühen, dann zu vergüten, erst hiernach auf Maß zu drehen. Das Material für die Proben ist tangential an der Nabe zu entnehmen, und zwar bei Radscheiben mit einer Nabenbohrung von 170 mm und darüber aus der Bohrung und erst bei kleineren Nabenbohrungen von einer Stirnseite der Nabe.

Abb. 74. Einlegen des Radsatzes einer 50000 kW-Turbine.

25. Laufende Materialprüfung auf Streckgrenze und Schlagarbeit.

Die laufende Abnahmeprüfung des Materials der Radscheiben erstreckt sich auf Zerreiß- und Kerbschlagversuche bei Raumtemperatur. Der aus den Ergebnissen dieser Proben zusammengestellte und laufend ergänzte „Monatsbericht für Radscheiben" gibt eine gute Übersicht über die Zuverlässigkeit der liefernden Werke (Abb. 75). Für Prüfungen und Untersuchungen grundsätzlicher Art wurden wiederholt Zerreiß- und Kerbschlagversuche bei den im Turbinenbetrieb in Frage kommenden verschiedenen

Temperaturen durchgeführt. Abb. 76 zeigt die bezüglichen Werte für die vorgenannte Materialsorte III. Lassen die Ergebnisse der laufenden Abnahmeprüfung Zweifel aufkommen über die Zulässigkeit einer Radscheibe wegen zu geringer Dehnung, zu großer Sprödigkeit oder wegen erheblicher Unterschiede in den Werten der einzelnen Probe-

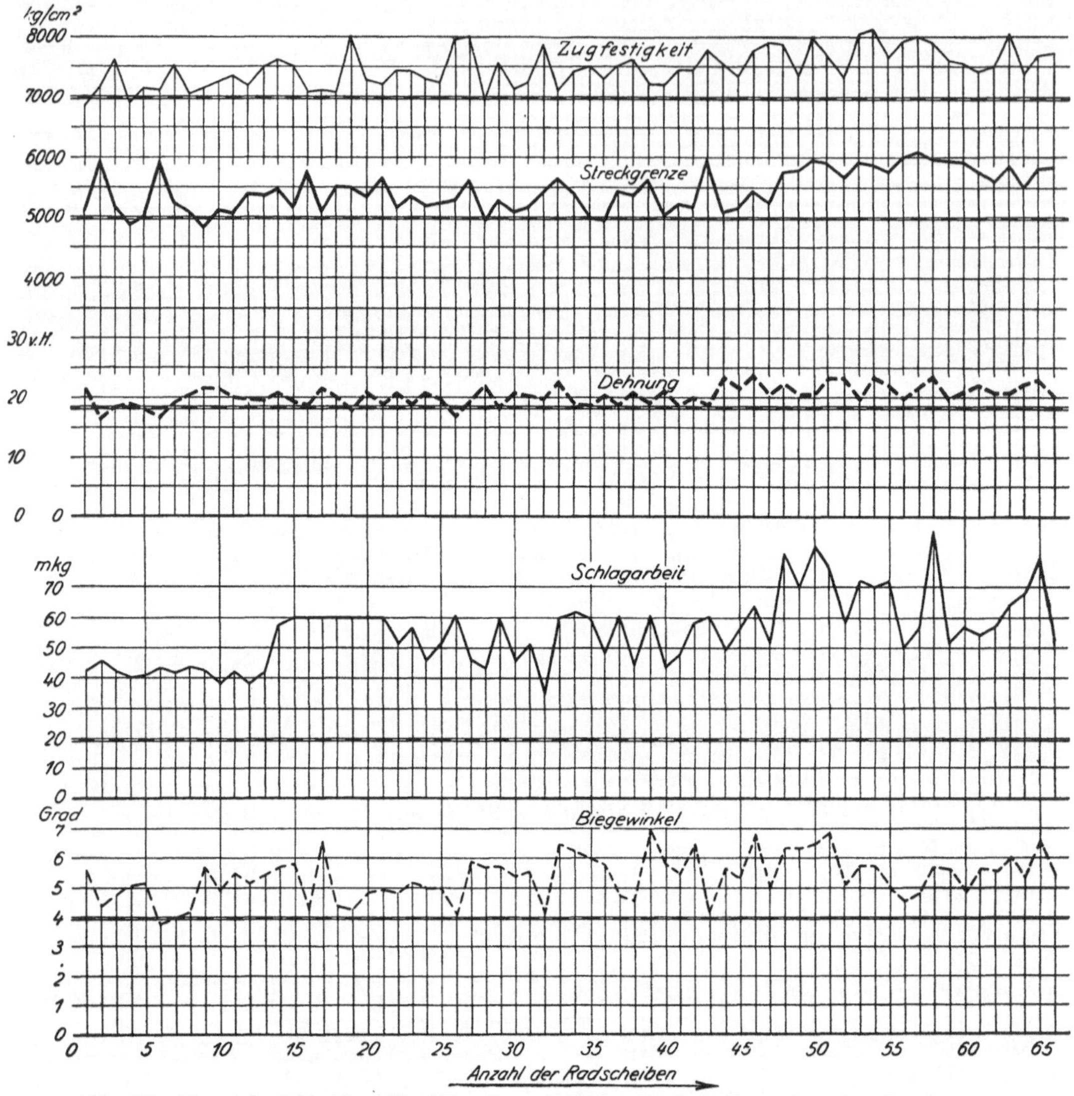

Abb. 75. Monatsbericht über die Güte der gelieferten Radscheiben eines Stahlwerkes.

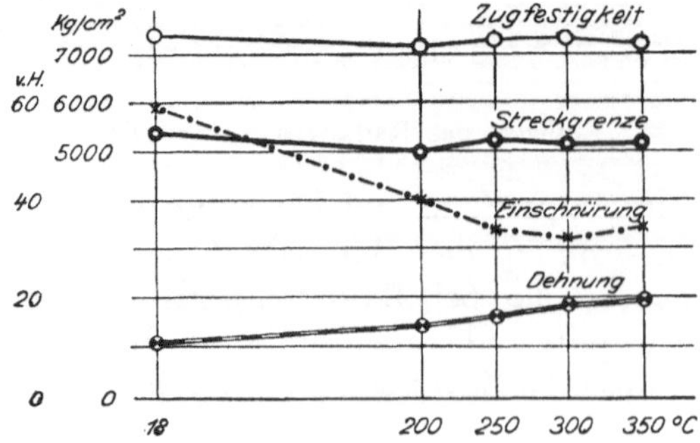

Abb. 76. Festigkeitszahlen des Radmaterials III bei verschiedenen Temperaturen.

stäbe, so dient die chemische Analyse und die Gefügeuntersuchung zur Aufdeckung der bei Herstellung der Scheibe gemachten Fehler.

Da die physikalische Prüfung eines Materials zur Festlegung der Elastizitätsgrenze äußerst zeitraubend ist, so kommt für die Werkstatt nur die Feststellung der beim Zerreißversuch erzielten bzw. aus dem Zerreißdiagramm klar ersichtlichen Streckgrenze in Betracht, die der Konstrukteur zunächst allein seinen Berechnungen zugrunde zu legen hat. In einem späteren Abschnitt (S. 53) ist auf die Entnahme der Proben näher eingegangen, einerseits getrennt in Hinsicht auf die Stelle am Rade, an der die Probe zu entnehmen ist, andererseits nach dem Zustand der Herstellung, bis zu welchem die Scheibe bei Entnahme der Probe vorangeschritten war.

26. Das Schmieden der Radscheiben.

Das Herstellungsverfahren der Radscheiben ist bei den in Frage kommenden Stahlwerken verschieden. Ein Werk schmiedet den gegossenen Rohblock vor und sticht

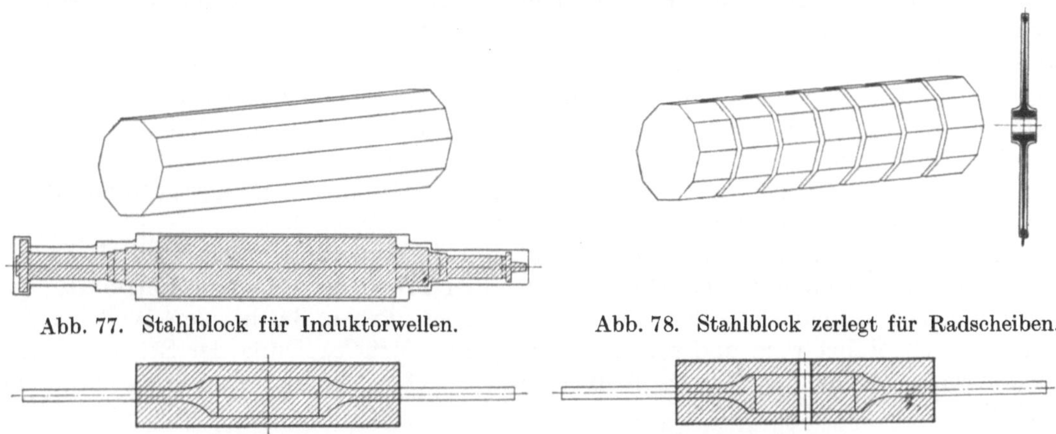

Abb. 77. Stahlblock für Induktorwellen.

Abb. 78. Stahlblock zerlegt für Radscheiben.

Abb. 79. Das Aufdornen des Blockmaterials bei Radscheiben.

dann Stücke im Gewicht der herzustellenden Radscheibe ab; ein anderes Werk komprimiert das noch flüssige Eisen des Rohblockes, um Gasansammlung und Lunkerbildung zu verhüten, und erst dann wird der Rohblock unter dem Hammer bzw. der Presse durchgeschmiedet. Je nach der Größe des Blockes (Abb. 78) geschieht das Durcharbeiten des Materials von Nabe und Steg bzw. Kranz verschieden sorgsam, aber zumeist besser als z. B. bei den Rotoren der Dynamomaschinen, bei denen die Gefahr besteht, daß ein gründliches Durchschmieden gelegentlich überhaupt unterbleibt (Abb. 77). Die Durcharbeitung ist verschieden bei Rädern mit sehr dickem Kranz und vergleichsweise schmaler Nabe — mehrkränzige Räder — und bei solchen mit schmalem Kranz und verhältnismäßig breiter Nabe — einkränzige Räder größter Umlaufgeschwindigkeit —. Gemeinsam für alle Räder gilt, daß die rechnerische Beanspruchung an der Nabe am höchsten ist, und gerade bei denjenigen Rädern, an deren Nabe der Konstrukteur wegen der hohen örtlichen Beanspruchung das meiste Material anhäuft, wird die Durchschmiedung des Blockes entsprechend dem ganzen Arbeitsvorgang am wenigsten gründlich. Es ist daher unerläßlich, die Bohrung der Scheiben durch Aufdornen (Abb. 79) herzustellen, wodurch das Durcharbeiten des Materials der Nabe ergänzt wird. Der nachfolgende Arbeitsvorgang des Glühens und Vergütens kann die fehlende Durcharbeitung nicht ersetzen, die vorgeschriebene Zähigkeit des Materials muß bei Körpern solcher Abmessungen in erster Linie durch das Durchschmieden erreicht werden (vgl. Abschnitt 29).

Um Gewißheit für das richtige Einhalten des Herstellungsverfahrens zu haben, ist es erforderlich, die Materialproben an der Nabenbohrung zu entnehmen, d. h. an der Stelle, an welcher bei der Herstellung sehr leicht gesündigt wird und an der zu gleich die höchste rechnerische Beanspruchung liegt; gerade an dieser Stelle ist die Entnahme der kleinen Stäbe für die untrügliche Kerbschlagprobe weit eher möglich als die Entnahme von Zerreißstäben brauchbarer Abmessungen.

27. Einfluß des Glühens.

Wie das Schmieden auf die Zähigkeit des Materials von ausschlaggebendem Einfluß ist, so ist das vollkommene Durchglühen des fertigen Schmiedestückes für das Vermeiden innerer Spannungen und das Erzielen guter Werte der Dehnung maßgebend. Für die Zeitdauer des Glühens gilt im besonderen, daß sie mit Rücksicht auf die Stellen der größten Materialanhäufung an der Nabe bemessen wird. Auch hier ist zu beachten, daß die Prüfung insbesondere an derjenigen Stelle des Körpers zu erfolgen hat, wo der Einfluß des Glühens zuletzt zur Geltung kommt.

Durch sachgemäßes Ausglühen werden jene Materialspannungen beseitigt, die durch die Bearbeitung unter dem Hammer in der Scheibe entstanden sind. Hierfür ist außer der Glühtemperatur und der Dauer des Glühens weiterhin von Bedeutung, in welcher Weise die Radscheiben im Glühofen untergebracht werden. Erforderlich ist, sie so einzusetzen, daß eine ungehinderte gleichmäßige Wärmeaufnahme für jede einzelne Scheibe gewährleistet und dadurch die Erwärmung in allen Punkten der Scheibe gleich wird. Trifft dies aber nicht zu, so ist eine ungleichmäßige Erwärmung die Veranlassung zu inneren Materialspannungen, die sich beim Fertigdrehen durch Verziehen oder Werfen äußern.

Eine jede der vorgedrehten Turbinen- und Induktorwellen wird zur Kontrolle über das erfolgte einwandfreie Durchglühen einer Probe bei reichlich Betriebstemperatur und langsamem Umlaufen unterworfen. Diese Probe, die bei den Wellen regelmäßig durchgeführt wird und schon mehrfach zur Zurückweisung der Stücke geführt hat, erwies sich bei den Radscheiben — auch solchen größten Durchmessers — als unnötig.

28. Einfluß des Vergütens.

Die in Abschnitt 24 angegebenen, für das Material Nr. II und III der Radscheiben geforderten Gütezahlen lassen sich bei allen in Frage kommenden Abmessungen der Scheiben nicht allein durch die chemische Zusammensetzung des Rohmaterials und durch das Durchschmieden und Ausglühen der fertigen Radscheibe erreichen; die Scheiben würden oftmals, wenn sie nicht durch Vergüten in ihren Materialeigenschaften verbessert würden, unter den verlangten Zahlenwerten bleiben. Je nach der Beschaffenheit des Materials und je nach der Größe des Schmiedestückes kommen zwei Vergütungsverfahren zur Anwendung. Bei dem älteren und einfacheren Verfahren wird der Temperatursturz durch Öffnen der Verschlüsse des Glühofens und dadurch das Eintreten kalter Luft in denselben bewirkt und auf diese Weise der Temperatursturz herbeigeführt. Bei dem vollkommeneren neueren Verfahren erzielt man den Temperatursturz durch Abschrecken der Scheiben in einem Ölbad, worauf sie nochmals in dem Glühofen „angelassen" werden. Für die Radscheiben größerer Abmessungen oder gar für Induktorwellen sind bei Anwendung dieses letzteren Verfahrens bereits recht umfangreiche Einrichtungen erforderlich.

29. Die wärmetechnische Behandlung des Materials.

Wegen der Bedeutung des Schmiedens, Glühens und Vergütens eines Schmiedestückes für die Materialeigenschaften seien nachfolgend die wärmetechnische Behandlung sowie die daraus sich ergebenden Materialeigenschaften eines niedrigprozentigen Nickelstahles (Material III), wie er für die Induktoren und Turbinen-Radscheiben und -Wellen verwendet wird, gegenübergestellt.

Bei den Versuchen I bis VI wurde nur wenig geschmiedetes Blockmaterial der gleichen Temperaturbehandlung unterworfen wie die Proben VII—XII aus gut durchgeschmiedetem gleichen Blockmaterial. Die jeweilige Wärmebehandlung zeigt das Temperaturdiagramm Abb. 80. Die Ergebnisse der Zerreißproben (als Doppelproben ausgeführt) sind in nachstehender Tabelle wiedergegeben und in Abb. 81 graphisch gegenübergestellt. Die Tafeln I—IV (S. 48—51) zeigen die Gefügebilder in 100- und 1000facher Vergrößerung.

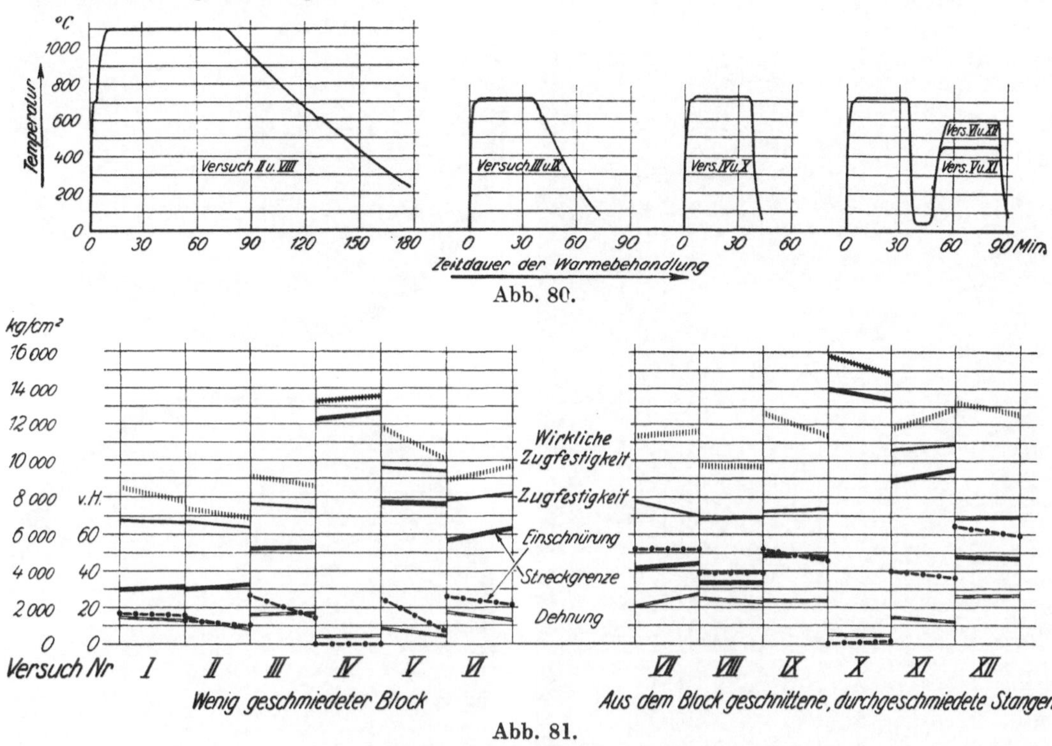

Abb. 80.

Abb. 81.

Wenig geschmiedeter Block.

	I		II		III		IV		V		VI	
Wirkl. Zugfestigkeit kg/cm²	8400	7800	7300	6850	9050	8600	13100	13600	11850	10000	8900	9600
Zugfestigkeit „	6700	6620	6630	6350	7650	7450	13100	13600	9530	9430	7780	8150
Streckgrenze „	3000	3185	2950	3185	5160	5200	12100	12500	7650	7650	5650	6280
Dehnung δ 5 %	14,6	13,—	14,—	8,—	15,2	13,—	3,—	3,5	8,4	4,4	17,6	12,—
Einschnürung %	15,3	15,4	13,—	10,—	25,1	15,3	0	0	24,4	6,—	26,—	20,8
Härtezahl	194	194	170	179	210	207	630	650	257	302	255	224

Aus dem Block geschnittene, durchgeschmiedete Stangen.

	VII		VIII		IX		X		XI		XII	
Wirkl. Zugfestigkeit kg/cm²	11150	11500	9800	9750	12650	11300	16000	14800	11800	12900	13100	12600
Zugfestigkeit „	7070	6980	6800	6880	7140	7400	16000	14800	10560	10950	6880	6880
Streckgrenze „	4100	4330	3300	3300	4840	4780	14000	13300	8850	9500	4720	4690
Dehnung δ 5 %	20,—	27,—	24,—	22,—	22,8	23,—	4,—	3,—	13,2	11,—	26,—	26,—
Einschnürung %	51,—	51,—	38,—	38,—	51,—	47,—	0	0	39,2	36,—	64,—	59,—
Härtezahl	223	220	210	201	209	221	555	530	385	352	196	202

Die Gegenüberstellung der Ergebnisse zwischen Rohmaterial und geschmiedetem Material zeigt, daß die Festigkeitseigenschaften durch das Schmieden insofern wesentlich verbessert wurden, als die Zähigkeit, die Werte der Einschnürung und damit die „wirkliche Zugfestigkeit“[1]) erheblich höher liegen als bei dem Rohmaterial. Es

[1]) Vgl. Abschnitt 5.

Tafel I.

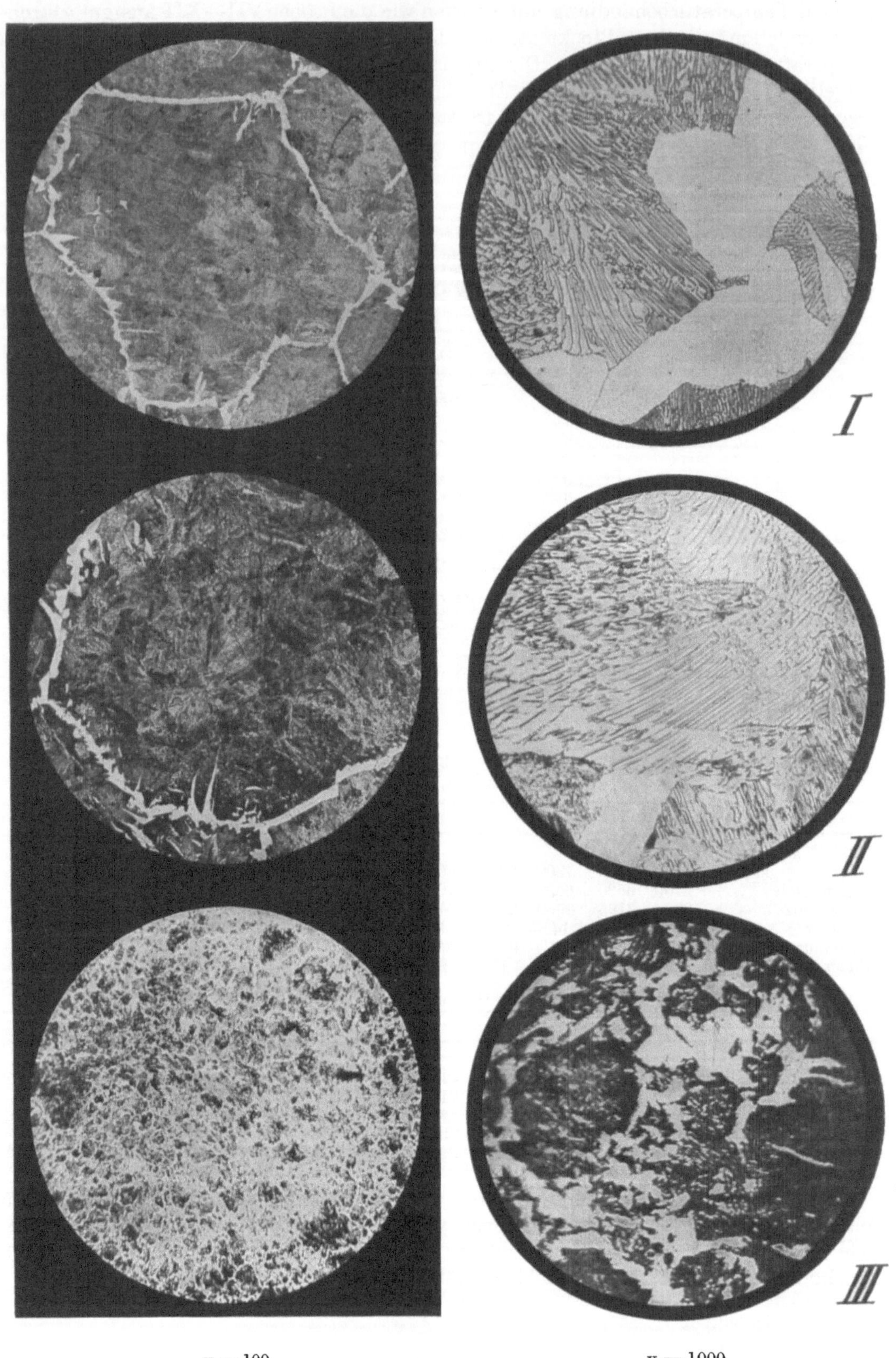

v = 100
Abb. 82—84.

v = 1000
Abb. 85—87.

Tafel II.

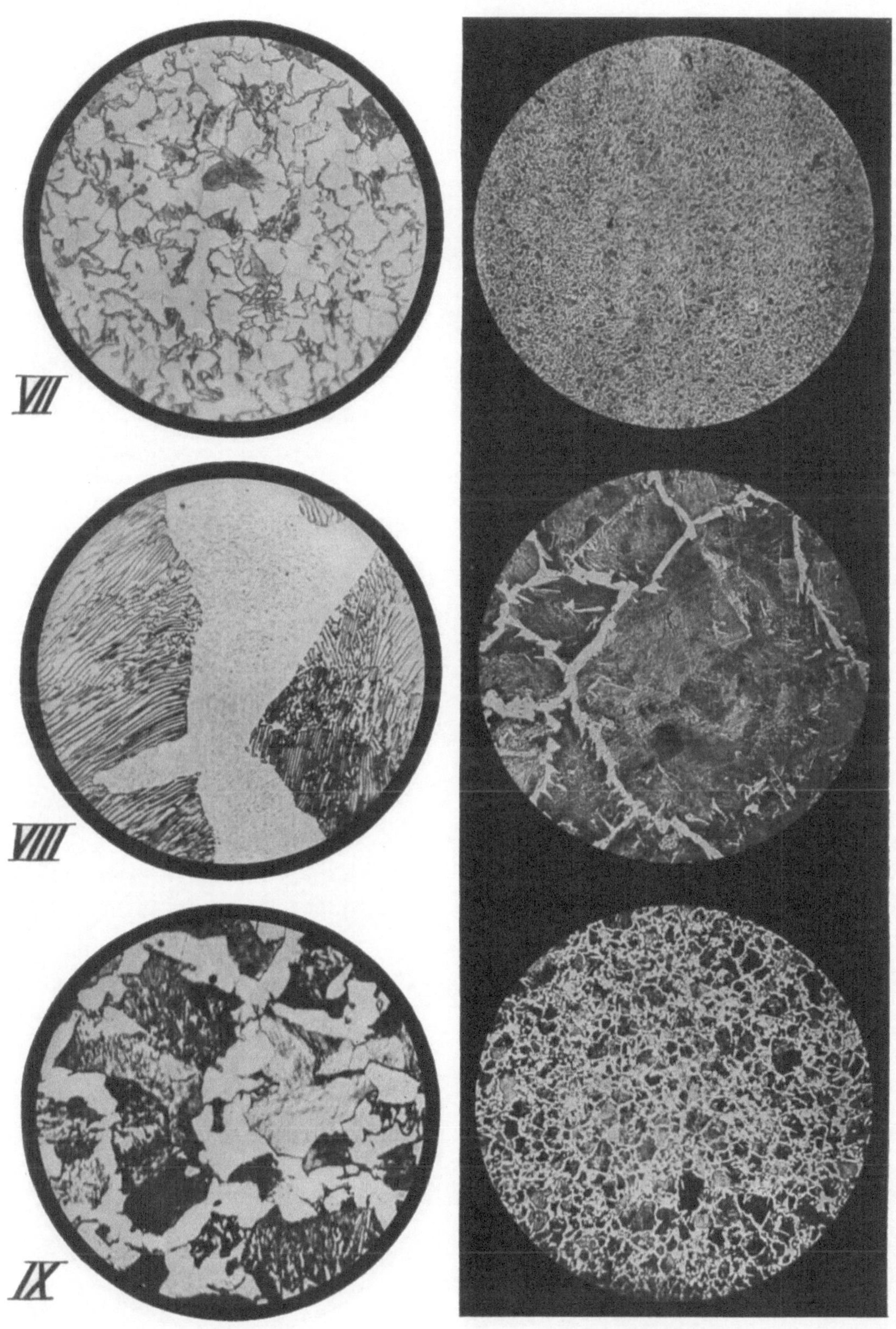

v = 1000
Abb. 88—90.

v = 100
Abb. 91—93.

Tafel III.

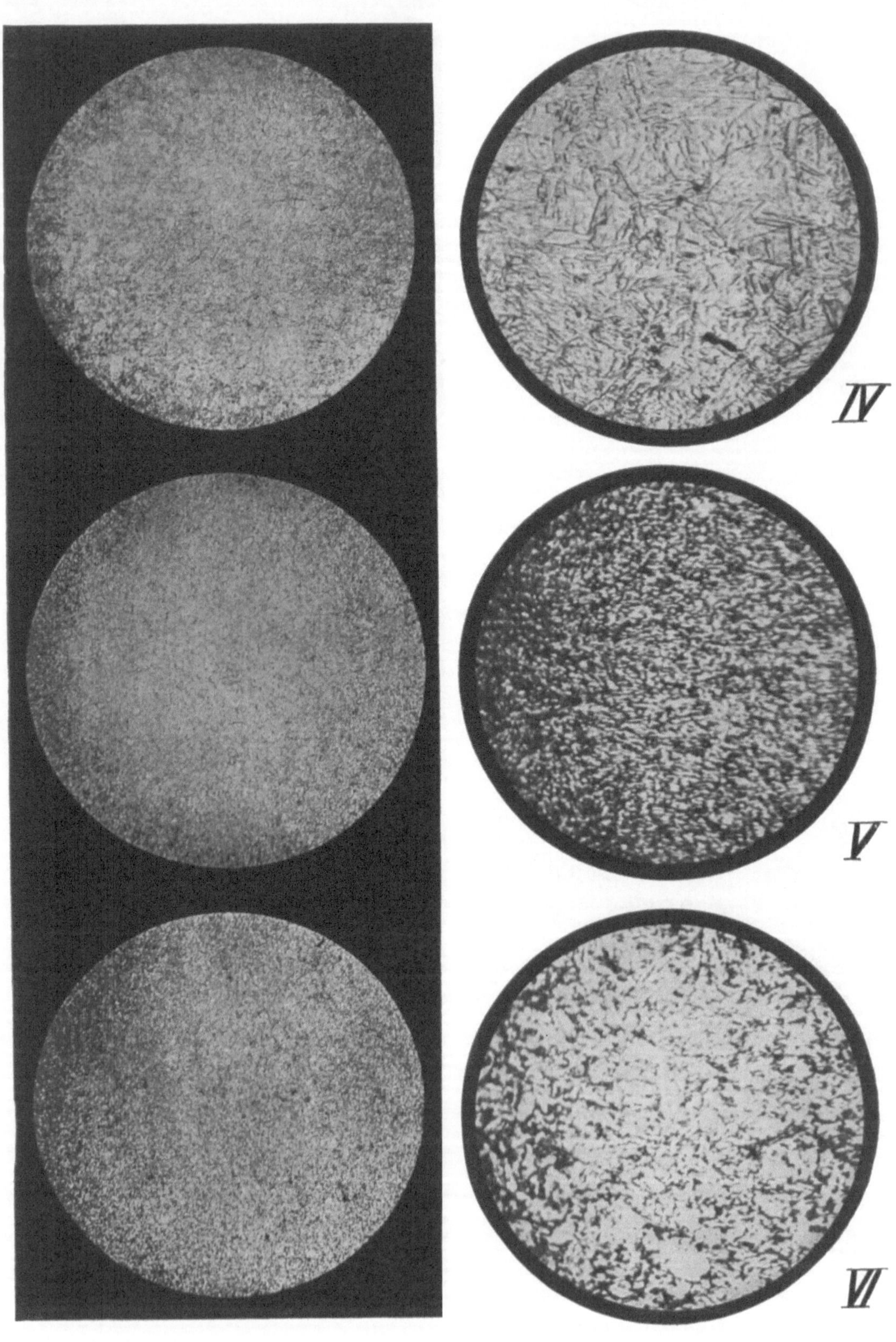

v = 100
Abb. 94—96.

v = 1000
Abb. 97—99.

Tafel IV.

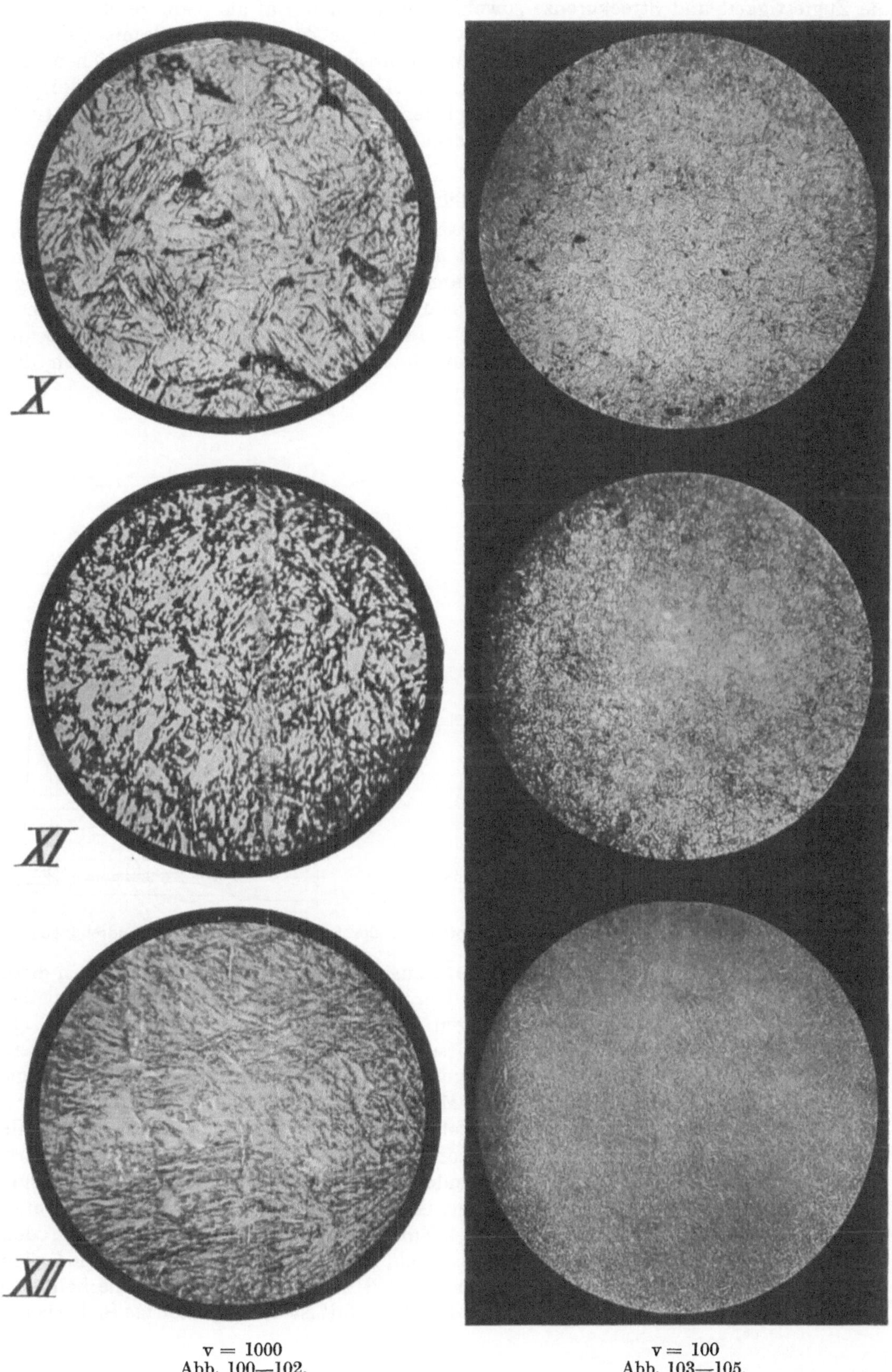

v = 1000
Abb. 100—102.

v = 100
Abb. 103—105.

läßt sich durch entsprechende Wärmebehandlung wohl der Gefügeaufbau und damit die Zugfestigkeit und Streckgrenze sowohl beim Rohmaterial als beim geschmiedeten Material praktisch gleich gestalten, hingegen nicht die Zähigkeit und damit die wirkliche Zugfestigkeit, die für die Güte des Materials ausschlaggebend ist, erreichen. Es muß also die Forderung nach einem guten Durchschmieden der Konstruktionskörper, namentlich an den Stellen, wo sie am höchsten beansprucht sind, z. B. bei den Radscheiben an der Bohrung, voll aufrecht erhalten werden.

30. Die rechnerische Beanspruchung der Radscheiben.

Die größtmögliche Leistung einer Dampfturbine bei bestimmter Umdrehungszahl ist durch den Durchtrittsquerschnitt für den Dampf durch die Schaufeln des letzten Rades und somit durch den Durchmesser dieses Rades und die Schaufellänge gegeben. In Abb. 106 sind die rechnerischen Materialbeanspruchungen eines solchen „letzten" Rades für 3000 Umdrehungen aufgetragen, des ferneren auch die Beanspruchungen der Schaufeln. Die gleichen Materialbeanspruchungen sind auch der

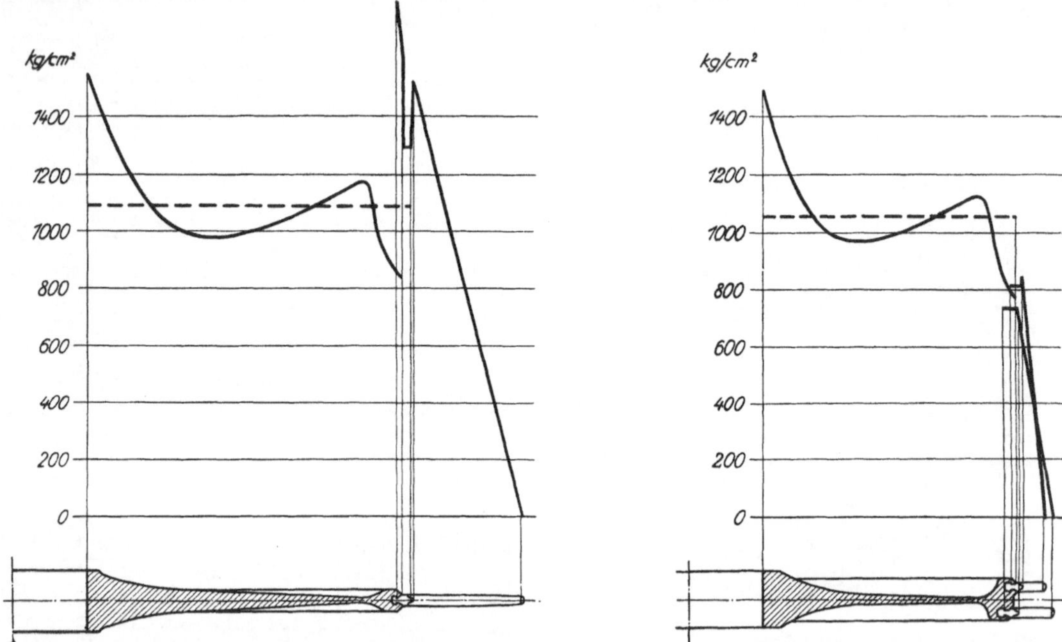

Abb. 106—107. Die rechnerische Materialbeanspruchung der Radscheiben bei 3000 Umdrehungen.

Berechnung der Hochdruckräder (Abb. 107) zugrunde gelegt. Somit bestimmen diese Materialbeanspruchungen bei gegebenem Durchmesser die Formgebung der Scheibe. Für die zulässigen Materialbeanspruchungen der Schaufeln kommen noch andere, besondere Richtlinien zur Anwendung. In dieser Hinsicht sei auf Abschnitt 36 verwiesen.

Wie in Abschnitt 36 über die Befestigung der Radscheiben auf der Welle gesagt, werden die Scheiben mit einer gewissen Montagespannung auf die Welle aufgesetzt. Diese Montagespannung ist in der Radbohrung am höchsten und übersteigt bereits die Höchstspannung, die das Scheibenmaterial bei der Betriebsumlaufzahl erfährt. Somit sind die in der Radscheibe auftretenden höchsten Beanspruchungen als ruhende anzusehen, weshalb der Sicherheitsgrad auf Grund der im Laufe der Jahre gemachten Erfahrungen gegenüber den im Anfang des Turbinenbaues üblichen Sicherheitsgraden herabgesetzt werden konnte. Überbeanspruchungen könnten im Betrieb lediglich durch ein völliges Versagen der Regulierung und zugleich auch der Sicherheitsvorrichtung in Frage kommen. Für einen solchen Ernstfall ist die gegenseitige Sicherheitszahl in der Beanspruchung der Radscheibe, des Radkranzes und der Schaufeln derart abgeglichen, daß das Zerspringen der Scheibe selbst vermieden bleibt.

31. Gleiche Materialeigenschaften in allen Teilen der Scheiben.

In Abschnitt 26—28 wurden die Verfahren besprochen, welche die Erfüllung der Forderung, den Radscheiben in allen Teilen ein angenähert gleichmäßiges Material

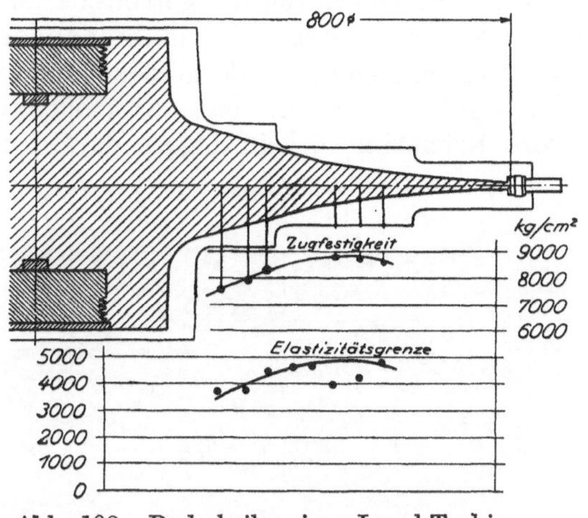

Abb. 108. Radscheibe einer Laval-Turbine.

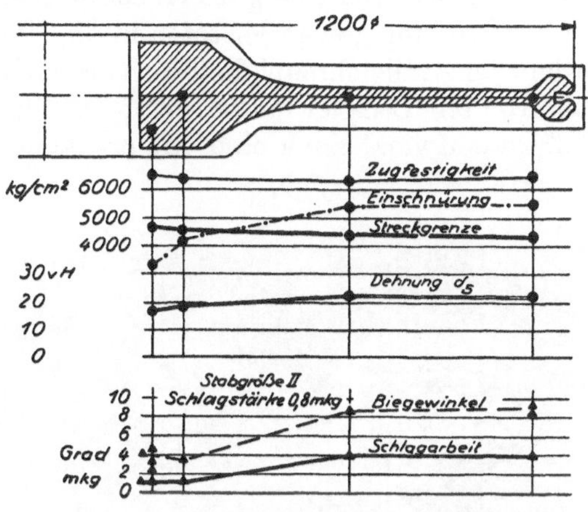

Abb. 109. Radscheibe einer AEG-Turbine, älterer Bauart.

zu geben, ermöglichen sollen, d. h. das Rohmaterial des Blockes ist durch entsprechende Behandlung so zu verbessern, daß die Gütezahlen der an verschiedenen Stellen der Scheibe entnommenen Proben möglichst gleiche Werte ergeben. Das Erzielen gleicher Materialeigenschaften an allen Stellen der Scheibe ist unbedingt anzustreben; die andere weitere Forderung, die Radscheibe als Körper gleicher rechnerischer Festigkeit zu konstruieren, ist auf den konstruktiven Aufbau der ganzen Maschine von Einfluß und bedingt oft eine größere gesamte Baulänge und damit auch eine stärkere Welle sowie andere Weiterungen.

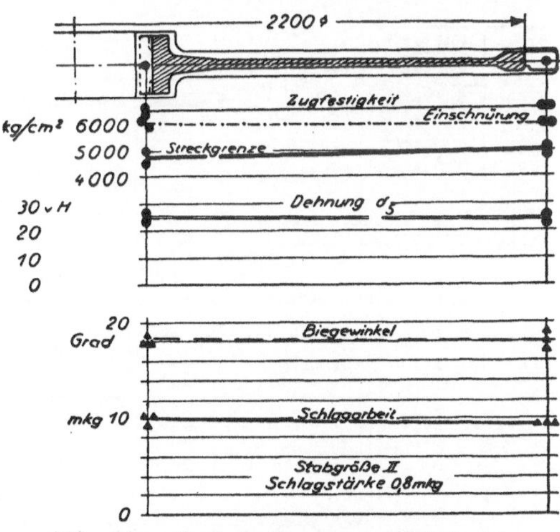

Abb. 110. Radscheibe einer AEG-Turbine neuerer Bauart.

Als Gegenstück zu der ersten Forderung sei auf die Veröffentlichung in der Z. d. V. d. I. 1914, S. 1817, „Über die Explosion der Radscheibe einer Laval-Turbine“ hingewiesen. Bei Konstruktion dieser Scheibe (Abb. 108) ist ein Körper gleicher rechnerischer Festigkeit angestrebt, hingegen nicht die weitere Forderung eines Körpers mit gleichen Materialeigenschaften. Die Materialuntersuchung ergab, daß das Material gegen die Nabe zu wesentlich schlechter war als an dem äußeren Umfang der Scheibe; leider sind aber über die Gütezahlen des Materials in der Nabe selbst Angaben nicht gemacht worden, trotzdem gerade im Zusammenhang mit den bereits stark abfallenden Werten der Zugfestigkeit und der „Elastizitätsgrenze“ die Kenntnis der Eigenschaften des Materials bis zur Nabenmitte von höchstem Werte gewesen wäre.

Der Forderung gleichmäßigen Materials kommt die Radscheibe Abb. 109 etwas näher. Wie die Prüfungsergebnisse einer solchen Scheibe, namentlich die Schlagproben, zeigen, war auch hier die Scheibe in der Nabe noch nicht genügend durchgeschmiedet und auch die Zeitdauer des Ausglühens nicht genügend lang bemessen. Die Gefügebilder lassen den Unterschied in dem Material der Nabe (Abb. 111) gegenüber dem Material in den schwächeren Teilen der Scheibe und namentlich im Kranz (Abb. 112) deutlich erkennen.

Der Forderung nach vollständiger Gleichmäßigkeit des Materials entspricht die Scheibe Abb. 110. Die gute Gleichmäßigkeit ist hier bereits durch die getroffene Materialverteilung gewährleistet, und die Materialprüfungsergebnisse bilden in ihrer außerordentlichen Gleichmäßigkeit im Vergleich zu den Ergebnissen der Radscheiben Abb. 108 und 109 ein Beispiel dafür, welche große Vorsicht geboten ist, ehe man aus größerem Materialaufwand auch eine entsprechend größere Betriebssicherheit folgern darf.

v = 100

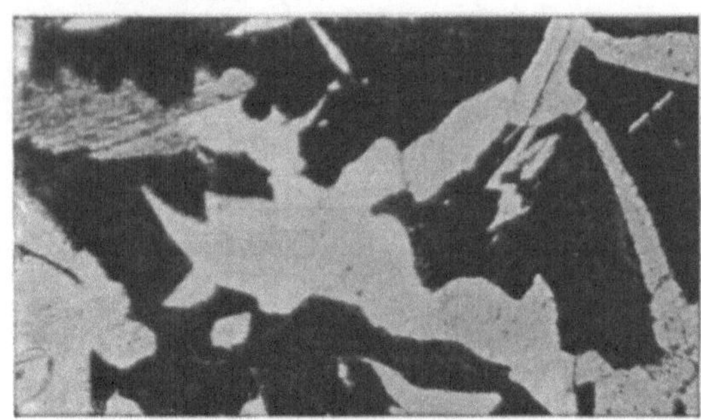

an der Nabe

v = 100

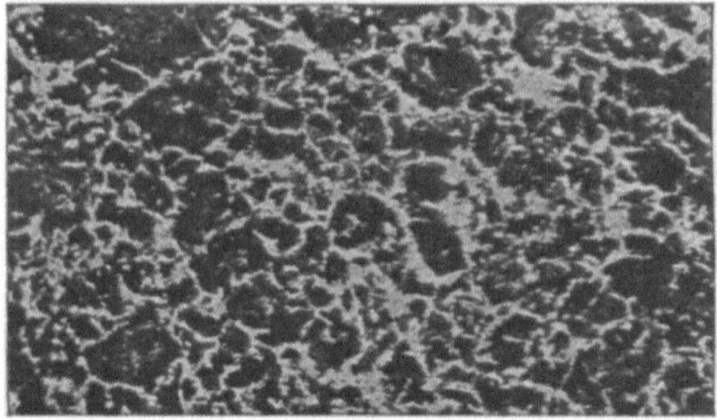

am Kranz

Abb. 111—112. Gefüge einer Radscheibe.

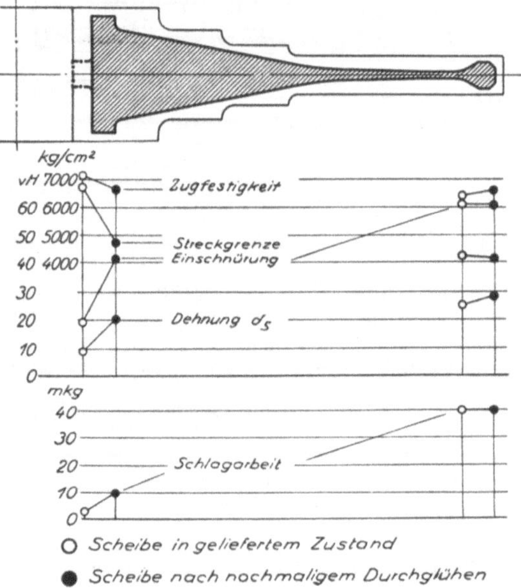

Abb. 113. Radscheibe einer AEG. Turbine aus Kriegsersatzmaterial.

Während des Krieges konnte dieses Verlangen nach einem recht hochwertigen Material und tunlichst gleichmäßiger Materialverteilung nicht voll durchgeführt werden, da der erforderliche Übergang von Material III zurück auf II bei den gegebenen Turbinengrößen eine erhebliche Verstärkung der Nabe und so eine unerwünschte „Materialanhäufung“ erfordert (Abb. 113). Durch scharfe Materialprüfung wurde diesem Nachteil Rechnung getragen und mit so mancher Radscheibe das Ziel erst durch eine Wiederholung des Glühprozesses erreicht.

Das Bedürfnis nach Maschinen immer größerer Leistungen drängte bei der gebotenen Sparsamkeit an Material auf weiteres Steigern der Leistungen bei gegebener Umlaufzahl. Die Steigerung der bisherigen Grenzleistungen erforderte aber, um die benötigte Dampfmenge bei bestem Vakuum unter Berücksichtigung der noch zulässigen Schaufellängen richtig ausnutzen zu können, Radscheiben größeren Durchmessers, als sie bei den bisher gebauten Modellen üblich waren (Abb. 114). So machte sich z. B. beim Übergang auf eine Maschine von 25000 kW-Leistung bei 1500 minutlichen Umdrehungen die Vergrößerung des für diese Umlaufzahl bisher größten Raddurchmessers von 2200 auf

2700 mm erforderlich; hinzugefügt sei, daß bei Turbinen von 50000 kW-Einheitsleistung und 1000 minutlichen Umdrehungen die Raddurchmesser nahezu 4 m betragen.

32. Formänderung einer Radscheibe während eines Durchgehens der Turbine[1]).

In Abb. 115 sind die Materialbeanspruchungen eines Turbinenrades wiedergegeben, das durch Versagen sowohl der Regulierung als auch der Sicherheitseinrichtung von

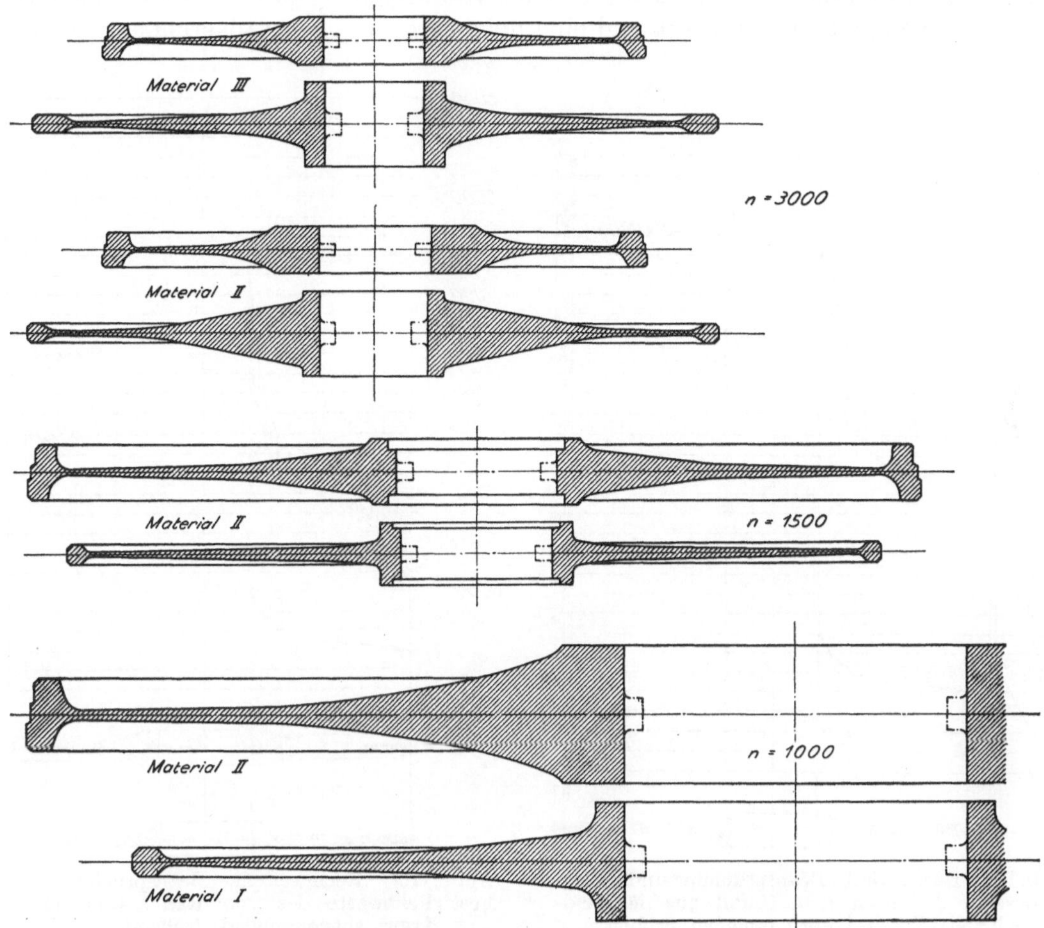

Abb. 114. Größe und Material der Radscheiben bei verschiedenen Umlaufzahlen.

einer Betriebsumlaufzahl n = 1500 auf n_1 = 2800—3000 gekommen war. Die erreichte höchste Umlaufzahl des Turbinenrades wurde aus den während des Durchgehens der Turbine eingetretenen bleibenden Dehnungen der Schaufeln bestimmt.

Das Verhalten der an der höchstbeanspruchten Stelle einmalig über die Streckgrenze hinaus beanspruchten, hier also bleibend gedehnten Radscheibe ist mit dem Belasten eines Probestabes in der Zerreißmaschine über die Streckgrenze hinaus zu vergleichen. Dieser Vorgang erfährt aber insofern eine Abweichung, als durch den Eintritt des Fließens des Materials an der höchstbeanspruchten Stelle — an der Boh-

[1]) Auszug aus den Betriebsvorschriften der AEG-Turbinenfabrik:
Der Schnellschluß muß beim Anstellen der Turbine probiert werden; bei Dauerbetrieb in jeder Woche einmal. Ein Nachziehen der Stopfbuchse der Ventilspindel hat vor der Probe, keinesfalls nach derselben während des Betriebes zu erfolgen, da durch ein zu starkes oder einseitiges Anziehen die Ventilspindel festgeklemmt und so der Schnellschluß außer Tätigkeit gesetzt werden kann.

rung der Radscheibe — noch das umgebende Material zur Aufnahme einer erhöhten Beanspruchung mit herangezogen wird, so daß dadurch eine tatsächliche Entlastung des zunächst über die Streck- oder gar Bruchgrenze belasteten Körperteils eintritt. Zunächst erfolgt also nicht der Eintritt einer Zerstörung des Körpers, sondern es stützen sich die über Streckgrenze belasteten Teile gegen die minder belasteten und lassen auch dieses umgebende Material eine erhöhte Belastung oder geringe Überlastung, d. h. eine elastische oder auch geringe bleibende Dehnung erfahren. Zu Bruch geht der ganze Körper sonach zunächst nicht, vorausgesetzt, daß keine Kerbe auf den ganzen Vorgang störend einwirkt und eine hohe örtliche Überbeanspruchung erzeugt.

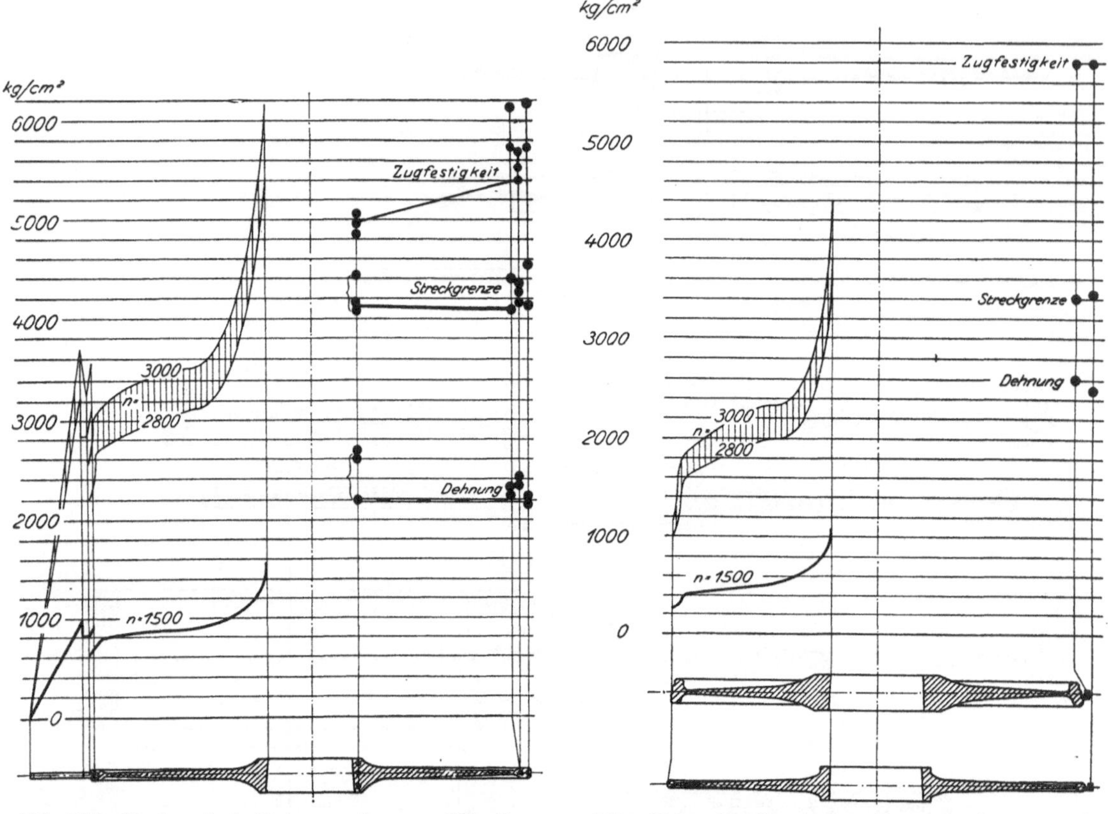

Abb. 115. Rechnerische Beanspruchung und Festigkeitswerte der nach dem Unfall aus der Radscheibe IX selbst entnommenen Proben.

Abb. 116. Rechnerische Beanspruchung und Festigkeitswerte des von Rad I und III am Kranz entnommenen Probematerials.

Übersteigt eine solche Formveränderung einer umlaufenden Scheibe die beim Aufsetzen auf die Welle gegebene Montagespannung, so wird die im Preßsitz auf der Welle haftende Scheibe lose, was sich im Betrieb durch auftretende starke Unruhe sofort bemerkbar macht. Ein Versagen der Regulierung und zugleich auch der Sicherheitsvorrichtung ist nur durch das Festsetzen derselben infolge starker Verschmutzung oder durch unsachgemäßes Festziehen einer Stopfbuchspackung u. dgl. möglich. Das Prüfen der Regulierorgane und der gesamten Sicherheitsvorrichtungen (Schnellschluß) hat wöchentlich wenigstens einmal zu erfolgen (vgl. Fußnote S. 55). Die Erfahrung spricht dafür, daß dann die zugelassenen Beanspruchungen des Materials genügend sicher gewählt sind, um ernste Zerstörungen zu vermeiden. Ein Prüfen der Turbinenrotoren mit hoher Überumlaufzahl hat sich für die immerhin einfachen Körper als nicht erforderlich erwiesen; hingegen müssen die Rotoren der Dynamos mit ihren vielen und größtenteils stromführenden und isolierten Teilen durchgehends einer Probe mit um 30—50% gesteigerter Umlaufzahl unterworfen werden. Diese Probe ist zugleich eine Kontrolle über die Werkstättenarbeit; die Dynamorotoren müssen nach dem Schleudern noch völlig im Gleichgewicht geblieben sein.

Bei dem erwähnten Durchgehen von 1500 auf 2800—3000 Umdrehungen hatte sich eine der Radscheiben (Abb. 115) an der Nabenbohrung um 13 mm geweitet, eine andere um 3 mm. Die aus der zerschnittenen Scheibe entnommenen Zerreißproben zeigen zunächst, daß die Beanspruchung in der Nabenpartie die Zugfestigkeit des Materials überschritten hatte. Die Werte der Streckgrenze von den der Nabe entnommenen Probestäben geben ferner ein Bild von der örtlichen Materialbeanspruchung während der höchsten Umlaufzahl. Unbekannt sind die Werte der Streckgrenze, die das Material an der Nabe im ursprünglichen Zustand gehabt haben mag. Andere Radscheiben desselben Rotors (Abb. 116) hatten irgendwelche Formveränderungen nicht erfahren; die rechnerische Beanspruchung unmittelbar an der Bohrung hatte die Streckgrenze des Materials auch nur gerade erst erreicht, vorausgesetzt, daß die Werte am Kranz und in der Nabe annähernd gleich waren.

33. Der Radkranz konstruiert als der schwächste Teil der Radscheibe.

Die in Abschnitt 32 besprochene Formveränderung einer Radscheibe infolge Durchgehens der Turbine führte außer zu dem Recken der Radscheibe in ihrem Nabendurchmesser zu einem Abreißen eines Teiles des Radkranzes, zur Zerstörung der Schaufelbefestigung. Mit dem noch vorhandenen Probematerial von Kranz und Scheibe wurden Ausreißversuche mit Schaufeln vorgenommen, die das Ergebnis lieferten, daß der Radkranz sich bei einer Zugbeanspruchung, wie sie einer Zentrifugalkraft der Schaufeln bei etwa 2700 Umdrehungen entspricht, zu recken beginnt.

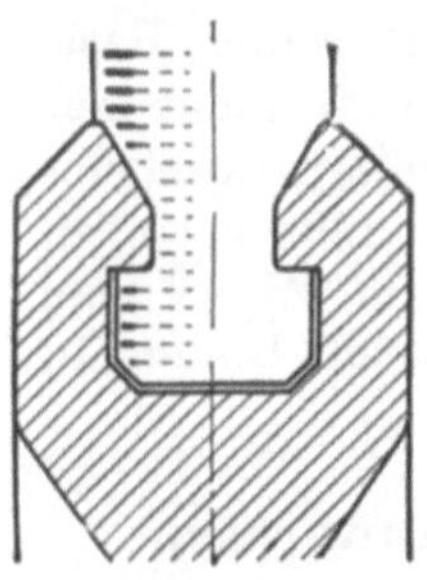
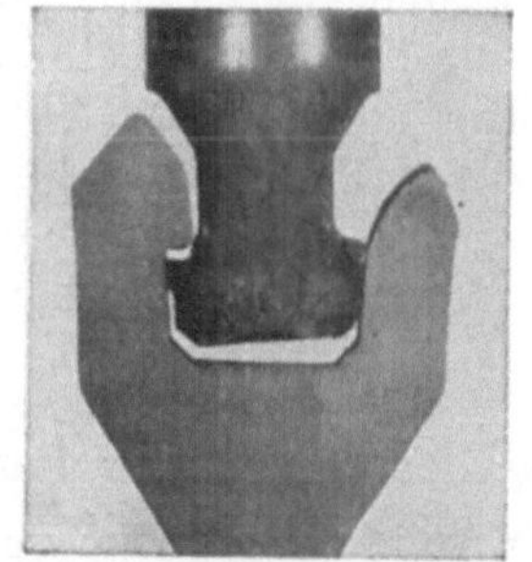
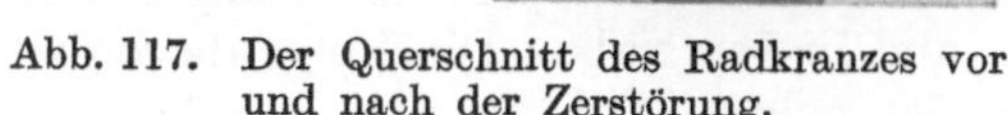

Abb. 117. Der Querschnitt des Radkranzes vor und nach der Zerstörung.

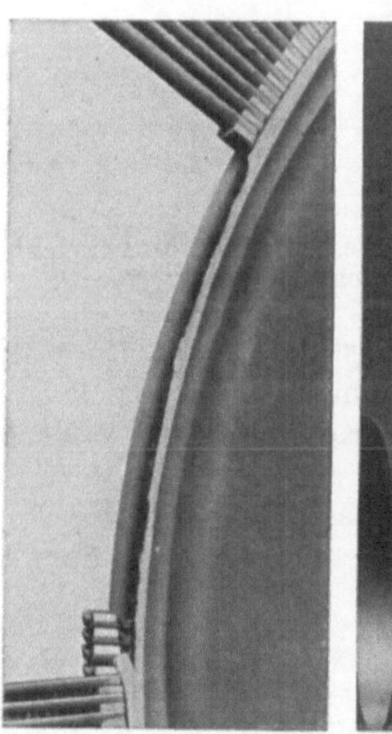
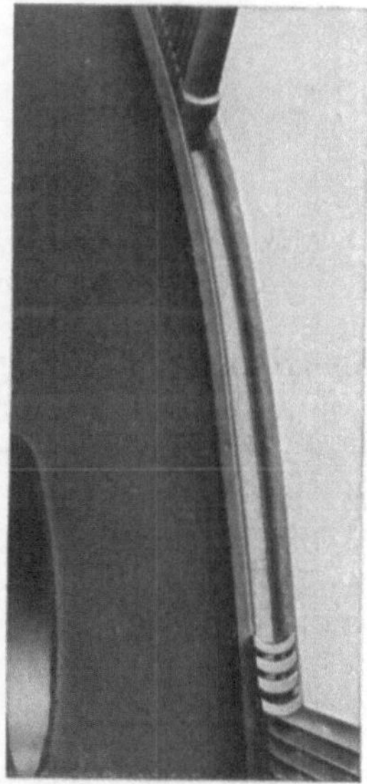

Abb. 118. Die Bruchstelle des Radkranzes.

Grundsätzlich gilt, daß, bevor die großen Körper auseinanderbersten, leichtere kleine Teile abreißen sollen, damit dadurch die Maschine tunlichst vor einem weiteren Durchgehen und einer schweren Zerstörung bewahrt werde.

34. Das Schaufelschloß im Radkranz.

In Abschnitt 27 wurde bereits darauf hingewiesen, daß nur durch sehr sorgfältiges Glühen eine spannungsfreie Radscheibe erzielt wird. Es ist nun die Aufgabe des Konstrukteurs, das Einbauen der Schaufeln so vorzunehmen, daß hierdurch nicht einseitige Spannungen in die Radscheibe hereingebracht werden, die dann beim Hinzutreten der im Betrieb auftretenden Temperaturen ein Werfen der Scheibe hervorrufen könnten. Auf solche Fehler gründete sich wohl die gelegentlich ausgesprochene

Behauptung, daß bei Räderturbinen leicht ein Werfen der Scheiben eintrete. In diesem Sinne falsch ist die Anwendung der seitlichen Aussparung für das Einführen der Schaufeln (Abb. 119), obschon dieses Einschneiden des Radkranzes kein eigentlich einseitiges war.

Eine befriedigende Lösung brachte die Konstruktion des Schlußstückes nach Abb. 120, nachdem für diesen wichtigen Einzelteil an vielen Probeausführungen erschöpfende Versuche vorgenommen worden waren. Durch Ausreißversuche wurde die Kraft festgestellt, die erforderlich ist, um das Schlußstück aus dem Schaufelkranz herauszubringen. Gemäß diesen Versuchen ist es für die Sicherheit des in Kupfer

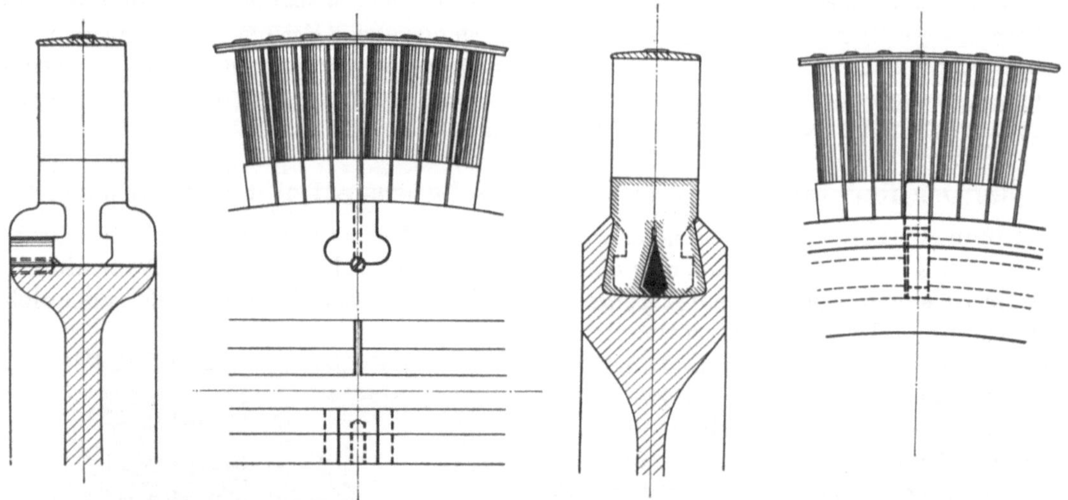

Abb. 119. Das Schaufelschloß mit beidseitigem Schnitt durch den Kranz.

Abb. 120. Schaufelschloß in geschlossenem Kranz.

ausgeführten Schlußstückes unbedingt erforderlich, daß der Keil auf seiner Basis von dem angestauchten Kupferstück völlig umschlossen wird. Ist dies nicht der Fall, so bleibt der Keil bei einer Zugbeanspruchung auf das Füllstück wirkungslos zurück; lediglich die aufgespreizten Schenkel des Schlußstückes bilden einen geringen Widerstand gegen das Herausziehen, wogegen der in der angegebenen Weise vom Kupfer eng umschlossene Keil mit dem Schlußstück als aus einem Stück bestehend anzusehen ist.

35. Künstliches Verzerren der Radscheiben durch falsches Anwärmen.

Die Räder von Dampfturbinen werden beim Anfahren, ehe die Turbine völlig durchwärmt ist, im Kranz wärmer als in der Scheibe und in der Nabe. Die Folge davon ist eine Wärmedehnung der äußeren Radteile, die sich gelegentlich bei nicht genügender Montagespannung in einem Losewerden der Räder äußert. Umgekehrt kühlen sich beim Außerbetriebsetzen der Turbinen die Radscheiben schneller ab als die Welle, was sich in einem seitlichen Ausbiegen oder Werfen des Radkranzes äußern könnte. Zu dieser Art der Beanspruchung kommt noch hinzu die Beanspruchung durch den Schrumpfsitz des Rades. Von diesem etwaigen Werfen wird die Formgebung der Räder und, im Zusammenhang mit den Wärmedehnungen von Gehäuse und Welle, die Größe der noch zulässigen axialen Schaufelspalten nach der unteren Grenze hin bestimmt. Im besonderen verlangen die Radscheiben großen Durchmessers, wie sie bei langsamer laufenden Turbinen Anwendung finden, eingehende Beachtung ihres Verhaltens bei örtlichen Temperaturerhöhungen, bzw. sie fordern das Vermeiden nennenswerter Verschiedenheiten der Temperatur. Bei den Rädern der raschlaufenden Turbinen mit kleinerem Durchmesser ist es aber auch mit äußerst gekünstelten Mitteln kaum möglich, seitliche Verdehnungen der Radscheiben hervorzurufen. Das gelegentliche Anwärmen der Räder in der Werkstatt, die Heizprobe, soll nur den Nachweis bringen, daß die Glühbehandlung seitens des Stahlwerkes einwandfrei durchgeführt wurde, daß die Scheibe ohne innere Spannungen ist, ähnlich wie die gleiche Prüfung für Turbinenwellen sowie Induktorwellen (Abschnitt 61) dauernd streng durchgeführt werden muß.

Die Versuchseinrichtung ist aus Abb. 121 ersichtlich. Die Anordnung der Meßeinrichtung zeigt Abb. 122. Vorausgeschickt muß werden, daß die Radscheiben bei der Erprobung mechanisch nicht beansprucht werden konnten, und daß die Räder während des Versuches nur zwecks Erzielung einer gleichmäßigen Erwärmung langsam umliefen. Die Versuche (Abb. 123) wurden an besonderen, teils beschaufelten, teils unbeschaufelten Versuchsscheiben, die im Durchmesser größer als tatsächlich zur Verwendung kommende Scheiben und von ungewöhnlich leichter Konstruktion waren, in Temperaturgebieten bis etwa 350° C vorgenommen. Anschließend sei noch das Ergebnis der betriebsmäßigen Heizprobe einer einkränzigen Radscheibe einer 50000 kW-Turbine gegeben (Abb. 124).

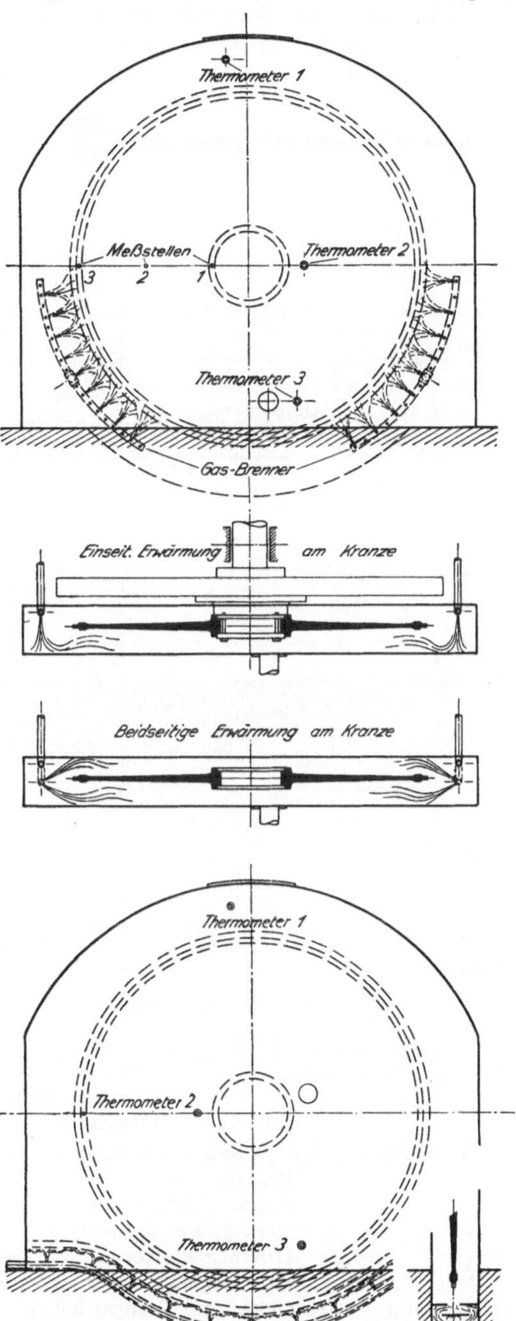

Abb. 121. Ofen für Heizproben von Radscheiben.

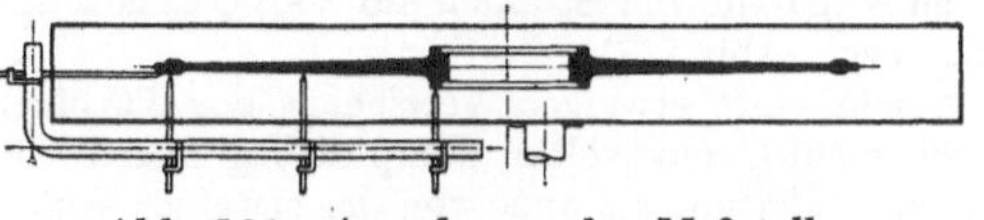
Abb. 122. Anordnung der Meßstellen.

36. Der Aufbau der Radscheiben auf die Turbinenwelle.

Wie bereits in Abschnitt 30 erwähnt, ist es erforderlich, die Radscheiben mit einer gewissen Montagespannung auf die Welle aufzubauen. Diese Anspannung muß im ruhenden Zustande zum mindesten so groß sein wie die Beanspruchung, welche die Scheibe bei ihrer Betriebsumlaufzahl erfährt, damit sich die Scheibe im Betrieb nicht von der Welle abhebt. Die zwischen Radscheibe und Welle vorgesehene Feder ist nur als Sicherheitsorgan zu betrachten, da sie weder mit einer seitlichen noch mit einer radialen Pressung eingesetzt werden darf.

Die Ausführung der Wellenfeder als Keil wie bei langsam laufenden Wellen ist unzulässig, da jede einseitige Spannung zwischen Keil und Radscheibe einerseits und Turbinenwelle andererseits infolge der wechselnden Temperaturen bzw. der dadurch hervorgerufenen wechselnden Ausdehnungen zu einem Verziehen der Turbinenwelle führt. Ein derartiges Verziehen der Turbinenwelle stört das Gleichgewicht der umlaufenden Massen und hat bei gewissen Temperaturzuständen bzw. gewissen Belastungen unruhigen Lauf der Turbine zur Folge[1]).

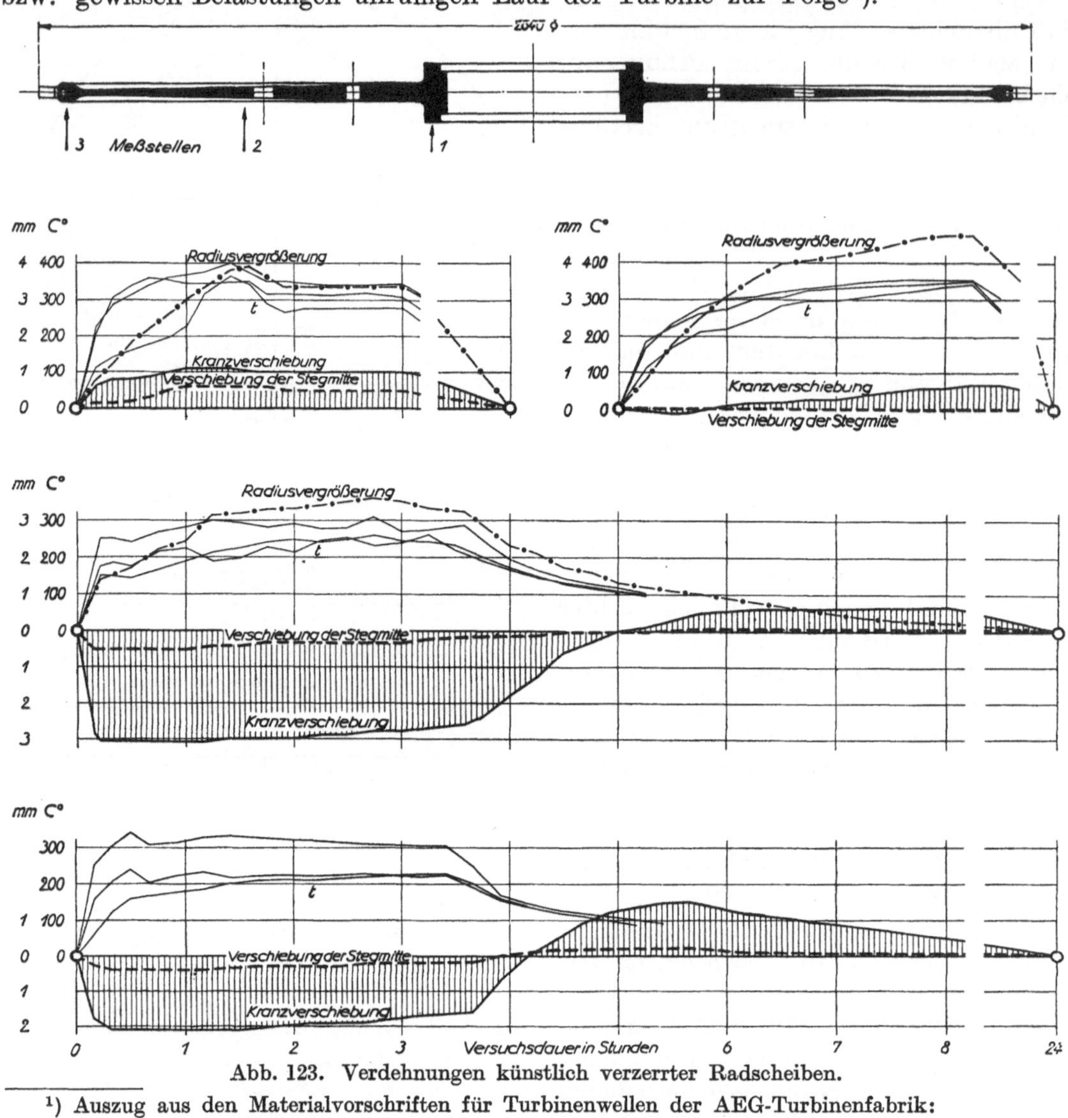

Abb. 123. Verdehnungen künstlich verzerrter Radscheiben.

[1]) Auszug aus den Materialvorschriften für Turbinenwellen der AEG-Turbinenfabrik:

Material Nr.	I	II
Zugfestigkeit kg/mm²	50—55	70—75
Streckgrenze kg/mm²	30—33	40—43
Dehnung % bei 5-facher Meßlänge	24	18

Jede Welle ist, wenn nicht anders vermerkt, nach angegebener Zeichnung mit 6 mm Zugabe vorzudrehen, dann, in Abständen von maximal 500 mm unterstützt und ohne durch andere Stücke beschwert zu sein, spannungsfrei zu glühen und im Ofen erkalten zu lassen. Nach dem Erkalten ist die Welle mit der angegebenen Wellennummer zu stempeln, dann auf 4 mm Schnitt fertig zu schruppen und zu vergüten. Erst hierauf sind die Wellen auf Maß zu drehen.

Zwecks Anfertigung von Materialproben ist jede Welle am schwachen Ende 130 mm länger zu schmieden.

Die Wellen werden in der Turbinenwerkstatt zur Kontrolle des Fehlens jeglicher Spannung zwischen Spitzen rotierend vier Stunden auf 300° C angewärmt und dürfen sich hierbei nur um höchstens 4/100 mm werfen (vgl. Abb. 217).

Wegen eines etwaigen Verziehens der Turbinenwellen im Betrieb gilt folgendes:

So wichtig das völlig dampfdichte Abschließen der Turbine (vgl. Fußnote S. 89) sowohl von der Frischdampfleitung als auch von der etwaigen Rohrleitung für Entnahme von Heizdampf für die Instand-

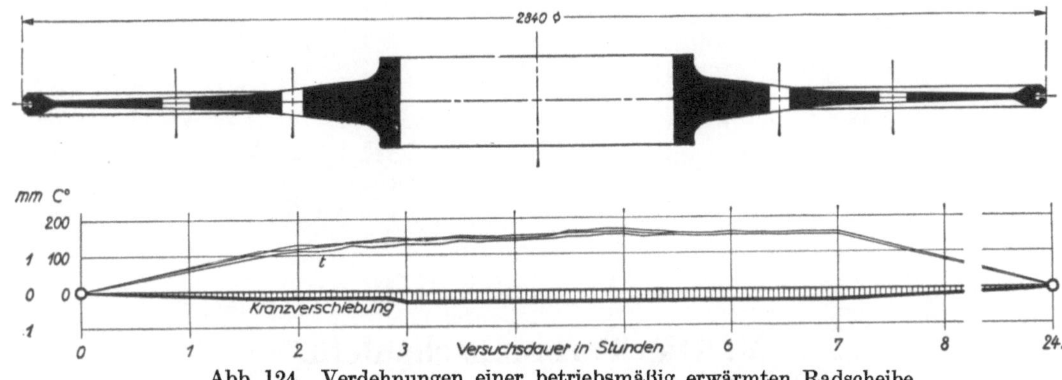

Abb. 124. Verdehnungen einer betriebsmäßig erwärmten Radscheibe.

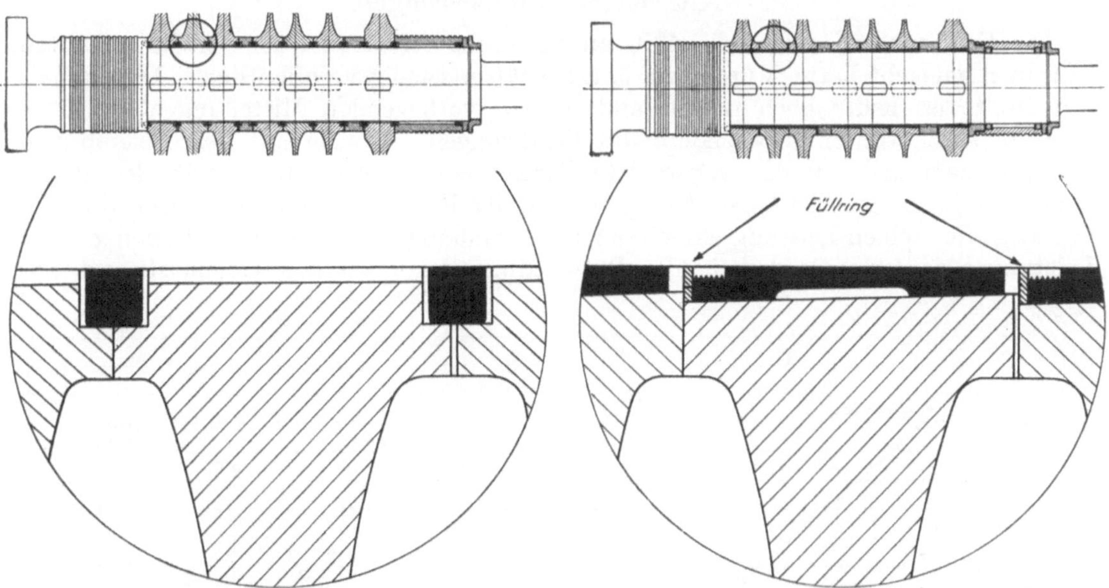

Abb. 125. Radscheibenbefestigung durch Tragringe.

Abb. 126. Radscheibenbefestigung durch Konusbuchse.

In Abb. 125 ist die ältere Ausführungsart der Radbefestigung gegeben. Hier sind die einzelnen Scheiben auf „Tragringe" aufgeschrumpft. Die schmalen Ringe wurden deshalb gewählt, weil zunächst befürchtet wurde, daß durch ein Aufschrumpfen der Scheibe über die volle Länge der Bohrung ein Fressen beim Abziehen der Scheibe hervorgerufen werden könnte. Nachteile dieser schmalen zylindrischen bzw. schwach konischen Tragringe zeigten sich, als die Beanspruchungen der Scheiben in der Bohrung höher wurden und das Schrumpfmaß gesteigert werden mußte.

Bei dem heute angewandten stärkeren Schrumpf empfiehlt sich die Radbefestigung mittels der für genauen Sitz im Maschinenbau allgemein bewährten Konusbuchse (Abb. 126). Diese gewährleistet durch leicht kontrollierbare Werkstattausführung einen über die ganze Radnabenlänge vollständig gleichmäßigen Schrumpf; außerdem läßt sich das gewünschte Schrumpfmaß mit größter Genauigkeit einhalten. Das leichte Abziehen der Räder ist durch den Konus gewährleistet und wird außerdem durch die Aussparung der Tragfläche begünstigt.

haltung der Turbine und der Turbinenschaufeln ist, so wichtig ist dies auch, um ein unfreiwilliges, einseitiges Anwärmen und Krummziehen der Welle zu vermeiden. Ein Anfahren mit derartig krummgezogener Welle führt gar leicht zum einseitigen Anlaufen der Welle an den Innenstopfbuchsen und dadurch zu einer mehr oder weniger schweren Havarie. Ein Krummziehen scheidet als Materialfrage aus, sofern die Welle in der Werkstatt der sorgsamen Anwärmprobe (vgl. Abb. 217) unterworfen wurde.

V. Die Turbinenschaufeln.

37. Allgemeine Anforderungen.

Die Erfahrungen, welche die AEG an dem Schaufelmaterial der von ihr gebauten Turbinen gemacht hatte, wurden im Jahre 1911 erstmalig veröffentlicht. Das damals Mitgeteilte ist heute noch richtig und in den vorliegenden Mitteilungen stark erweitert; hinzu treten insbesondere die Erfahrungen, die sich auf den Betrieb von Dampfkesseln und auf das verwendete Speisewasser sowie den Einfluß des Reinigungsverfahrens beziehen. Der Übergang von der Kolbenmaschine mit ihren für heutige Begriffe kleinen Leistungseinheiten zur Turbine und zu den Kraftstationen größter Leistungen forderte gleichzeitig die Entwicklung der modernen Hochleistungskessel

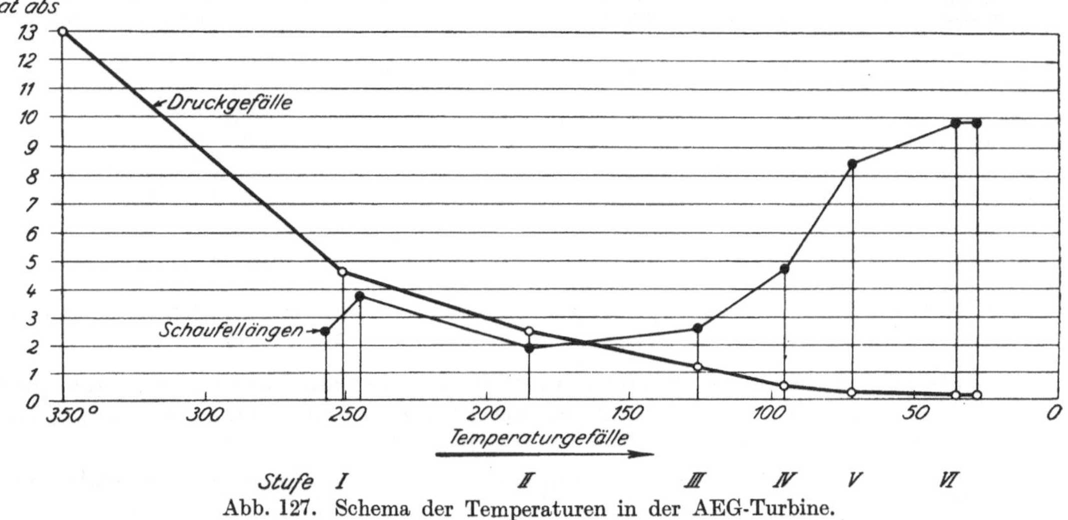

Abb. 127. Schema der Temperaturen in der AEG-Turbine.

mit Verdampfungsleistungen von 50 kg/m²/h und mehr gegenüber früheren Leistungen von 14—20 kg/m²/h Heizfläche. Daß diese Hochleistungs-Röhrenkessel ganz besondere Anforderungen an die Qualität des Speisewassers stellen, ist heute allgemein anerkannt; hiermit deckt sich auch die Forderung der Verwendung technisch reinen Dampfes für den Turbinenbetrieb. Während bei großen Kolbenmaschinen, von wenigen Ausnahmen abgesehen, kaum Dampftemperaturen von 250—275° C auf die Dauer anwendbar waren, gestatten die Turbinen im Dauerbetriebe Temperaturen bis zu 350° C (Abb. 127) und bei entsprechender Bauart auch noch höhere Temperaturen, doch sollte man in dem Anstreben einer vermeintlichen höchsten Wirtschaftlichkeit nicht in den schweren Fehler verfallen, die für eine gegebene Bauart festgelegte Grenztemperatur noch überschreiten zu wollen; mit den in neuester Zeit empfohlenen Temperaturen von 400 oder 450° C und höheren Dampfdrücken liegen noch wenig Erfahrungen im Dauerbetrieb vor.

Der das Zylindermaterial der Kolbenmaschinen gegen chemische Einflüsse schützende Ölhauch fällt bei den Turbinenschaufeln fort, desgleichen fehlt die durch mechanische Reibung in Verbindung mit dem Öl erzeugte Politur und Härtung, wie sie die Oberfläche der Zylinder und Kolbenringe erfährt. Die gelegentlich ungewöhnlich hohe Abnutzung der Zylinder und der Kolbenringe durch den vom Dampf mitgeführten Schlamm wiederholt sich bei Turbinen sinngemäß, indem der Kesselschlamm eine Abnutzung der Schaufeln verursacht und sich auch in der einen oder anderen Niederdruckstufe der Turbinen ansammelt. Diese Tatsachen sind bei der Beurteilung von Anfressungen an den Schaufeln zu berücksichtigen. Erst an Hand umfangreicher Erfahrungen war es möglich, der wirklichen Ursache dieser zunächst scheinbar willkürlich und sprunghaft auftretenden Erscheinungen auf den Grund zu kommen; es waren die Fragen der Reinigung des Dampfes zu ordnen und auch die Anwendungsgebiete der verschiedenen Schaufelmaterialien herauszufinden und festzulegen.

Heute ist die Frage des Schaufelmaterials, seiner etwaigen Zerstörungen und des damit zusammenhängenden Ansteigens des Dampfverbrauches infolge Abnutzung der Schaufeln, soweit es sich um eine Materialfrage handelt, als erledigt zu betrachten. Zu diesem abschließenden Urteil berechtigen die an mehreren tausend Turbinen mit einer Gesamtleistung von etwa 7 Millionen PS vorliegenden Betriebserfahrungen (Abb. 1).

38. Die Herstellung der Lauf- und Leitschaufeln.

Von außerordentlicher Bedeutung für die Verwendbarkeit eines Materials zu Schaufeln ist die Anwendung des richtigen Arbeitsverfahrens bei seiner Herstellung. Für den 25%igen Nickelstahl hat sich das „Herunterquetschen", das Ziehen auf Fertigprofil in kaltem Zustand, als unzweckmäßig erwiesen, abgesehen von den damaligen Unvollkommenheiten in der Herstellung. Dieses Herstellungsverfahren ist bei solchen Materialien äußerst schwierig, die wenig plastisch sind, schon bei leichtem Ziehen sehr härten oder durch Glühen keine hohe Dehnung annehmen. Bei diesen Materialien entstehen durch die Art des Reckens innere Spannungen und an den schwachen Ein- und Austrittschenkeln oft auch schon mit dem bloßen Auge erkennbare Einrisse, die infolge ihrer Kerbwirkung im Zusammenhang mit der Betriebs-Beanspruchung der Schaufeln sehr bald zu Brüchen führen. Es muß jede Formveränderung, die im Material übermäßige Spannungen hervorzurufen vermag, vermieden bleiben. Dies ist zu beachten bei Stählen mit wenig Dehnung, Nickelmessing und Aluminiumbronze. Wenn auch diese Materialien bei sehr sachgemäßer Walzbehandlung mit Erfolg kalt bearbeitet werden können, so ist es doch einfacher und gebräuchlicher, die auf Vorprofil warm gewalzten Stäbe auf Fertigprofil zu fräsen oder auf der Ziehbank mit scharfen Messern zu schneiden (Abb. 128).

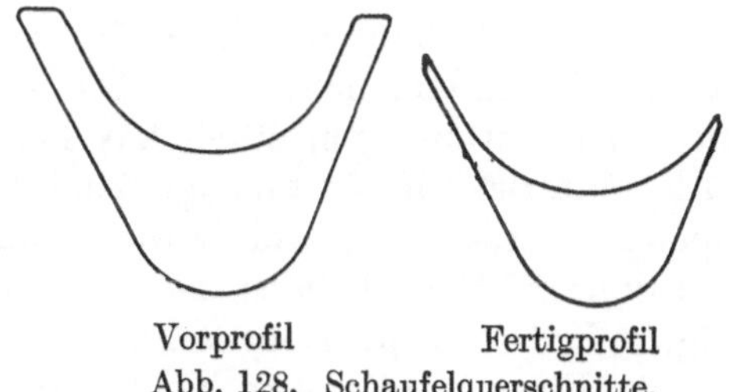

Abb. 128. Schaufelquerschnitte.

Für sehr plastische Materialien, wie Messing 72/28, Monel und weiche Stähle, bei denen unter normaler Behandlung die Gefahr der Rißbildung nicht besteht, ist das Kaltziehverfahren nicht nur zulässig, sondern es muß angewendet werden, um die erforderliche Oberflächenhärte und Streckgrenze zu erreichen.

Die Herstellung der Fuß- und Kopfform erfolgt aus Fabrikationsgründen auch bei den kleinsten Profilen und bei allen Materialien durch Abstechen der Schaufeln mittels Fräsers unmittelbar von der Stange; hierdurch wird außerdem das beim Stanzen von Schaufeln immerhin mögliche Auftreten von Einrissen mit voller Sicherheit vermieden. Deckbänder aus Material, das beim Kaltbearbeiten schnell härtet, oder das bereits hart gewalzt ist, dürfen keinesfalls mit gestanzten, sondern nur mit gebohrten Löchern versehen werden.

Die Leitschaufeln werden aus Blechtafeln von verschiedener Stärke ausgeschnitten und in Gußeisen eingegossen. An den beiden Längsseiten werden zur besseren Verbindung der Schaufeln mit dem Gußeisen des Deckels und des Kranzes Ausschnitte eingestanzt. Hierauf werden die Bleche über Matrizen in die verlangte Form gebogen und gegen die Ein- und Austrittsenden zu, je nach der Stärke des Bleches, durch Schleifen bzw. Hobeln mehr oder weniger zugeschärft.

Der helle Streifen in Abb. 129 gibt den Verlauf des eigentlichen Düsenkanals an; die dunkelgehaltenen Streifen zeigen den im Gußeisen eingegossenen Teil des Bleches.

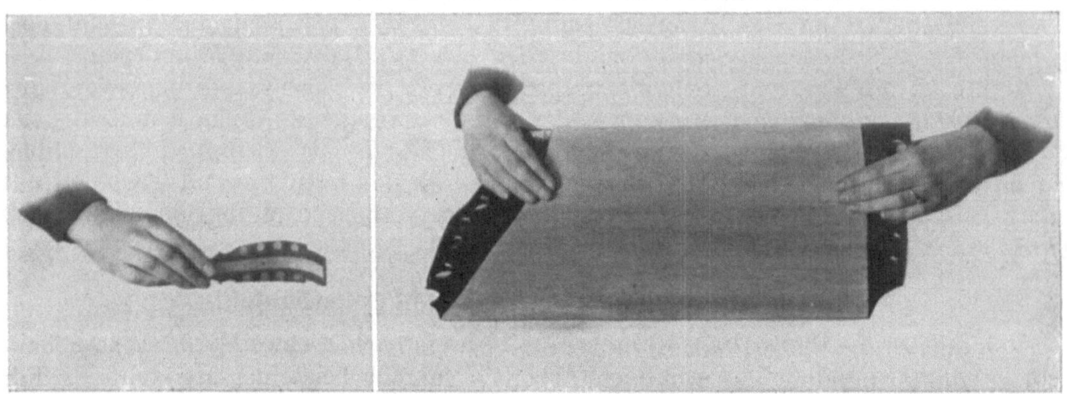

Abb. 129. Leitschaufelbleche.

Das kleine Leitschaufelblech gehört zur zweiten Stufe einer 3000 kW-Maschine; das größere zeigt in gleichem Maßstab ein Schaufelblech des Zwischendeckels der letzten Stufe einer Turbine von 40000 kW-Leistung bei 1000 Umdrehungen.

Als Material für die einzugießenden Leitschaufelbleche hat sich kohlenstoffarmes doppeltgebeiztes Stanzblech sowie weiches Bördelblech aus SM-Stahl von nicht mehr als 34 kg/mm^2 Festigkeit bei 24$^0/_0$ Dehnung durchaus bewährt. Dieses Material rostet wenig. Wird es in gußeiserne Deckel eingegossen, so kann es von dem umgebenden flüssigen Eisen wohl etwas Kohlenstoff aufnehmen, ohne dadurch hart und spröde zu werden.

39. Die Konstruktion des Fußes der Laufschaufeln.

Im engsten Zusammenhang mit den Festigkeitszahlen des Schaufelmaterials stehen die konstruktiven Einzelheiten der Schaufelbefestigung, der Schaufelfüße. Verschiedene Stahlsorten haben sich dem besten 5$^0/_0$igen Nickelstahl vom Jahre 1907 bezüglich vollkommener Zuverlässigkeit im Laufe der Jahre ebenbürtig an die Seite gestellt. Ein Material, das den außerordentlich vielseitigen Anforderungen besser entspricht, lag lange Zeit zur Verwendung für Laufschaufeln nicht vor, weshalb die im Laufe der Jahre gesteigerten Forderungen durch Verbesserungen der Konstruktion erfüllt werden mußten. Heute werden in vielen Fällen Monelmetall und rostsicherer Stahl bevorzugt.

In den ersten Jahren des Turbinenbaues, als die Höchstleistung 500 kW und später 1000 kW bei 3000 Umdr./Min. betrug, waren die Beanspruchungen der Schaufeln und ihre konstruktiven Abmessungen verhältnismäßig gering, auch war dementsprechend die Form des Schaufelfußes die denkbar einfachste (Abb. 130—136). Den Forderungen des allgemeinen Maschinenbaues bezüglich Vermeidung einer Kerbwirkung am Schaufelfuß wurde zunächst nur durch Ausrundung der scharfen Ecken entsprochen. Mit dem Anwachsen der Leistung der Turbineneinheiten wuchsen die an die Schaufeln zu stellenden Anforderungen. Die Turbinenschaufeln begrenzen die Höchstleistung der Turbinen bei den gegebenen Umlaufzahlen und wurden infolge des Bestrebens, die Einheitsleistung immer weiter und weiter zu steigern, im Laufe der Jahre zu Maschinenteilen höchster Vollendung.

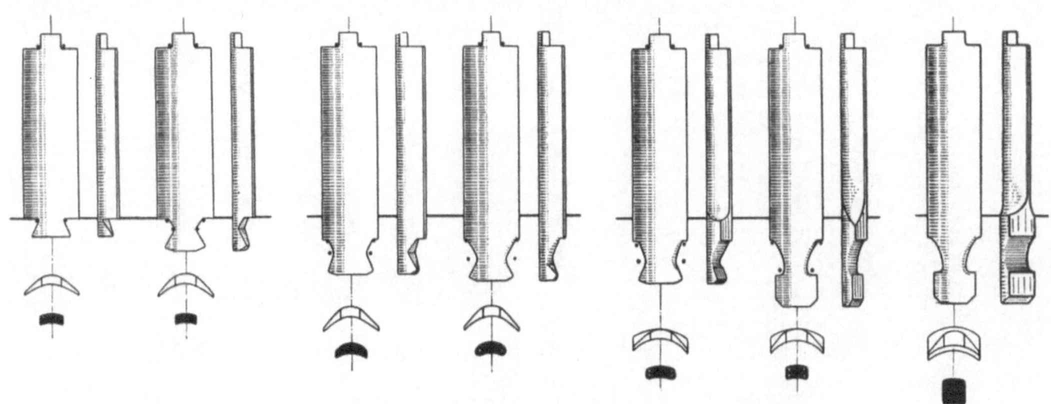

Abb. 130—136. Die Entwicklung des Schaufelfußes.

Mit dem Anwachsen der von der einzelnen Schaufel zu übernehmenden Umfangskraft genügte der einfache Schwalbenschwanz nicht mehr; es entstand der sogenannte Gegenschwalbenschwanz (Abb. 131). Später erhielt dieser Schaufelfuß eine weitere Verstärkung durch Überhöhung des Zwischenstückes (Abb. 132), so daß nunmehr

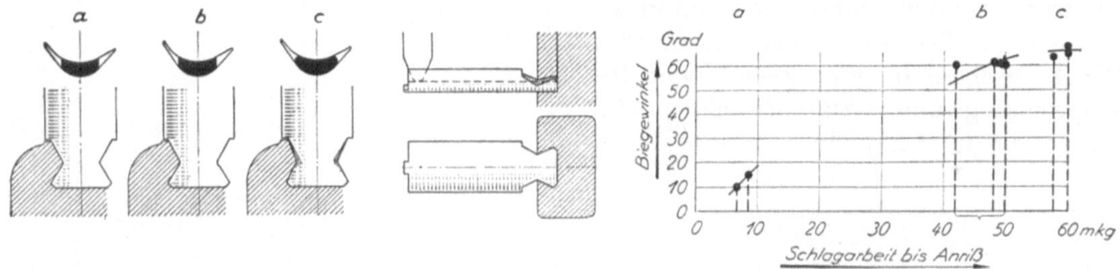

Abb. 137. Schlagversuche an Schaufeln mit scharfem, mit ausgerundetem und mit abgerundetem Schwalbenschwanz.

der volle Schaufelquerschnitt für die Beanspruchung auf Biegung ausgenutzt wurde; die Stelle des „gefährlichen Querschnittes" wurde von der Stelle der höchsten Zugbeanspruchung, der „Einschnürung", weit weggelegt.

Bei der Formgebung der Schaufeln wurde jeder schroffe Querschnittsübergang auf das peinlichste vermieden; alle Übergänge wurden so weit wie nur irgend möglich ausgerundet und auch alle Kanten gut gebrochen. In Abb. 137 zeigt a einen üblichen Schaufelfuß. Die ausgeführten Schlagbiegeversuche ergaben, daß die Schaufel, um die Linie der Einschnürung gebogen, bei der durch die begrenzenden Geraden gebildeten harten Einschnürung sofort einreißt, wogegen die Schaufeln des gleichen Profils mit demselben Schaufelfuß, aber mit ausgerundetem Übergang (Abb. 137 b) und insbesondere mit noch reichlich gebrochenen Ecken (Abb. 137 c) trotz des dabei rechnerisch kleineren Querschnittes eine beträchtlich höhere Schlagarbeit bis zum Anriß aufnahmen oder überhaupt nicht an der Einschnürung einrissen.

Bei Schaufeln mit überhöhtem Füllstück werden vorwiegend dort, wo sie aus dem von den Zwischenstücken gebildeten Kranz heraustreten, die schwachen Ein- und Austrittsschenkel des Profils leicht durchgefressen (Abb. 138); solche Stellen wirken dann als Kerben. Ein Wegnehmen dieser scharfen Kanten, das kräftigere Abrunden der Profilschwänze (Abb. 139), ist sowohl für die anfängliche Festigkeit von Vorteil wie es auch den Widerstand gegen ein Durchfressen der Schaufeln an dieser kritischen Stelle erhöht

Abb. 138. Schaufeln über dem Füllstück durchgerostet.

Abb. 139. Schaufeln über dem Füllstück abgerundet.

Eine weitere Verstärkung der Schaufelbefestigung erforderten die Turbinen noch größerer Leistung. Hier erhielt das Stangenmaterial den Querschnitt des Fußes, und die vom Dampf berührte Länge der Schaufeln wurde auf den vorgeschriebenen Profilquerschnitt heruntergefräst (Abb. 135). Die Laufschaufeln sind wechselnder Beanspruchung ausgesetzt; insbesondere trifft dies zu für die Schaufeln des ersten Rades,

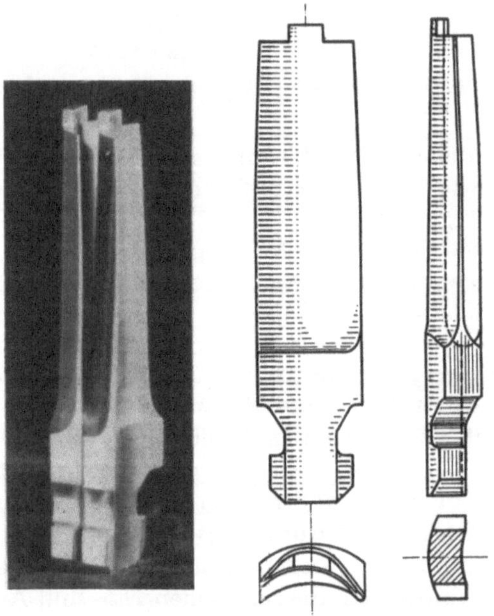

Abb. 140. Schaufel mit Prismafuß für höchste Beanspruchung.

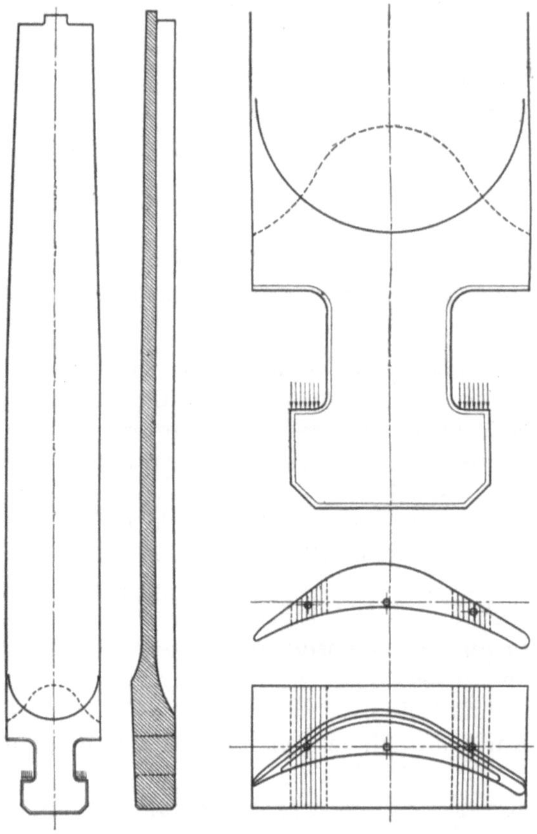

Abb. 141. Gemeinsame Schwerpunktsachse von Schaufelfuß und Profil.

das nicht voll beaufschlagt ist, bei dem also die Laufschaufeln jeweils beim Vorbeilauf an den Düsen auf Biegung beansprucht werden. Durch die weitere Steigerung der Einheitsleistungen ergab sich eine noch weiter verstärkte Bauart des Fußes und der Übergangsstelle vom Fuß zur arbeitenden Länge (Abb. 136 und 140). Das bisher getrennt ausgeführte Füllstück zwischen den Schaufeln wurde mit der Schaufel selbst vereinigt, diese also aus Material der vollen Stärke der Teilung hergestellt. Diese Konstruktion des flachen Schaufelfußes bietet weiterhin den Vorteil, daß die Schaufeln in ihrer Schwerpunktslinie aufgehängt sind und so die durch einseitige Aufhängung entstehenden Zusatzbeanspruchungen fortfallen (Abb. 141).

Die Entwicklung der Schaufeln der Hochdruckräder und die Erfahrungen mit denselben wurden sinngemäß auf die Schaufeln des Niederdruckteiles der Turbine übertragen und für den Schaufelfuß statt der Schwalbenschwanzform der Hammerkopf (Abb. 134 und 135) angewendet. Ferner wurde der Schaufelfuß für die größeren Umfangskräfte auch hier auf die volle Stärke des Profils über die ganze Fußbreite bzw. auf die volle Dicke der Teilung verstärkt. Eine so weitgehende Verstärkung war hier um so mehr erforderlich, als mit dem Anwachsen der Dampfmenge die Biegungsbeanspruchungen durch die Umfangskräfte erheblich stiegen, die Zentrifugalkräfte wuchsen, und auch zusätzliche Beanspruchungen durch Schwingungen nicht ausgeschlossen erschienen. Um diese gesamten Beanspruchungen in zulässigen Grenzen zu halten, wurde es schließlich notwendig, die Schaufeln nach oben zu verjüngen (Abb. 141).

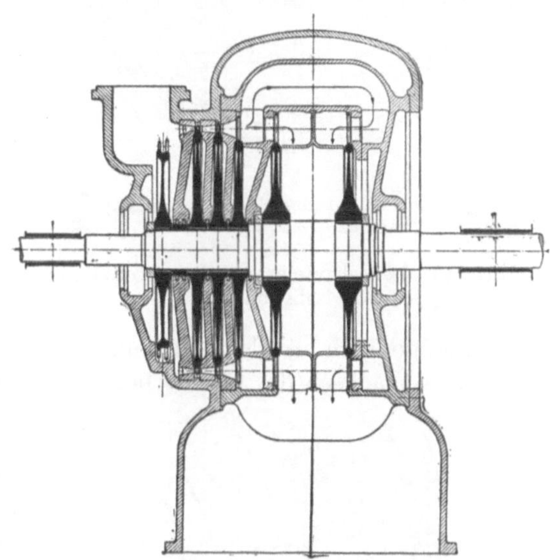
Abb. 142. Anordnung von Zwillingsrädern für größte Dampfmengen.

Da die Grenze für die höchste Einheitsleistung der Turbinen durch die Schaufellänge des letzten Rades gegeben ist, wurde es durch Ausstatten der letzten Stufe mit einem Paar Zwillingsrädern möglich, den freien Querschnitt der Schaufelkränze der letzten Stufe auf doppelten Querschnitt zu bringen und damit bis auf das Doppelte der größten Einheitsleistung bei der gegebenen Umdrehungszahl zu gehen. Durch Anwendung des Reaktionsprinzips auf diese Stufe (D. R. P. 314035) wurde eine weitere Leistungssteigerung ermöglicht; es wurde so mit dem heutigen Schaufelmaterial möglich, stündliche Dampfmengen bis über 100 t in einer Turbine von 3000 Umdrehungen (Abb. 142) entsprechend einer Turbinenleistung von mehr als 20000 kW auszunutzen.

40. Konstruktion der Zwischendeckel.

Für die mehrstufigen Turbinen führte die AEG in den ersten Jahren die Leitschaufelkränze getrennt von den Zwischendeckeln aus. Diese Konstruktion hatte den Vorteil, daß die Zwischendeckel ungeteilt und verhältnismäßig schwach gehalten werden konnten, was bei den durch die damals noch geringen Dampfmengen gegebenen kleinen Durchmessern und sehr zahlreichen Stufen einen erheblichen Gewinn an Baulänge erbrachte. Abb. 143 zeigt die Konstruktion und Einlagerung eines Leitschaufelkranzes mit zugehörigem Zwischendeckel in das Turbinengehäuse. Werden Deckel, die sich gegen die Druckseite zu wölben, belastet, so vergrößert sich bei der Belastung der äußere Durchmesser. Ist die Vergrößerung durch hartes, radiales Anliegen im Gehäuse nicht möglich, so wirkt dies auf den Deckel entlastend, vermindert seine Durchbiegung und erhöht seine Steifigkeit. Ein zuweilen sich bemerkbar machender Mißstand, das Wachsen von Grauguß, tritt an den Zwischendeckeln besonders unangenehm in Erscheinung. Im Laufe der Jahre zeigte sich, daß infolge der durch das Wachsen des Gusses bedingten radialen Vergrößerung der Deckel der Druck auf das engumschließende Turbinengehäuse so groß wurde, daß Leitschaufelbleche einknickten oder, sofern infolge großer Steifigkeit dieser Bleche eine Durchbiegung nicht möglich war, ein Undichtwerden der Gehäuseteilfuge eintrat. Dieser Vorgang erforderte ein radiales Spiel zwischen Deckel und Gehäuse, was wiederum zur Vereinigung von Kranz und Deckel zu einem Konstruktionskörper führte. Weiterhin machte sich aber auch die Forderung nach einer möglichst leicht ausführbaren Demontage des Turbineninnern geltend, was die Ausbildung der Zwischendeckel mit horizontaler Teilfuge zur Folge hatte. Diese horizontale Teilung der Zwischendeckel sowie ihr radiales Spiel im Turbinengehäuse bedingte jedoch außer einer erheblich stärkeren Ausführung der Zwischendeckel noch eine Verstärkung der Leitschaufelbleche. Die axiale Durchfederung des Deckels an der Nabe durfte auch bei höchster Belastung der Turbine ein gewisses Maß nicht überschreiten.

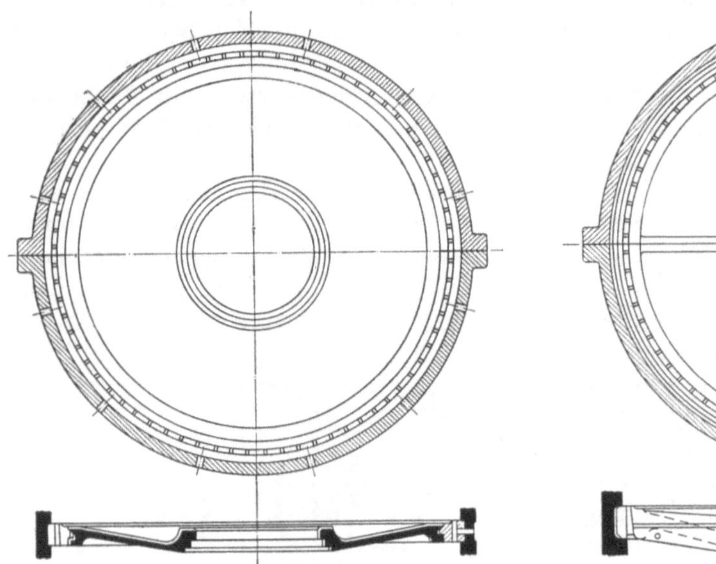

Abb. 143. Leitschaufelkranz mit ungeteiltem Zwischenboden.

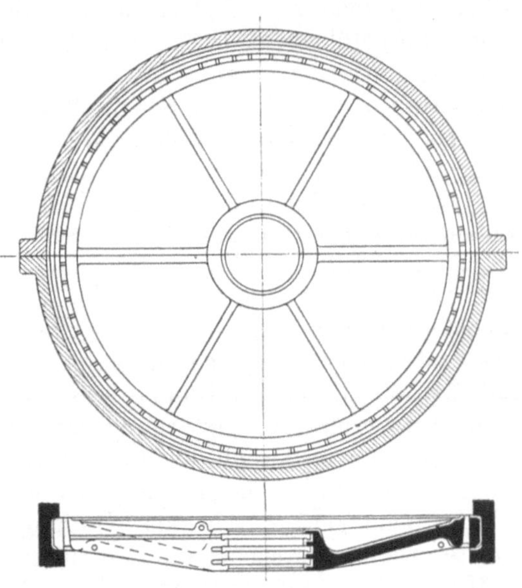

Abb. 144. Geteilter Zwischendeckel mit Leitschaufeln.

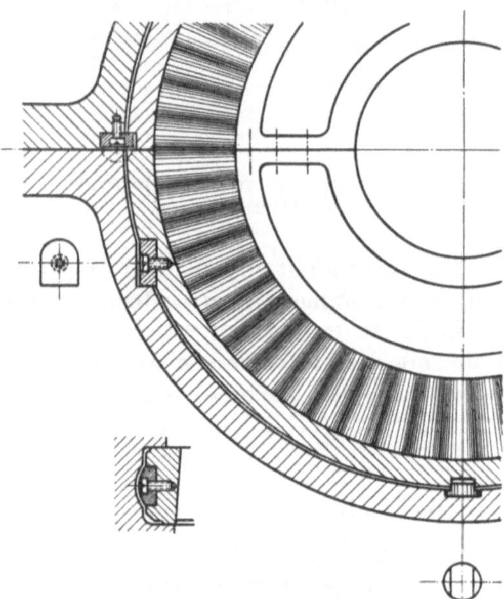

Abb. 145. Zentrieren der Zwischendeckel.

Für die Stärke der Leitschaufelbleche kommt ferner aus gießereitechnischen Gründen ihre Bemessung im Verhältnis zum umgebenden Deckelquerschnitt in Frage, so daß z. B. bei Deckeln von 3,8 m Durchmesser bis 15 mm starke Bleche verwendet werden. Gleichzeitig wird damit eine sehr hohe mechanische Sicherheit erreicht, so daß auch eine etwaige Schwächung der Bleche durch zeitweises Anrosten bedeutungslos bleibt. In Abb. 144 ist ein Zwischendeckel dieser Konstruktion wiedergegeben. Die zentrale Aufhängung zeigt Abb. 145.

Bezüglich der Deckelkonstruktion für Propellerturbinen, sowie der Anwendung von Stahlguß und SM-Blech für die Deckel sei auf „Bauer und Lasche, Schiffsturbinen" verwiesen.

41. Das Material der Laufschaufeln.

Messing. Das Material mit dem weitaus einfachsten Charakter ist das Messing. Seine Anwendung ist lediglich durch bekannte und mittels einfacher Untersuchungen festgelegte Größe beschränkt. Hervorzuheben ist besonders die Widerstandsfähigkeit des Messings gegen chemisch unreinen Dampf. Die Zugfestigkeit und Dehnung im kalten und im warmen Zustand sind bekannt (Abb. 146), ebenso die Härte des Materials und die Ergebnisse der Kerbschlagprobe. Die benutzte Legierung des Messings ist die allbekannte Zusammensetzung: 72 Cu, 28 Zn, Blei ist nur in Spuren zulässig. Die Zerreißfestigkeitszahlen von Bronze liegen erheblich höher als die des Messings; weit günstiger verhält sich der hochprozentige und insbesondere ein niedrigprozentiger Nickelstahl. Die Angaben der Streckgrenze ergänzen obige Zahlen in etwa gleichem Sinne, während sich die Kurven der prozentualen Dehnungen für die verschiedenen Materialien und Temperaturen mehrfach durchschneiden. Die Beurteilung der noch zulässigen geringsten Dehnung wird erheblich unterstützt durch das Heranziehen der Kerbschlagprobe, die Beurteilung der noch zulässigen Beanspruchung im Verhältnis zur Streckgrenze durch die Dauerprüfungen des Materials.

Weniger einfach ist die Beurteilung der mindestens erforderlichen und der höchstens noch zulässigen Härteziffer. Eine gewisse Härte an der Oberfläche ist erforderlich, um das Material gegen ein Auswaschen durch Dampf widerstandsfähig zu machen; hingegen wird das Material durch eine zu große Härte wegen der hiermit verbundenen größeren Neigung zu Brüchen unter dem Einfluß wechselnder Dampftemperatur und Beanspruchung im Betrieb unbrauchbar. Später, bei Besprechung der Schaufeln aus $25^0/_0$igem Nickelstahl, ist über eine lange Reihe von Schaufelbrüchen, hervorgerufen durch Materialspannungen zwischen dem Innern der Schaufeln und deren Haut, zu berichten. Diese Spannungen kamen in das Material durch den Kaltziehprozeß und wurden am Schlusse der Anfertigung damals nicht vollkommen beseitigt. Im Laufe der Zeit sind sie durch die wechselnden Dampftemperaturen sowie durch die Beanspruchungen der Schaufeln im Betrieb frei geworden. Auch bei der Besprechung der Kondensatorrohre aus Messing wird festgestellt, daß eine gewisse Härte durch Kaltziehen erreicht werden muß, daß aber eine zu große Härte zu sehr lästigen Brüchen der Rohre im Betriebe führt. Als gut brauchbarer Mittelwert für Messing ergab sich eine Härtezahl von 100.

Verwendet wird Messing für Schaufeln bis zu 200^0 C Stufentemperatur[1]), für Füllstück- und Bandagenmaterial bis zu einer in dem umgebenden Raum herrschenden Temperatur von höchstens 250^0 C; hierbei erwies sich das Material durchgehends als brauchbar. Die Grenze wurde bei den Schaufeln weniger hoch zugelassen als bei den Bandagen und Füllstücken, da an den Schaufeln die durch sonstige Mittel kaum feststellbare Erwärmung der Oberfläche durch die Reibung des Dampfes hinzukommt.

Aluminiumbronze. Dieses früher ziemlich häufig verwandte Material — 88 Cu, 9 Al, 3 Fe — kommt für Schaufeln nach den gemachten Erfahrungen nicht mehr in Frage; vgl. das Kapitel Betriebsanstände an Schaufeln.

Nickelkupfer. Im Laufe der Jahre stellte sich das Bedürfnis nach einem Schaufelmaterial mit hoher Festigkeit und guter Widerstandsfähigkeit gegen chemische

[1]) Vgl. Abb. 127, Schema der Temperaturen in der AEG-Turbine.

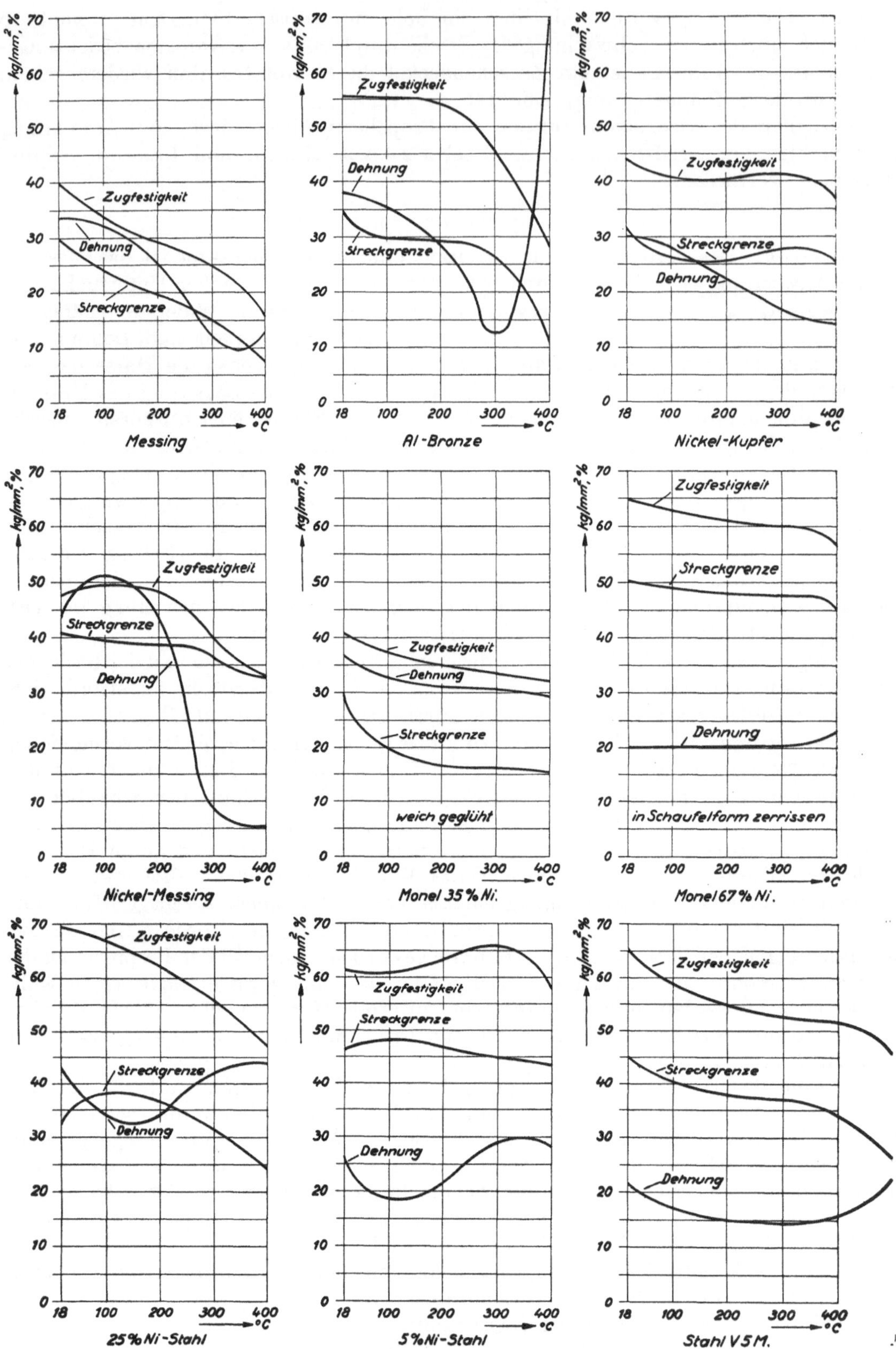

Abb. 146—154. Festigkeitswerte der Schaufelmaterialien.

Einflüsse heraus. Man machte Versuche mit einer Kupfer-Nickel-Legierung folgender Zusammensetzung: 79% Cu, 15% Ni, 4% Fe, 2% Mn, die auch befriedigten, doch steht die schwierige Herstellung einer ausgedehnten Verwendung noch im Wege.

Nickelmessing. Aus der eben besprochenen Kupfer-Nickel-Legierung entwickelte sich mit der Zeit die Kupfer-Zink-Nickel-Legierung unter dem Namen Nickelmessing. Das Nickelmessing kann in ähnlicher Weise auf Fertigprofil verarbeitet werden wie das bei der Marine für Schaufeln übliche Messing, härtet jedoch bei Kaltbearbeitung schnell und erfordert äußerste Vorsicht. Es kommt die Legierung

	50 Cu	
	10 Ni	
höchstens	0,5 Fe	
„	0,1 Pb	und
etwa	40 Zn	

zur Verwendung mit Festigkeitseigenschaften, wie sie in Abb. 149 dargestellt sind. Das Anwendungsgebiet für dieses Nickelmessing liegt innerhalb der gleichen Temperaturgebiete, wo das Messing Verwendung findet. Das Nickelmessing bietet jedoch hier den Vorteil, daß es wegen seiner bedeutend höherliegenden Streckgrenze auch zu den langen Schaufeln des Niederdruckteiles verwendet werden kann. Infolge seiner Zusammensetzung hat das Nickelmessing mindestens die gleiche Widerstandsfähigkeit gegenüber chemischen Verunreinigungen des Dampfes wie das gewöhnliche Messing. Das Nickelmessing ist deshalb bei den Schiffs-Hauptturbinen zur Verwendung gelangt, nachdem es sich bisher bei einem eingebauten Schaufelgewicht von etwa 15000 kg ohne Ausnahme bewährt hat, und zwar vorzugsweise in solchen Turbinenbetrieben, wo infolge säurehaltigen Dampfes sowohl mit Aluminiumbronze als auch mit Stahl ungünstige Erfahrungen gemacht wurden.

Monel-Metall. Außer den oben genannten Legierungen kam im Jahre 1910 das Monel-Metall, zunächst mit einem Nickelgehalt von 35%, zur versuchsweisen Einführung. Die in Abb. 150 dargestellte Temperatur-Festigkeitscharakteristik zeigt bei Raumtemperatur etwa die gleichen Werte wie die des Messings; sie nimmt aber, wie bei allen Kupferlegierungen ohne Zinkgehalt, zwischen Raumtemperatur und etwa 400° C einen sehr flachen Verlauf. Schaufeln aus diesem Monel-Material in jene Turbinen eingebaut, deren Stahl- sowie Bronzeschaufeln vorher infolge der Einwirkung säurehaltigen Dampfes nach verhältnismäßig kurzer Zeit ausgewechselt werden mußten, zeigten nach 4jährigem Betrieb keinerlei Anfressungen. Da das Monel-Metall zunächst gerade in Turbinen eingebaut wurde, bei denen mit anderem Schaufelmaterial schlechte Erfahrungen vorlagen, also in den der Gefahr besonders ausgesetzten Anlagen, so ist aus diesen Erfahrungen zu folgern, daß das Monel-Metall eine ausreichende Widerstandsfähigkeit gegen säurehaltigen Dampf besitzt. Ebenso zeigten auch die Gefügeuntersuchungen noch nach mehrjährigem Betrieb ein einwandfreies Material. Die Festigkeitszahlen liegen bei dem Monel-Metall mit nur 35% Nickelgehalt etwas niedrig. Die dargestellte Kurve der Abb. 150 zeigt die Daten von weichgeglühtem Material. Das im allgemeinen für Turbinenschaufeln heute noch verwendete Monel-Metall hat die in der Natur (Kanada) vorkommende Zusammensetzung von ungefähr 67% Ni, 28% Cu und 5% Fe und Mn mit geringen Spuren von Si und C. Sein Elastizitätsmodul beträgt rund 1800000 kg/cm². Es ist außerordentlich zäh und besitzt eine größere Kerbzähigkeit als die sonst verwendeten Schaufelstähle. Die Bearbeitung geschieht durch Warmwalzen, Ziehen und Fräsen.

Für Turbinenschaufelmaterial geben die Fabrikanten an, in Schaufelform zerrissen:

		20° C	350° C
Zugfestigkeit	kg/mm²	58—70	55—60
Streckgrenze	kg/mm²	41—56	40—55
Dehnung	%	18—28	18—30.

Die Kurven in Abb. 151 zeigen die Werte von fertigem Schaufelmaterial und dessen günstiges Verhalten bei höheren Temperaturen.

Solches Material kann demnach auch in dem höchsten Temperaturgebiet verwendet werden und bietet somit die Eigenschaften der Stahl- und Nickelschaufeln, vereinigt mit der Rostfreiheit.

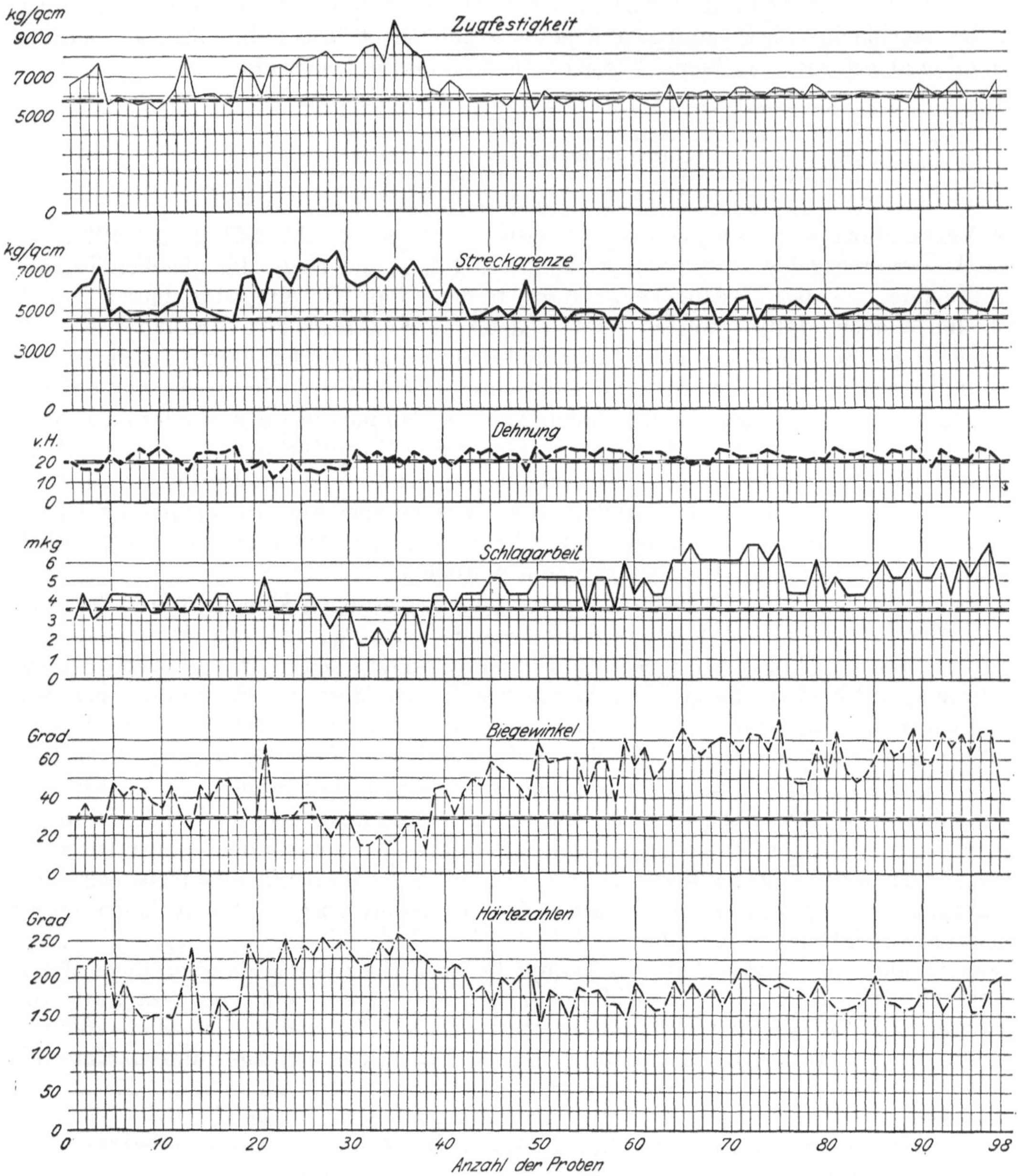

Abb. 155. Bericht über P-Stahl mit 5% Nickelgehalt.

L a u f s c h a u f e l n mit 5%igem Nickelstahl. Das unbrauchbare, gereckte 25%ige Nickelstahl-Schaufelmaterial wurde durch einen 5%igen Nickelstahl ersetzt; die Stangen werden in einem unbedingt zuverlässigen Fabrikationsgang lediglich mittels Hobelns und Fräsens fertiggestellt. Die in erster Linie zu fordernde Gleichmäßigkeit des Materials unter Ausschluß jedweder Fehler führte zur Verwendung von Tiegelmaterial; die Blöcke werden vor dem Auswalzen überdreht und auf Risse sorgsam geprüft. Die Gleichmäßigkeit der Festigkeitseigenschaften wird durch das Vergüten sämtlicher Schaufelstangen in Öl noch weiter gesteigert (Monatsbericht Abb. 155). Dieses Material hat größte Verbreitung, namentlich im Hochdruckgebiet, gefunden.

Laufschaufeln aus Kohlenstoffstahl. Die Einschränkung der Verwendung von Sparmetall im Kriege erforderte auch für die Laufschaufeln den Übergang auf Stahl ohne Nickelzusatz. Die an dieses Material zu stellenden Anforderungen bestanden nicht nur in der Einhaltung der Festigkeitszahlen; es mußte außerdem die gleiche Zähigkeit und vor allem die gleiche Ausdauer gegen wechselnde Beanspruchungen — die gleiche Schwingungsfestigkeit — gefordert werden. Während die Festigkeitszahlen nach kurzer Zeit erreicht wurden, verlangte die Erfüllung der Forderung der gleichen Schwingungsfestigkeit ein mehrjähriges inniges Zusammenarbeiten mit dem Stahlwerk und dem Betrieb. Die mit diesem Material vorgenommenen Dauerprüfungen sind in einem besonderen Abschnitt der Materialuntersuchung (III „Dauerversuche", Abb. 57) behandelt.

Nichtrostender Stahl. In neuerer Zeit findet der nichtrostende Stahl, insbesondere bei schlechten Wasserverhältnissen, wo sich sein hoher Preis rechtfertigt, mehr und mehr Eingang. Er wird von verschiedenen Firmen des In- und Auslandes hergestellt (z. B. Krupp, Marke V 5 M, Festigkeit 65 kg/mm^2, Streckgrenze 45 kg/mm^2, Dehnung 20% bei 5facher Meßlänge, Abb. 154). Infolge Legierung mit Chrom und Nickel weist dieses Material die vorzüglichsten Eigenschaften hinsichtlich Festigkeit und Rostbeständigkeit auf.

Nach dem heutigen Stand der Erfahrungen dürften folgende Baustoffe für die Beschaufelung am zweckmäßigsten sein:

Im Hochdruckgebiet niedrigprozentiger Ni-Stahl oder nichtrostender Stahl.

Im Mitteldruckgebiet Messing, soweit es die Festigkeitsbeanspruchung und Temperatur zuläßt.

Im Niederdruckgebiet Messing und bei höheren Festigkeitsanforderungen Ni-Messing, Monel-Metall und P-Stahl oder nichtrostender Stahl.

42. Materialmängel der Schaufeln aus 25%igem Nickelstahl.

Für die Hochdruckschaufeln kam vom Jahre 1907 ab ein kalt gezogener hochprozentiger Nickelstahl versuchsweise zur Einführung. An den Maschinen, in welchen das Material versuchsweise eingebaut war, traten keine Defekte auf. Erst an den nach gleichem Verfahren angefertigten größeren Mengen zeigten sich schwere Fehler; es traten die Brüche auch in den vollen, sogar auch in den überhaupt nicht beanspruchten Querschnitten der Schaufeln auf.

Weniger, daß der hochprozentige Nickelstahl an sich für Verwendung in überhitztem Dampf — 130—275° C Stufentemperatur — ungeeignet wäre, wurde bei der Herstellung des Stangenmaterials ein grundsätzlicher Fehler begangen, so daß dieses Material vollständig aufgegeben werden mußte. Tatsache ist jedoch, daß nach mehr als 10 Jahren diese Schaufeln noch in einer Anzahl Turbinen anstandslos in Betrieb waren.

Von besonders kurzer Lebensdauer erwiesen sich die dünnen und stark profilierten Schaufeln, die durch das Kaltziehverfahren in ihrer Querschnittsform erheblich verändert worden waren. Die aufgetretenen Anstände konnten nicht auf die Beanspruchung der Schaufeln durch Zentrifugalkraft oder auf die Beanspruchung der Oberfläche durch den Dampfstrahl oder auf Einflüsse von Temperaturunterschieden beim Be- und Entlasten der Maschinen zurückgeführt werden. Es zeigt z. B. Abb. 156 aus demselben Radkranz z. T. derselben Reihe entnommene Schaufeln, die in gleicher Weise gebeizt wurden; während die eine Schaufel sowohl an den Stellen höchster als auch niedrigster Beanspruchung zersetzt ist, blieb die danebenliegende Schaufel vollständig gesund und sogar die schwachen Ein- und Austrittskanten nahmen bei einer Biegeprobe noch erhebliche Formveränderungen auf, ohne einzureißen (Abb. 157). Dieser Fall, der sich bei fast allen aufgetretenen Anständen wiederholte, zeigt gutes

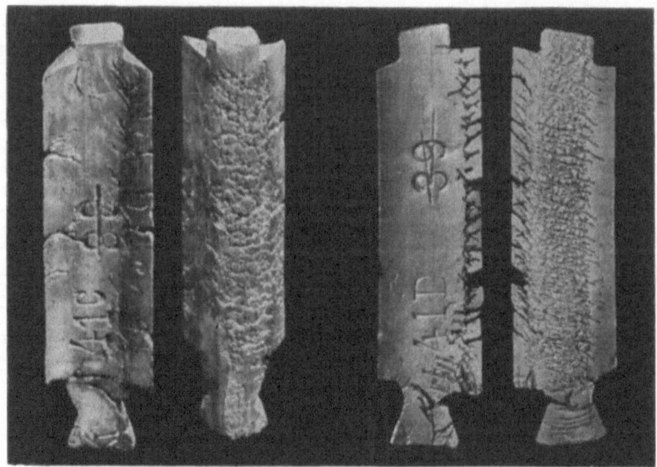

Abb. 156. Profilierter Nickelstahl, 25 %Ni. Laufschaufeln mit Querrissen.

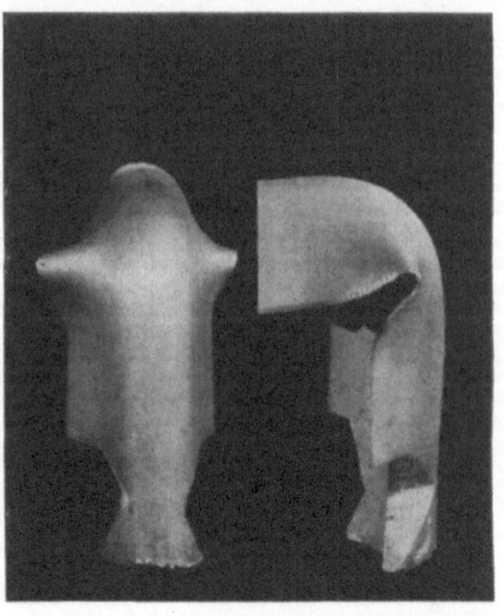

Abb. 157. Profilierter Nickelstahl, 25% Ni. Laufschaufeln aus demselben Rad entnommen, noch völlig gesund.

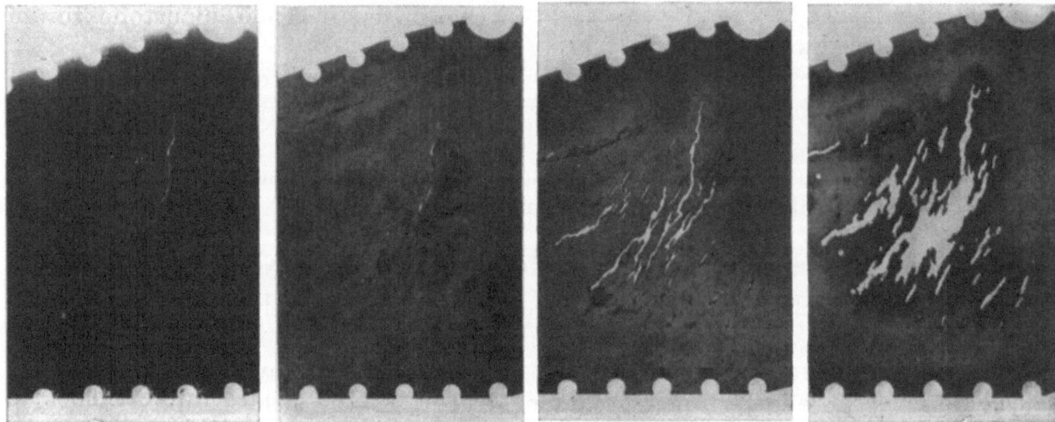

Abb. 158. Nickelstahlblech — 30% Ni — für Leitschaufeln.

Material vermischt mit schlechtgewordenem, ein Beweis dafür, daß die Ursache des Brüchigwerdens eben weniger im Charakter des 25%igen Nickelstahles und auch nicht in der Art der Beanspruchung im Betrieb, sondern in unvermeidlichen Zufälligkeiten bei der außerordentlich heiklen Verarbeitung auf Stangenmaterial liegt. Abb. 158 zeigt ein Leitschaufelblech aus 30%igem Nickelstahl, vgl. Abschnitt 44.

Betriebsanstände an Schaufeln.

43. Chemisch unreiner Dampf und die Zerstörung der Laufschaufeln.

In den vorangehenden beiden Abschnitten wurden die Erfahrungen wiedergegeben, die mit den Schaufeln der Dampfturbinen gemacht werden mußten, um das Schaufelmaterial soweit als irgend möglich zu vervollkommnen. Nachstehend seien jene weiteren Erfahrungen und Anstände erörtert, die nicht die Konstruktion und nicht das Material der Schaufeln an sich betreffen; es ergab sich im Laufe der Jahre, daß die Ursachen vieler Zerstörungen auf die Verhältnisse in den einzelnen Betrieben zurückzuführen sind, deren Klärung aber zweifelsohne mit zur Aufgabe des Turbinenbaues gehören.

Zur Feststellung der Brauchbarkeit eines Kesselspeisewassers wird zumeist das dem Kondensat zuzusetzende Rohwasser in der üblichen Weise analysiert, um danach die erforderliche Art der Reinigung desselben festzustellen. Bei den hohen Verdampfungsziffern der heutigen Hochleistungskessel reichern sich jedoch die im chemisch und mechanisch gereinigten Zusatz-Speisewasser stets noch enthaltenen Verunreinigungen sehr bald auf ein Vielfaches an, und es ergeben sich dann gelegentlich Erscheinungen, z. B. starkes Überkochen und Mitreißen von Schlammengen, die überhaupt erst bei solchen hohen Anreicherungen auftreten. Es ist daher, abgesehen von der erstmaligen Analyse zur Feststellung des Reinigungsverfahrens des Zusatzwassers, besonders auch das in dem Kessel befindliche Wasser andauernd zu prüfen und eine zu starke Anreicherung der Beimengungen durch reichliches Abschlämmen und öfteren Wasserwechsel zu verhindern. Die nachfolgende Analyse eines Speise-Zusatzwassers, d. s. etwa $5^0/_0$ der gesamten Speisewassermenge, sowie die Analyse des eigentlichen Speisewassers geben im Vergleich zu der Analyse des in dem Kessel nach 700 Betriebsstunden befindlichen Wassers ein Bild der Verhältnisse, wie sie heute immer noch in vielen Anlagen bestehen:

In 1 Liter sind enthalten:

	Zusatz-wasser	Speise-wasser	Kessel-wasser
Reaktion	neutral	neutral	neutral
Trockenrückstand	90 mg	180 mg	4200 mg
Glührückstand	60 mg	150 mg	2400 mg
Kalk	20 mg	Spuren	350 mg
Magnesia	9 mg	3,6 mg	191 mg
Schwefelsäure (gebunden)	13 mg	Spuren	59,8 mg
Chlor (gebunden)	13,5 mg	0 mg	1820 mg
Eisenoxyd und Tonerde	Spuren	0 mg	Spuren
Freie Säure	nicht vorhanden	nicht vorhanden	nicht vorhanden

In dem vorliegenden Fall ist die chemische Verunreinigung des Dampfes nur die mittelbare Ursache für die Zerstörungen der Schaufeln, da ein sehr starkes Überkochen der Kessel trotz zwischengeschalteter Wasserabscheider zweifelsohne eine große Gefahr für die Schaufeln durch das Auftreten von Schaufelbrüchen bedeutet. Im nachfolgenden sei die Rede von der unmittelbaren Zerstörung der Schaufeln durch die chemische Verunreinigung des Dampfes.

Eine plötzlich eintretende Verunreinigung des Speisewassers kann auch herbeigeführt werden durch undichte Kondensatoren, insbesondere undichte Kondensatorrohre; besonders störend ist hier das Eindringen von See-, Gruben- oder Kloaken-

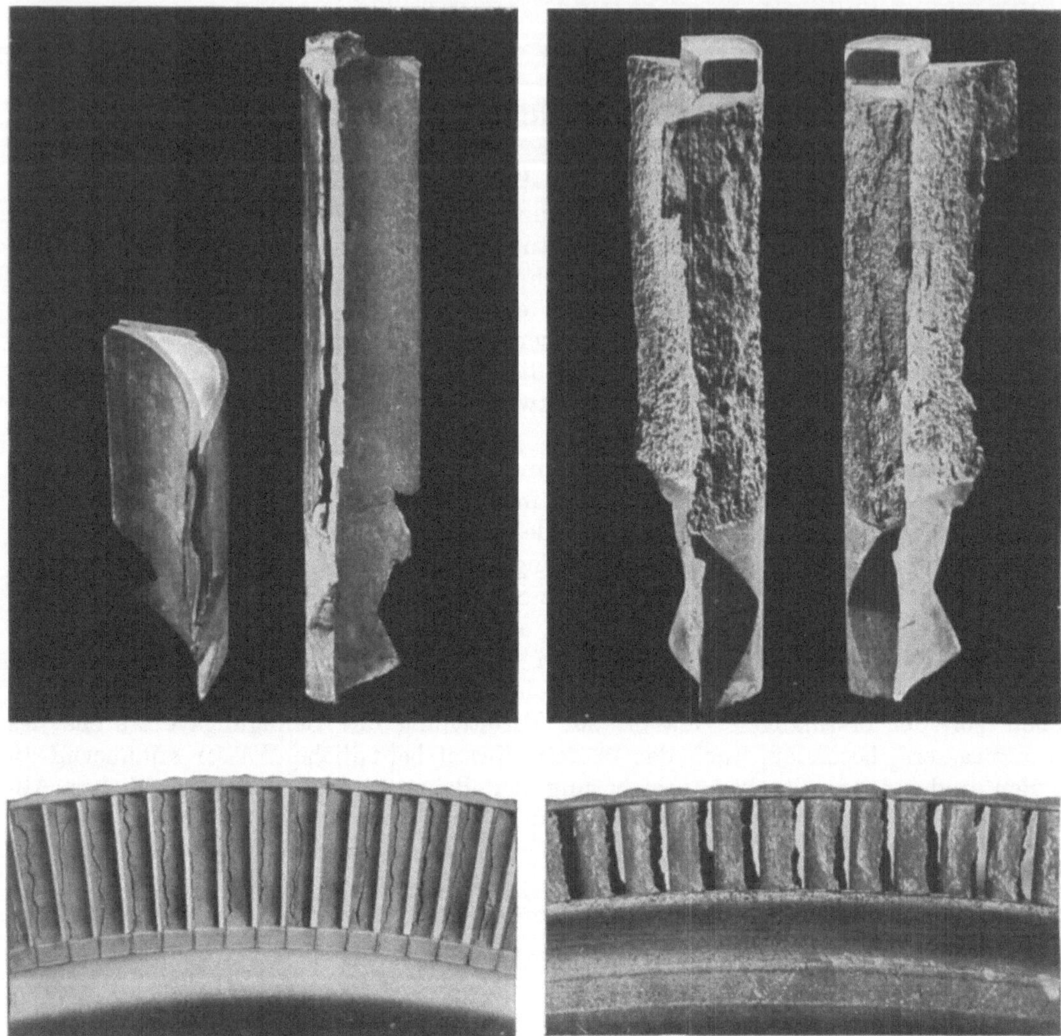

Abb. 159. Temperatureinwirkung auf Bronzeschaufeln.

Abb. 160. Chemische Einwirkung auf Bronzeschaufeln.

wasser. Diese Verunreinigungen werden häufig erst nach dem Eintreten schwerer Anstände bemerkt, obschon es nur eine kleine Mühe ist, in Anlagen, in denen mit einem Undichtwerden der Kondensatoren zu rechnen ist, durch täglich vorzunehmende „Reagenzproben" des Kondensats die geringsten Undichtigkeiten im Kondensator festzustellen. Am häufigsten kommt wohl die Verunreinigung durch Seewasser oder durch Hafenwasser in Frage; ein dafür gebräuchliches Reagenz ist die Silbernitratprobe. Dem zu prüfenden Kondensat werden in einem Reagenzgläschen 4—5 Tropfen $^1/_{10}$ Normal-Silberlösung zugesetzt. Nach dem Umschütteln zeigt sich je nach der Stärke der Verunreinigung durch Seewasser (Chlor) ein mehr oder weniger starker

Niederschlag. Neuerdings ist hierfür eine Dauerprüfung in Aufnahme gekommen; ein geringer Bruchteil des Kondensats fließt durch einen einfachen Apparat, der mittels elektrischer Widerstandsmessung bereits Spuren von Seewasser durch Lampe und Klingel anzeigt.

Im Gegensatz zum Messing ist die Aluminiumbronze, die wegen der verlangten höheren Zähigkeit und Festigkeit mit einem Zusatz von etwa 9% Aluminium hergestellt wurde, in gewissen Temperaturgebieten chemischen Einwirkungen gegenüber auf die Dauer nicht widerstandsfähig. Wie die Wasseruntersuchungen bei festgestellten Anfressungen von Schaufeln aus Aluminiumbronze ergeben haben, war in dem Wasser Chlor-Magnesium und Chlor-Kalzium enthalten. Namentlich bei höheren Kesseldrücken — über 13 Atm. — traten derartige Zerstörungen auf, so daß hierdurch der Beweis erbracht wurde, daß die dem höheren Druck entsprechende höhere Temperatur das Abspalten von Säure aus den obigen Salzen begünstigte. Es hat sich gezeigt, daß, je größer der Gehalt an Salzen und je höher der Druck war, Anfressungen bei der Aluminiumbronze um so schneller und um so stärker auftraten; auch die Anwesenheit von Ammoniak im Kesselspeisewasser führte zu den gleichen Anfressungen. Ist außerdem der Dampf noch etwas schlammhaltig und setzt sich an der angegriffenen rauhen Oberfläche, insbesondere am Rücken der Schaufel, noch solcher Schlamm ab, wenn auch nur in geringer Menge, so begünstigt dies die weitere chemische Zerstörung des Materials durch die leichter haftenbleibende Feuchtigkeit und durch die damit festgehaltene Säure des Dampfes. Abb. 160 zeigt solche Schaufeln aus Aluminiumbronze, die besonders an dem Rücken, also an der nur zur Führung des Dampfes dienenden Fläche angefressen wurden. Treten derartige Zerstörungen auf, so ist mit Sicherheit darauf zu schließen, daß Verunreinigungen im Kesselwasser die Ursache sind.

Die gleichen Anfressungen an Bronzeschaufeln traten in Anlagen auf, wo durch undichte Kondensatorrohre Seewasser in die Kessel gelangte. Wie allgemein bekannt, tritt in solchem Falle ein starkes Schäumen und Überkochen der Kessel ein, so daß das verunreinigte Kesselwasser nicht nur in Form von Dampf, sondern direkt als Wasser in die Turbine gelangt. Entsprechend dem in solchen Fällen schon in vollen Prozenten vorhandenen Chlorgehalt im Dampf sind auch die Anfressungen an den Schaufeln außergewöhnlich stark, so daß schon nach kurzer Zeit eine vollständige Zerstörung des Materials eintritt; allerdings beschränken sich dann die Anfressungen nicht nur auf die hochempfindliche Aluminiumbronze, sondern es leiden auch alle Stahl- und Eisenteile durch außergewöhnliche Verrostungen, gegen die selbst ein 30%iger Nickelgehalt, z. B. in den Leitschaufelblechen, keinen genügenden Schutz bieten konnte.

Die Erfahrung hat weiter gezeigt, daß in Anlagen, wo chemische Anfressungen des Schaufelmaterials eintreten, diese nicht in allen Stufen der Turbinen, also nicht in allen Temperaturgebieten stattfinden, sondern hauptsächlich in dem Gebiet zwischen 150 und 70° C (Abb. 161). Unterhalb dieser Temperatur, also in den letzten Schaufelreihen des Niederdruckteils, wurden diese Anfressungen nicht mehr festgestellt, weshalb entsprechend dieser Begrenzung des Gebietes der Anfressungen die Aluminiumbronze in dem kritischen Gebiet durch Messing ersetzt wurde. Einen besonders krassen Fall für das Gebundensein der Anfressungen an ein bestimmtes Temperaturgebiet zeigen die in Abb. 162 dargestellten Schaufeln einer Turbine mit einer geringen Anzahl von Stufen. Die Anfressungen zeigten sich hier nur in einer Stufe, während die Beschaufelung mit Aluminiumbronze des vorhergehenden und nachfolgenden Rades nach einer Betriebszeit von 20000 Stunden keinerlei Anfressungen aufwies. Als Erklärung für diese scharfe Abgrenzung der Anfressungen ist zu bemerken, daß die Maschine dauernd mit nahezu gleicher Belastung (Vollast) lief, bei der sich also das Temperaturgefälle nicht wesentlich ändert. An der Dampfeintrittsseite der Schaufeln zeigen dieselben teilweise nur geringfügige Spuren einer Anfressung, während an der Austrittsseite ein großer Teil des Materials bereits vollständig abgefressen ist (Abb. 162).

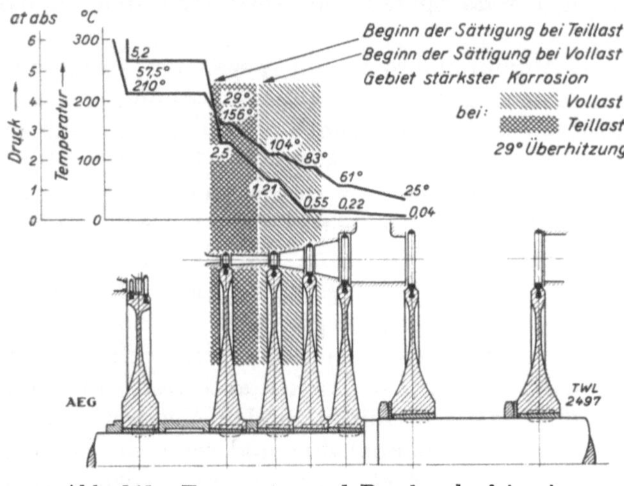

Abb. 161. Temperatur und Druckverlauf in einer Kondensationsturbine.

Obwohl in neuerer Zeit vom Konstrukteur aus alle Sicherheitsmaßnahmen zur Verhütung des Eintretens von Sickerdampf in das Turbineninnere während der Betriebspausen getroffen wurden, zeigten sich bei manchen Anlagen immer wieder starke Rostansätze in den Stufen beginnender Sättigung des Dampfes, in denen auch die chemischen Anfressungen des Bronzematerials auftraten. Da verschiedentlich festgestellt werden konnte, daß das Rohwasser im großen und ganzen weder Säurebildner noch besonders viel korrodierende Gase wie Chlor, Kohlensäure usw. enthielt, mußte man schließen, daß durch das Reinigungsverfahren schädliche Beimengungen in das Wasser hineingebracht wurden, welche das Rosten verursachten. Die meisten der

Eintrittseite des Dampfes. Austrittseite des Dampfes.

Abb. 162. Chemische Einwirkung des Dampfes auf Bronzeschaufeln.

gebräuchlichsten chemischen Reinigungsverfahren (Kalksoda-Verfahren, Neckar-Verfahren, Permutit-Verfahren) lassen alle mehr oder minder Kohlensäurebildner, Kohlensäure und Luft in den Kessel gelangen, da die Erkenntnis von dem hohen Werte einer möglichst weitgehenden Entgasung des Speisewassers noch nicht überall durchgedrungen zu sein scheint.

Die freie und die aus den Kohlensäurebildnern im Kessel freiwerdende Kohlensäure, auch Sauerstoff, gelangen mit dem Dampf in die Turbine und bewirken hier erhebliche Zerstörungen durch eine Rostbildung, die in diesem Falle während des Betriebes erfolgt. Diese Anfressungen sind dadurch gekennzeichnet, daß der Rostansatz an verschiedenen Stellen der Schaufel verschieden stark ist (Abb. 163). Die Innenflächen der Schaufeln sind meistens von schwarzbraunem, mattglänzendem Aussehen und noch verhältnismäßig glatt. Die Rücken der Schaufeln jedoch sind mit beträchtlichen Rostnarben dunkelbrauner Färbung bedeckt und fühlen sich rauh an. Dies starke Rosten der Schaufeln am Rücken der Austrittsschenkel läßt sich vielleicht wie folgt erklären: Der durch den Kanal zwischen zwei Schaufeln hindurchströmende Dampf kann sich am Beginn des Austrittsschenkels vom Rücken der Schaufel gewissermaßen ablösen und bildet hier einen Raum niedrigeren Druckes, in dem sich Wasser und evtl. vorhandene Kohlensäure und Sauerstoff ausscheiden. Durch diese Stoffe findet nun der Rostangriff statt.

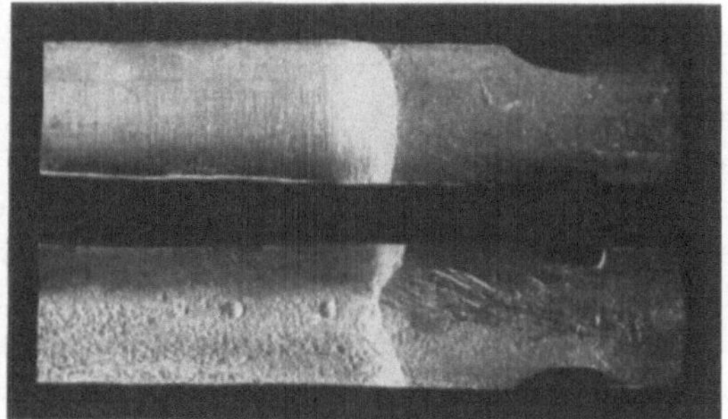

Abb. 163. Rosterscheinungen am Rücken von Turbinenschaufeln.

Um einen Anhalt für die in Frage kommende Wirksamkeit des vom Dampf mitgeführten, an sich äußerst schwachen Gehaltes an Säure zu geben, sei bemerkt, daß durch die Schaufelquerschnitte jeder Stufe innerhalb 20000 Betriebsstunden etwa 300000 kg Dampf geströmt waren.

44. Chemisch unreiner Dampf und die Zerstörung der Leitschaufelbleche.

Hochprozentiger Nickelstahl (30% Ni) hat sich für Leitschaufelbleche der Düsenkränze aller Druckstufen und somit in allen Temperaturgebieten zunächst in mehreren hundert AEG-Turbinen vollkommen bewährt; danach stellten sich daran bei Turbinen mit Betriebszeiten von kaum einem Jahr, bei anderen Turbinen wieder erst nach 25000 und 40000 Betriebsstunden Anstände ein. Die Bleche wurden brüchig. Die Brüche zeigten sich nicht nur an den Einspannstellen, sondern verteilt über die ganze Fläche der Bleche. Die Ursachen dafür sind trotz der vorliegenden vielen Erfahrungen noch nicht restlos erkannt. Bemerkenswert ist, daß dieses Brüchigwerden sich in einzelnen Kraftwerken auf sämtliche Maschinen, auch die der verschiedenen Baujahre erstreckt, wogegen wiederum in anderen Kraftwerken Maschinen der gleichen Bauart mit Blechen der nachweislich gleichen Lieferung nach gleicher oder längerer Betriebszeit noch nicht den ersten Beginn der Zerstörung erkennen ließen. Es wurde ferner festgestellt, daß sich die Zerstörung des Materials nicht über einzelne, sondern über sämtliche Bleche eines Leitschaufelkranzes und bei weiter fortschreitender Zerstörung über eine mehr oder weniger große Anzahl von Kränzen bzw. über mehrere Temperaturgebiete erstreckte; beachtenswert ist hierbei, daß sich an mehreren Turbinen ein und desselben Kraftwerkes die Zerstörungen stets in den Stufen des gleichen Temperaturgebietes zeigten; sie traten gelegentlich entweder in den ersten oder auch nur in den letzten Stufen auf, zeigten sich aber nicht an ein bestimmtes Temperaturgebiet an sich gebunden. Die rechnerische Beanspruchung der Bleche, die sowohl infolge des Druckunterschiedes der benachbarten Stufen als auch entsprechend den größeren oder kleineren Durchmessern der Zwischendeckel außerordentlich verschieden ist, konnte einen Anhalt für die Zerstörung gleichfalls nicht geben; ebenso schließt das Aussehen der Bruchstelle eine Zerstörung etwa durch reine Beanspruchung auf Festigkeit aus (Abb. 158).

Tatsache ist, daß bei den Zerstörungen die örtlichen Verhältnisse die Schuld tragen. Es könnten sonst nicht an sich gleiche Teile, aus Material der gleichen Lieferung, in dem einen Kraftwerk zerstört werden, während sie sich an vielen anderen Orten vollkommen gut erhalten; es müssen irgendwelche kaum nachweisbaren Beimengungen des Wassers die allmähliche Zersetzung des Nickelstahles herbeiführen, wie dies auch ähnlich bei Aluminiumbronze der Fall ist. Werden derart angegriffene Bleche, die außer den scharf gezeichneten Bruchstellen keinerlei Zerstörungen aufweisen, in kochender Salzsäure gebeizt, so zeigt sich eine große Anzahl durchgehender und tief einschneidender Risse (Abb. 158), und zwar in ganz ähnlicher Weise wie bei dem profilierten Material der Laufschaufeln aus $25^0/_0$igem Nickelstahl. Der Versuch, dieses Brüchigwerden im Laboratorium herbeizuführen, gelang bisher nicht. Wahrscheinlich wird die Zersetzung des Materials erst durch elektrolytische Vorgänge, womöglich durch die hohe Dampfgeschwindigkeit an der Oberfläche der Bleche, bei angesäuertem Dampf eingeleitet und durch die größeren oder geringeren Materialspannungen infolge der mechanischen Beanspruchung der Bleche unterstützt.

Nach den ungünstigen Erfahrungen mit Laufschaufeln aus dem profilierten $25^0/_0$igen Nickelstahl lag naturgemäß ein Rückschluß auf die sich dabei zeigenden ähnlichen Erscheinungen an Leitschaufelblechen nahe, obschon der für Laufschaufeln geltende Tatbestand, daß vom Kaltziehen herrührende Oberflächenspannungen die Ursache für das Brüchigwerden der Schaufeln bilden, bei warm ausgewalzten Blechen entfällt. Beim Warmwalzen von Blechen auftretende geringe Oberflächenspannungen müßten zudem durch das Erwärmen der Bleche beim Eingießen in die Leitschaufelkränze und durch das spätere gleichmäßige Erkalten in der Form verschwinden. Die Möglichkeit des Auftretens der geschilderten Anstände führte trotz der guten Widerstandsfähigkeit des Materials gegen Rosten zum völligen Verlassen dieses hochprozentigen Nickelstahlbleches, obschon es bei einer großen Anzahl Turbinen noch heute nach vielen Jahren mit 30000—50000 Betriebsstunden in unversehrtem Zustande in Betrieb ist und von einem Materialfehler in noch viel geringerem Maße als bei den Laufschaufeln aus Aluminiumbronze gesprochen werden kann.

Heute werden für Leitschaufeln ausschließlich SM-Stahlbleche verwendet. Der etwaigen Zerstörung durch Rost wird durch erheblich größere Blechstärke Rechnung getragen. (Vergl. Abschnitt 40.)

45. Die Zerstörung der Schaufeln durch zu hohe Temperaturen.

Zur Zeit der Anfänge des Dampfturbinenbaues bestanden gewisse Schwierigkeiten in der Herstellung von Turbinenschaufeln aus Stahl, und auch später forderte der Mißerfolg mit den Schaufeln aus hochprozentigem Nickelstahl, daß die anfangs für die Beschaufelung des Hochdruckteiles gewählte Aluminiumbronze zunächst weiterhin beibehalten wurde. Anfänglich betrug die Frischdampftemperatur selten mehr als 300^0 C, welcher Anfangstemperatur eine Temperatur von ca. 150^0 C in der ersten Stufe bei der zweistufigen Turbine und eine solche von etwa 200^0 C bei den vielstufigen Turbinen entsprach. Bei diesen Stufentemperaturen ist die Aluminiumbronze, wie Betriebsergebnisse an Turbinen mit mehr als 40000 Betriebsstunden nachwiesen, auch für das Hochdruckrad vollkommen zulässig (Abb. 164). Man ist jedoch seit längerer Zeit von der Anwendung der Aluminiumbronze für Schaufeln abgekommen. Schaufeln aus Aluminiumbronze wurden nur bei Stufentemperaturen unter 180 bis 200^0 C angewendet, obschon in den Laboratoriumsversuchen nachgewiesen wurde, daß erst Temperaturen von etwa 300° C diese Bronze zersetzen; als Beweis dafür, daß leztere Temperatur noch zulässig ist, dienen die aus gleichem Material hergestellten Düsenköpfe der Turbinen, die dem vollen Dampfdruck von meist 12 Atm. und der Temperatur von 300° C ausgesetzt waren, aber dort während 40000 Betriebsstunden und mehr der Einwirkung der Temperatur vollkommen standgehalten haben. Es gibt also die bereits bei niedrigerer Temperatur im umgebenden Raume eintretende Zerstörung an den Laufschaufeln ein gewisses Urteil über die an der Innenfläche der Schaufel auftretende Erwärmung. Die Zersetzung an der Oberfläche der Bronzeschaufeln schreitet je nach der Höhe der Stufentemperatur mehr oder weniger schnell vorwärts, bis schließlich sowohl von der Hohlfläche als auch von der Rückenfläche der Schaufeln die obere Schicht in einer Stärke von etwa 1 mm schalenförmig abblättert. Der Kern des Materials bleibt von dieser Zerstörung unberührt, so daß eine unmittelbare Gefahr des Abbrechens der Schaufeln nicht besteht, und es sind auch Brüche infolge derartiger Abblätterungen nicht vorgekommen. Abb. 159 zeigt Bronzeschaufeln, die in einer Stufentemperatur von über 200° C in Betrieb waren;

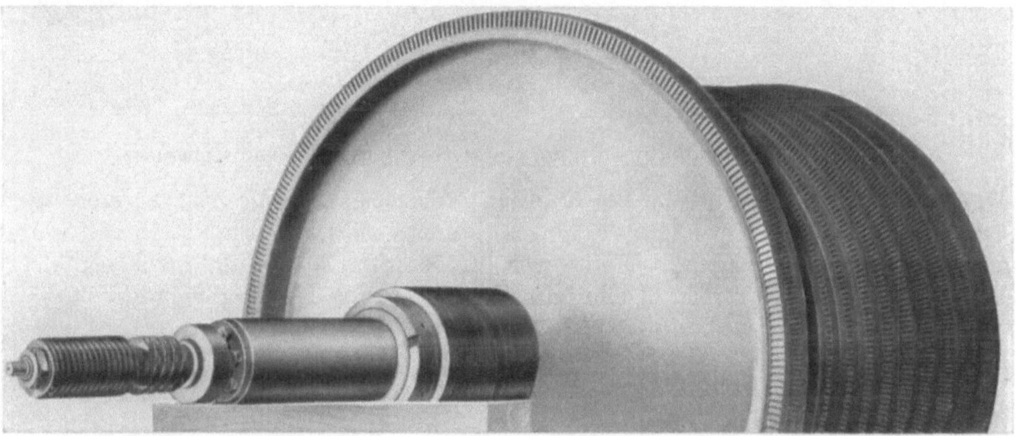

Abb. 164. Turbinenrotor einer normal geführten Anlage nach etwa 9 Jahren mit 70000 Betriebsstunden.

ihre Zerstörung ist so eigenartig, daß daraus untrüglich auf eine zu hohe Temperatur des Frischdampfes zu schließen ist, d. h. auf eine Dampfeintrittstemperatur von mehr als 300° C und auf eine Stufentemperatur von mehr als 200° C; die Zuverlässigkeit dieser Feststellung ist eine unbedingte und der eines registrierenden Frischdampfthermometers vergleichbar. Dieses Verhalten der Aluminiumbronze bei Frischdampftemperaturen von mehr als 300° C erfordert für das Hochdruckgebiet bei der heute üblich gewordenen höheren Überhitzung die ausnahmslose Anwendung von Stahlschaufeln.

In den Ausführungen über Messing wurde in Abschnitt 41 bereits mitgeteilt, daß lediglich die Festigkeitszahlen, besonders bei höheren Temperaturen, die Grenze für das Anwendungsgebiet bilden. Für Messingschaufeln wurde seinerzeit als Grenze die Stufentemperatur von 200° C festgelegt, wogegen für Füllstücke und Bandagen die obere Grenze mit etwa 250° C Stufentemperatur beibehalten wurde. Werden nun diese Temperaturen, d. h. die für die Turbine als höchstzulässig erkannte Frischdampftemperatur von 350° C überschritten, so erhöht sich damit auch die Stufentemperatur, die dann ein Sinken der Festigkeit des Messings und im Laufe der Zeit ein Strecken (Fließen) des Materials an den höchstbeanspruchten Stellen (am Schaufelfuß) zur Folge hat; schließlich werden die Schaufeln allmählich aus dem Radkopf herausgezogen (Abb. 165). Findet ein derartiges Herausziehen der Messingschaufeln statt, so trägt hier nicht fehlerhaftes Material die Schuld, sondern die Betriebsführung der Kesselanlage war nicht gewissenhaft; es sind infolgedessen Anforderungen an Turbine und Schaufeln gestellt worden, denen diese nicht entsprechen konnten und für die sie von Haus aus nicht vorgesehen waren. Ähnliche Fälle sind verschiedentlich auch bei dem Füllstückmaterial der Hochdruckstufen aufgetreten (Abb. 166 und 167).

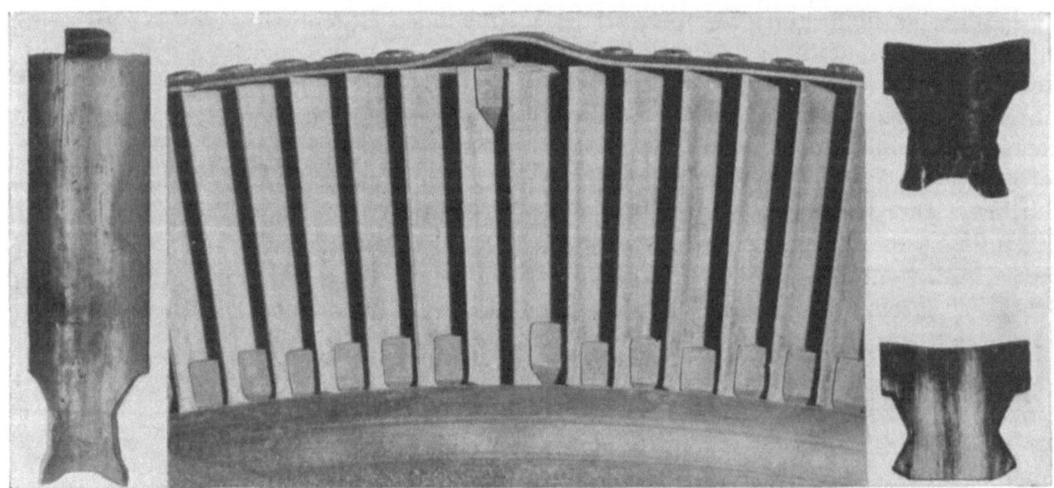

Abb. 165—167. Temperatureinwirkung auf Messingschaufeln und -füllstücke.

Die Verwendung von Messing für Füllstücke datiert aus einer Zeit, als von hierfür zu hohen Temperaturen noch keine Rede sein konnte. Messing ergab auch den weitaus bequemsten Fabrikationsgang. Heute werden bei Stahlschaufeln durchweg eiserne Füllstücke, bei Nichteisenmetallschaufeln Füllstücke aus Messing verwendet.

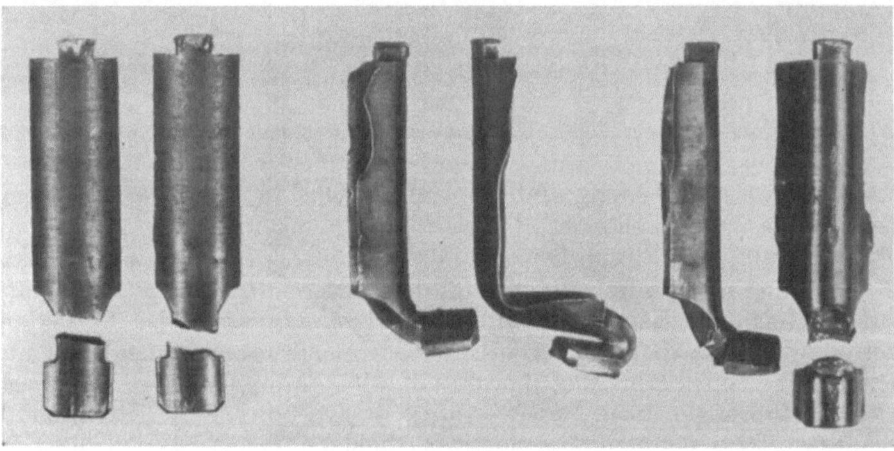

A B C

Abb. 168. Warmbrüchige Schaufeln.

A In der Turbine gebrochen nach 6 Monaten Betrieb. B Im Betrieb gewesene Schaufeln des gleichen Rades versuchsweise kalt umgebogen. C Im Betrieb gewesene Schaufel des gleichen Rades versuchsweise bei ca. 300° umgebogen.

Bei Stahlschaufeln ist Warmbrüchigkeit zu fürchten. Versuche an Probestäben aus hochwertigem Stahl verschiedener Zusammensetzung haben ab und zu bei ca. 300° C (hierfür ist die Stufen-, nicht die Eintrittstemperatur des Dampfes maßgebend) eine stark verminderte Zähigkeit ergeben (Abb. 168). Proben aus nichtsrostendem Stahl haben sich dagegen bei diesen Temperaturen vorzüglich verhalten.

46. Mechanische Abnutzung der Beschaufelung durch hartgebrannten Kesselschlamm oder durch mitgerissenes Wasser und Dampfnässe.

Dauernd vom Dampf mitgeführter Schlamm nimmt bei hoher Dampftemperatur den Charakter eines hartgebrannten, körnigen Staubes an und dieser ergibt eine mechanische Abnutzung der scharfen Eintrittskanten und schafft Aushöhlungen im

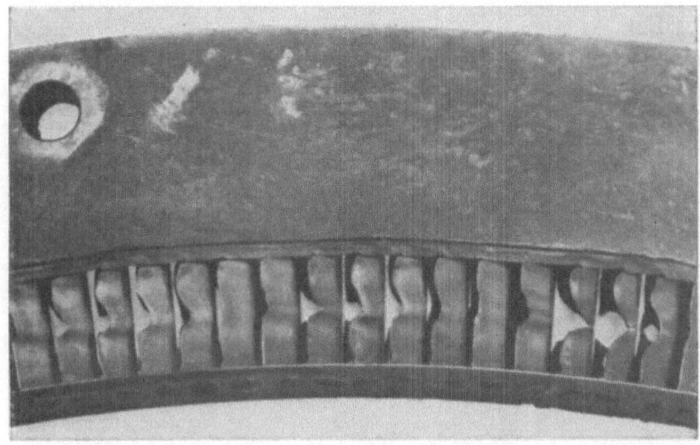
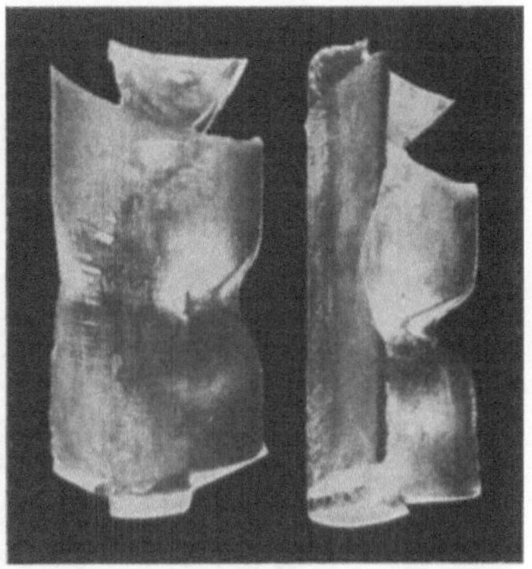

Abb. 169. Mechanische Abnutzung durch Kesselstein. Umkehrschaufeln.

Schaufelgrund (Abb. 169, 170). Anstände durch schmutzigen Dampf treten in reinen Turbinenzentralen selten auf, weil in diesen das Kondensat wieder zur Speisung verwendet wird, ferner geht in allen Anlagen die Rücksichtnahme auf die Turbinen mit der Rücksichtnahme auf die Lebensdauer der Dampfkessel unmittelbar Hand in Hand.

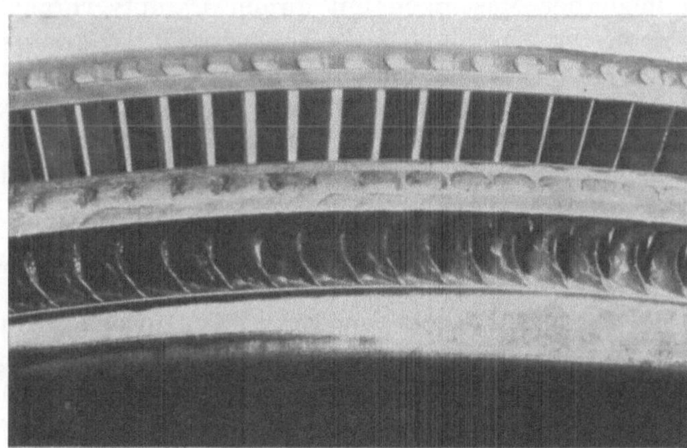
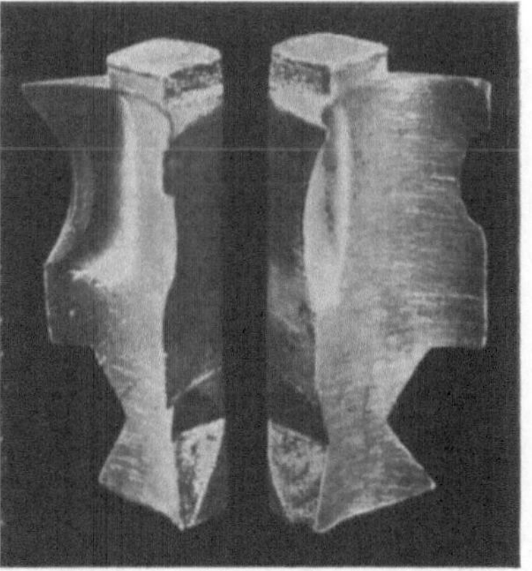

Abb. 170. Mechanische Abnutzung durch Kesselstein. Erste Schaufelreihe.

Eine weitere Ursache besteht für die mechanische Abnutzung der den hohen Ausströmgeschwindigkeiten aus den Düsensegmenten ausgesetzten ersten Schaufelreihen in der Tatsache, daß die Einschaltung eines Überhitzers, also die Verwendung überhitzten Dampfes keineswegs die Garantie dafür bietet, daß der Dampf, der in die Turbine gelangt, vollkommen wasserfrei wird. Ebenso wie bei gesättigtem, d. h. nassem Dampf, greifen die im überhitzten Dampf je nach Art des Kesselsystems und einer das Überkochen begünstigenden Art der Wasserreinigung gelegentlich noch vorkommenden Wassertröpfchen die Kanten der Schaufeln stark mechanisch an. Bei kleineren Turbinen mit mehrkränzigem Rad oder nur einer Druckstufe läßt sich auch in diesem Ausnahmefall die Abnutzung (Abb. 171) durch sorgsame Entwässerung des Dampfes unmittelbar vor der Turbine auf ein erträgliches Maß herabdrücken. Unter Einwirkung des mitgeführten Wassers hat insbesondere das Umkehrschaufelsegment für dieses mehrkränzige Rad zu leiden, weil die mitgerissenen Tropfen dauernd gegen die gleichen Schaufeln des Segments geschleudert und diese so am meisten angegriffen werden; falls in einem solchen Betrieb die Schaufeln nach Jahren nennens-

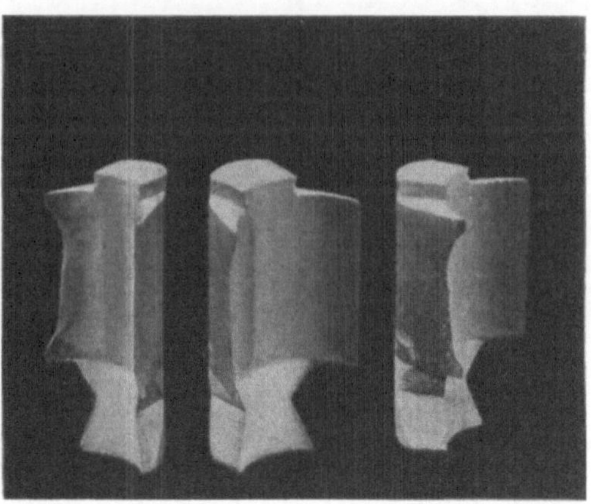

Abb. 171. Mechanische Abnutzung der ersten Schaufelreihe durch Wasser. Schaufeln der ersten Reihe.

wert ausgewaschen sind, werden sie bei passender Gelegenheit durch neue ersetzt. Die Abnutzung ist hier ebenso wie bei der Verwendung schmutzhaltigen Dampfes eine reine Betriebsfrage. Es wäre falsch, sie zu einer Materialfrage machen zu wollen.

In den letzten Schaufelreihen moderner Maschinen mit gutem Dampfverbrauch zeigen sich in stärkerem Maße als bei älteren Maschinen Anfressungen an den Eintrittskanten der Laufschaufeln, insbesondere am äußeren Ende, die von dem Wasser herrühren, das sich bei Expansion des Dampfes unter Arbeitsleistung bildet. Je besser der Dampfverbrauch und je höher der Anfangsdruck desto mehr Wasser bildet sich. Bei sehr hohem Dampfdruck ist daher Zwischenüberhitzung hinsichtlich der Schaufelabnutzung im Niederdruckteil von Vorteil.

47. Das Verschlammen der Beschaufelung.

Wie bereits gesagt, erfordern die heutigen Hochleistungskessel ein durchaus einwandfreies Speisewasser, so daß ein Verschlammen der Schaufeln und die Verengung der freien Schaufelquerschnitte nur noch selten vorkommen sollte. Die Schlammmengen setzen sich in jenem Teil der Turbinen ab, wo der Dampf aus dem Überhitzungsgebiet in das Sättigungsgebiet übergeht. Bei Betrieb mit überhitztem Dampf liegt dieses Gebiet im mittleren Niederdruckteil, also dort, wo die freien Schaufelquerschnitte im Verhältnis zur Schlammenge bereits große Abmessungen haben; bei Verwendung von Sattdampf erfolgen die Schlammablagerungen bereits im Hochdruckteil, und hier bilden die weit engeren Querschnitte der Hochdruckstufe eine erhöhte Gefahr. Das allmähliche Zuwachsen ruft anfangs nur einen geringen Axialschub hervor, der sich in gleichmäßig langsamem Ansteigen der Temperatur des den Rotor in seiner axialen Stellung haltenden Kammlagers zeigt und dadurch auf die gelegentlich vorzunehmende Reinigung der Beschaufelung hinweist. Es wurde wiederholt festgestellt, daß Schlammabscheider an der falschen Stelle eingebaut wurden, und zwar in die Dampfleitung vor der Turbine. Ein solcher Einbau macht den Abscheider unwirksam, weil eine Entschlammung des Dampfes im Überhitzungsgebiet erfahrungsgemäß nicht gelingt. Diese muß im Sättigungsgebiet erfolgen. Der Schlammabscheider muß also schon zwischen Kessel und Überhitzer eingebaut werden.

Eine andere Art der Einwirkung des Schlammes, das plötzliche Hereinbrechen großer Schlammengen, bringt keine Abnutzung der Schaufeln mit sich, führt aber zu anderen schweren Anständen und häufig zu sofort vorzunehmenden kostspieligen Reparaturen. Das plötzliche Verschlammen wird durch ein Überkochen der Kessel hervorgerufen, wobei größere Wassermengen und Schlamm durch den Überhitzer hindurch in die Rohrleitung gerissen werden. Hierbei erfolgen die Schlammablagerungen oft bereits im Hochdruckteil oder in den ersten Niederdruckstufen. Je nach der Größe der hereinbrechenden Wassermengen verstopfen sich meist die erheblich engeren freien Durchtrittsquerschnitte der ersten Räder, und es entsteht damit ein plötzlich einsetzender hoher Axialschub, zum mindesten ein vorübergehend stark unruhiger Gang der Turbine. Der zerstörenden Wirkung von solchen Fehlern im Kesselbetrieb ist durch bessere Reinigung des Speisewassers sowie durch den Einbau von

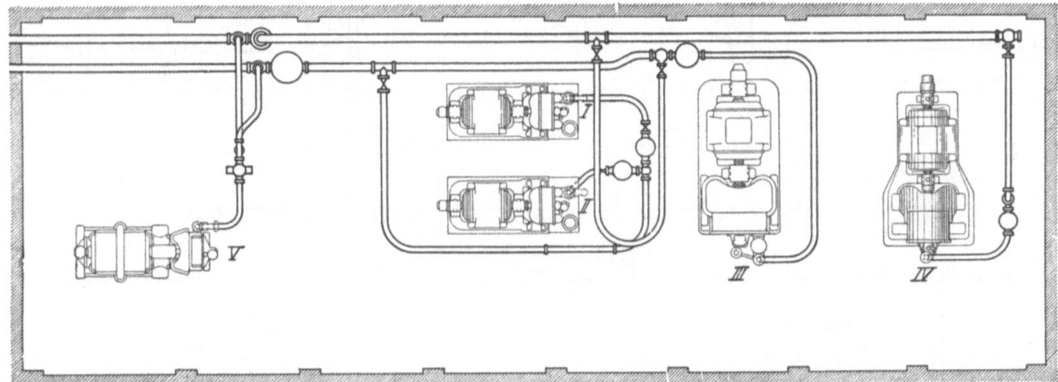

Abb. 172. Anordnung der Frischdampfleitung eines Turbinenkraftwerkes. Turbine IV dauernd verschlammt.

Schlammabscheidern sehr großer Abmessungen zwischen Kessel und Überhitzer zu begegnen.

Tritt in größeren Anlagen das berüchtigte Verschlammen der Schaufeln nur an einer von mehreren Turbinen auf, so ist trotzdem die Ursache ausschließlich im Kesselhaus zu suchen und nicht etwa in falscher Anordnung der Dampfleitung oder gar in der Turbine selbst. Ein Schulbeispiel hierfür bieten die Erfahrungen, die in der Kraftstation einer größeren Grubenanlage gemacht wurden. In Abb. 172 ist die Anordnung der einzelnen Turbinen und der Dampfleitung schematisch dargestellt. Die Kesselanlage gibt außer für das Turbinenkraftwerk auch für Grubenbetriebe, u. a. für dampfangetriebene Fördermaschinen, eine große Menge Dampf ab. Erzeugt wird Dampf von 12 Atm. mit etwa 300° C Temperatur. Bis zur Aufstellung der Turbine Nr. IV — einer 4500 kW-Turbine mit 3000 Umdr./Min. — war die Kraftwerkbelastung nicht über 2500 kW gestiegen, auch war bis zu diesem Zeitpunkte ein erhebliches Verschlammen der Maschinen I—III nicht zu bemerken. Erst mit Inbetriebnahme der vierten Turbine setzte bei dem Anwachsen der Netzbelastung und damit zugleich der Kesselbelastung — die Kesselanlage war infolge der bisherigen niedrigen Beanspruchung nicht vergrößert worden — ein öfteres, plötzliches Verschlammen gerade dieser neuen Turbine ein. Lief nun gemeinsam mit Turbine IV eine der Maschinen I—III auf Netz, so blieb trotzdem die Verschlammung in der Hauptsache auf die als letzte an die Dampfleitung angeschlossene Turbine IV beschränkt. Eine nur sehr geringe Verschmutzung wurde an der Turbine V, die zwei Jahre in ununterbrochenem Betrieb war, bemerkt. Der Grund dieses verschiedenen Verhaltens der einzelnen Turbinen ist in ihrer Lage zur Hauptdampfleitung zu suchen. Es wird immer die jeweils am Ende der geradlinig durchgeführten Hauptdampfleitung liegende Turbine die mechanischen Beimengungen des Dampfes — sei es nun Schlamm oder Wasser — erhalten, um so mehr, wenn ihr, wie im vorliegenden Falle, die größte Dampfmenge zuströmt; in die rechtwinklig abzweigenden Rohrstränge für die kleineren Einheiten tritt wenig oder überhaupt kein Schlamm ein.

48. Die Einwirkung von Wasserschlägen auf die Beschaufelung.

Für das Abscheiden der während der Anfahrzeit einer Turbine in den Rohrleitungen sowie in den Frischdampf führenden Teilen durch Kondensierung entstehenden Wassermengen ist durch Anbringung geeigneter Entwässerungsvorrichtungen Sorge zu tragen.

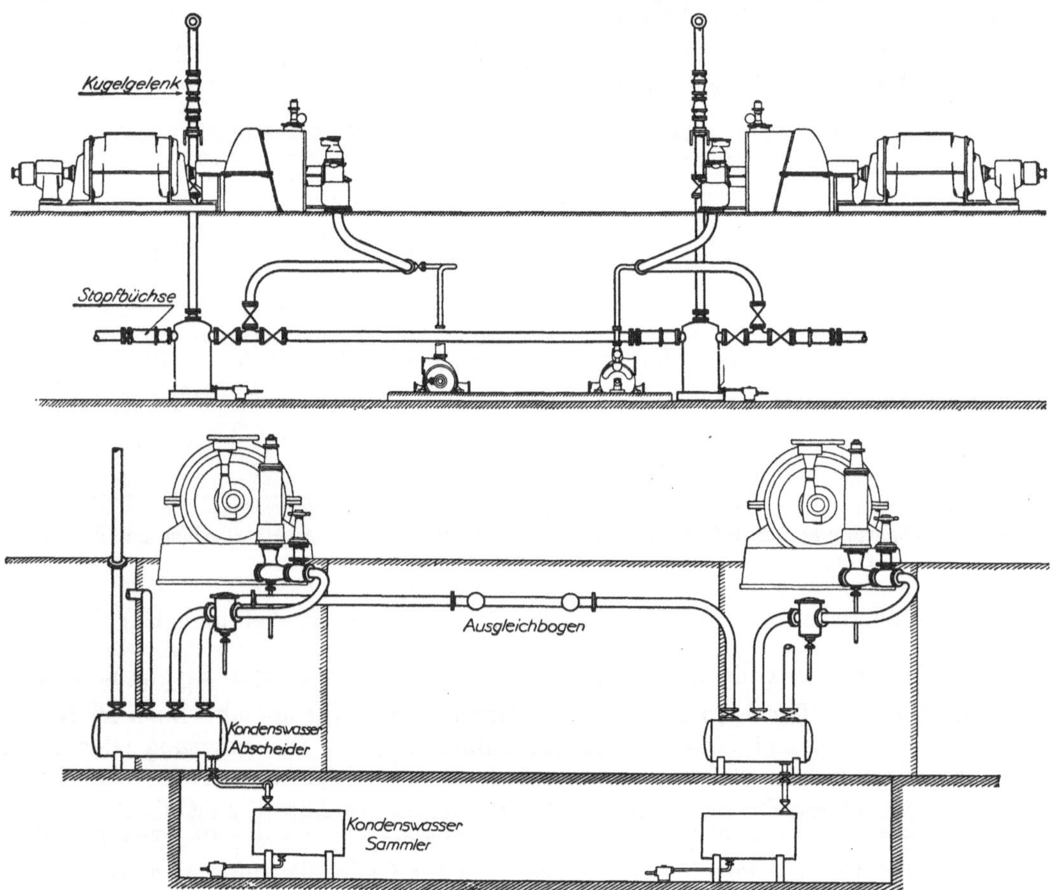

Abb. 173 u. 174. Anordnung von Wasserabscheidern in der Dampfleitung von Dampfturbinen.

Beispiele für die Entwässerung der Rohrleitung vor der Turbine bei großen Einheiten geben Abb. 173 und 174. Bei kombinierten Frischdampf-Abdampfturbinen sind außerdem die Frischdampf führenden Teile hinter dem Hochdruckregulierventil selbsttätig zu entwässern, damit sich hier während des Abdampfbetriebes keine Wassermengen ansammeln können. Bei Anzapfmaschinen muß die Anzapfleitung an der Turbine mit Entwässerungsvorrichtungen wie für eine Frischdampfleitung versehen sein, weil der Fall eintreten kann, daß Heizdampf gegebenenfalls von einem Reduzierventil oder von anderen Dampfquellen her rückwärts strömt.

Ganz abgesehen von der während des Anfahrens zu fordernden Entwässerung, ist das Mitreißen von Wasser während des vollen Betriebes (Abb. 175) für die Turbine verhängnisvoll; Wasser ruft auch schon in kleinen Mengen erhebliche zusätzliche

Biegungsbeanspruchungen durch Stoßwirkung an den Schaufeln hervor, es kann zu Einrissen in den Schaufelkanten führen, die im Laufe der Zeit eintretende Schaufelbrüche begünstigen.

Plötzlich einbrechende große Wassermengen, wie sie beispielsweise beim Überspeisen von Kesseln oder Hereinnehmen von außer Betrieb befindlichen mit Wasser

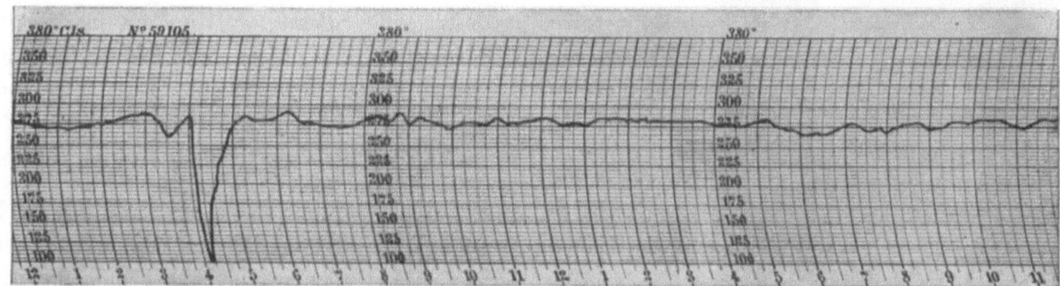

Abb. 175. Feststellung eines Wasserschlages durch registrierendes Frischdampftemperatur-Diagramm.

gefüllten Überhitzern vorkommen, haben des öfteren Veranlassung zu krummen Turbinenwellen gegeben.

Die Forderung, im Turbinenbetrieb nur schlamm- und wasserfreien Dampf zu verwenden, muß daher voll aufrecht erhalten bleiben, denn gegen die Einwirkung von Schlamm und Wasser kann weder eine Änderung der Konstruktion noch ein Wechsel des in die Turbine einzubauenden Materials schützen.

49. Versuche über die Ursachen des Rostens.

Die heute durchweg zur Verwendung kommenden Frischdampftemperaturen von 350° C und mehr erfordern für die Hochdruckschaufeln Stahl; das gleiche Material ist für die langen Niederdruckschaufeln bei den großen Einheiten jeder Umlaufzahl durch die rechnerischen Beanspruchungen bedingt. Weiterhin ist für die Leitschaufeln weicher Siemens-Martin-Stahl das Gegebene. Diese notwendige Anwendung von Stahl

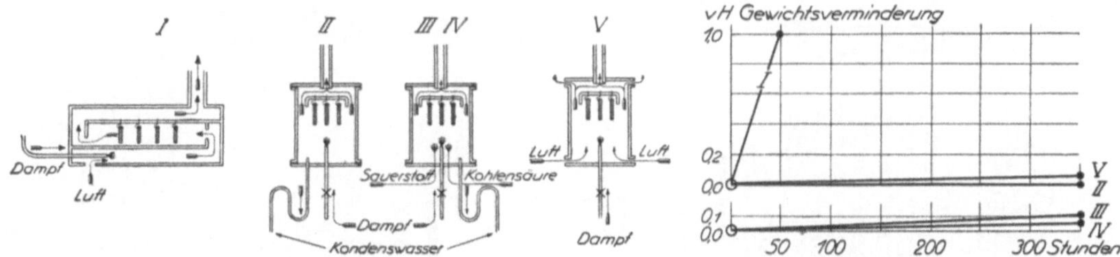

Abb. 176. Einrichtungen und Ergebnisse von Rostversuchen.

ohne die Möglichkeit eines rostbeständigen Anstrichs erfordert seitens der Betriebsführung volle Beachtung der Rostgefahr, im besonderen bei den in Reserve stehenden Turbinen.

Zur Klarstellung der Ursache der Anrostungen in Dampfturbinen wurden folgende fünf Versuchsreihen nach dem Schema Abb. 176 durchgeführt. Die Stärke der Rostbildung wurde durch Gewichtsverminderung an Stäben gleicher Abmessung ermittelt. Die Ergebnisse der fünf Versuchsreihen sind ebenfalls in Abb. 176 wiedergegeben.

Für die Versuchsreihe I wurde ein Kasten größerer Abmessungen gewählt, in dem keine nennenswerte Temperatur durch den Dampfwrasen entstand, so daß dauernd Feuchtigkeit über die Versuchsstäbe rieselte. Bei der ausgiebigen Belüftung entstand infolgedessen eine kräftige Rostwirkung.

Die Versuche Reihe II hingegen ergaben keine Rostwirkung. Es wurde ein kleiner Kasten verwendet, dessen Innenraum gegen den Zutritt von Luft abgeschlossen war; außerdem war der Feuchtigkeitsgehalt in demselben infolge der hohen Temperatur sehr gering. Dieser geringe Feuchtigkeitsgehalt trifft auch bei Versuch III und IV zu. Bei der Versuchsreihe III wurde reiner Sauerstoff zugeführt, bei Reihe IV außerdem noch Kohlensäure. Versuchsreihe V ist eine Wiederholung von I, jedoch unter denselben Feuchtigkeitsbedingungen wie II, III und IV. In Abb. 177 sind drei charakteristische Versuchsstäbe wiedergegeben.

Abb. 177. Versuchsstäbe.

Die Anwendung dieser Versuchsergebnisse auf den praktischen Turbinenbetrieb erweist, daß Ausführung I dem Zustande einer Turbine gleicht, die tagelang außer Betrieb war, also kalt geworden ist, und bei der infolge einer geringfügigen Undichtheit der eintretende Dampfwrasen sich sofort niederschlägt. Reihe V entspricht dem Zustande eines auch während des Stillstandes heißbleibenden Turbineninnern. Durch Versuchsreihe IV wurde festgestellt, daß eine Verstärkung der Rostwirkung durch Hinzutreten von Kohlensäure wie durch jede andere Säure erfolgt.

Solange eine Turbine in Betrieb ist, tritt bei vorschriftsmäßiger Bedienung keine Luft in das Turbineninnere, hingegen strömte bei der älteren Anordnung nach Abb. 178 im Leerlauf sowie bei geringer Belastung und nicht genügend angestelltem Sperrdampf zur Hochdruckstopfbuchse Luft durch diese in das Innere der Turbine, also auch in die Beschaufelung. Bei Lufteintritt durch die Niederdruckstopfbuchse wird die Luft un-

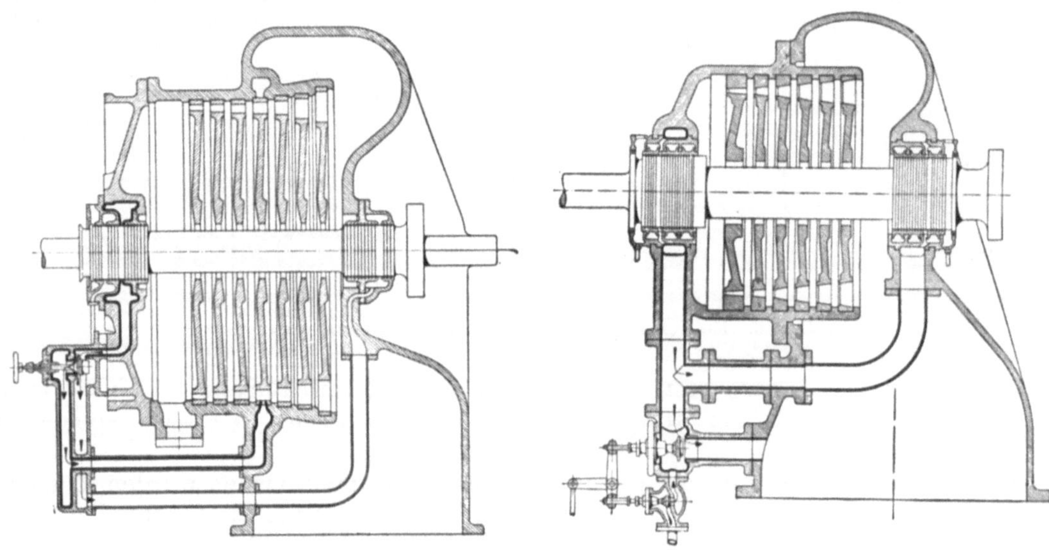

Ältere Ausführung. Jetzige Ausführung.

Abb. 178—179. Anordnung der Stopfbuchsendampfverteilung.

mittelbar zum Kondensator abgesaugt, ohne daß sie mit der Beschaufelung in Berührung kommt. Bei Belastung der Turbine steht die Hochdruckstopfbuchse unter innerem Überdruck, so daß der Eintritt von Luft in die Beschaufelung ausgeschlossen ist. Dementsprechend besteht Rostgefahr nur während längerem Leerlauf, für eine belastete Turbine aber besteht überhaupt keine Rostgefahr.

In Abb. 179 ist die heutige Anordnung der Stopfbuchsen-Dampfverteilung wiedergegeben. Der durch die Stopfbuchse tretende Dampf der Hochdruckstufe wird unmittelbar zur Niederdruckstopfbuchse bzw. zum Kondensator abgesaugt. Selbst bei zu starker Absaugung gelangt so die durch die äußeren Kämme der Stopfbuchse angesaugte Luft nicht in die Beschaufelung.

50. Das Rosten während der Betriebspausen.

Nach dem Stillsetzen der Turbine tritt durch die Eigenwärme des Turbinenrotors und des Gehäuses ein völliges Verdampfen aller vorhandenen Feuchtigkeit ein, das Innere der Turbine trocknet aus und ein Rosten ist unmöglich unter der Voraussetzung, daß kein Dampf nachströmt und die Maschine warm bleibt. Wird hingegen die Maschine nach dem Stillsetzen kalt, so wird die vorher durch die warmen Teile verdunstete Feuchtigkeit sich niederschlagen und Rosten verursachen. Erstreckt sich der Stillstand auf längere Zeit, so kann die Maschine durch äußerliches Beheizen — etwa des Abdampfstutzens nach Reubold (DRP 402155) — künstlich warm gehalten werden. Es empfiehlt sich, das Turbinengehäuse nach dem Stillsetzen mit trockener Luft zu ventilieren, beispielsweise nach dem Verfahren von Kluge & Böhm (DRP 369301). In vielen Fällen genügt natürliche Ventilation durch Öffnen eines Schiebers auf dem Kondensator und Ausströmen der Luft durch die Turbinenstopfbuchsen.

Treten ferner nach dem Stillsetzen Dampfschwaden — Sickerdampf —[1]) namentlich in geringen Mengen durch undichte Absperrorgane in das Turbineninnere, so verursacht die sich bildende Feuchtigkeit im Verein mit der durch den Spalt der Wellenstopfbuchse eintretenden Luft ein mehr oder weniger starkes Verrosten.

Je nach der Größe der Ventilundichtheit bzw. der Menge von Sickerdampf wird sich die Feuchtigkeit in der ersten Stufe oder in einer der hinteren Stufen niederschlagen, und dementsprechend ist auch die Stärke der Anrostungen in den verschiedenen Stufen jeweils verschieden. Ist die eintretende Dampfmenge so groß, daß das ganze Turbineninnere genügend heiß bleibt, um das Niederschlagen von Feuchtigkeit unmöglich zu machen, so tritt kein Verrosten ein. Die Verschiedenheit der von den einzelnen Teilen angenommenen Temperatur bewirkt, daß die Körper kleinerer Abmessungen — Schaufeln, Bandagen — bei geringem Dampfdurchtritt eine wesentlich stärkere Rostbildung aufweisen als die massigen Radscheiben oder die Frischdampf führenden, also dauernd heißen Teile. Zugleich ist damit auch die Erklärung gegeben, weshalb in derselben Anlage an Maschinen gleicher Bauart und von gleichem Material jahrelang kein Verrosten auftrat, wogegen sich plötzlich Rosterscheinungen zeigten, ohne daß scheinbar irgendeine Veränderung in den Betriebsverhältnissen eingetreten war; um diese plötzlichen Rosterscheinungen herbeizuführen, brauchen nur die Undichtheiten der Dampfabsperrorgane oder die Betriebspausen wesentlich andere geworden zu sein.

Die Absperrorgane halten bekanntlich bei hohem Druck und hoher Temperatur nie vollkommen dicht. Die Maschine ist daher stets durch zwei Absperrorgane gegen die Hauptdampfleitung abzuschließen und außerdem ist der zwischen denselben liegende Rohrstrang durch ein Belüftungsventil mit der atmosphärischen Luft in Ver-

[1]) Auszug aus den Betriebsvorschriften der AEG-Turbinenfabrik:
Bei mehrstündigem Stillstand ist außer dem Schnellschlußventil das an der Hauptdampfleitung befindliche Absperrventil zu schließen und die Dampfleitung zwischen diesen Ventilen dauernd zu belüften, so daß etwaiger Sickerdampf des Absperrventils ins Freie und nicht durch das Schnellschlußventil in die Turbine strömt.
Ein Anwärmen im Stillstand der Turbinen vor dem Anfahren unterbleibt.

bindung zu setzen, so daß selbst ein schwacher Hauch Dampf nicht in die Maschine gelangen kann. Besonders zu beachten ist, daß nicht etwa durch die Stopfbuchsendampf-Hilfsventile Feuchtigkeit in das Innere der Maschine kommt. Das gleiche gilt bei Anzapf- und bei Gegendruckturbinen für die gegen rückwärts strömenden Dampf schützenden Absperrorgane der Niederdruckdampfleitung, zumal diese wegen ihrer

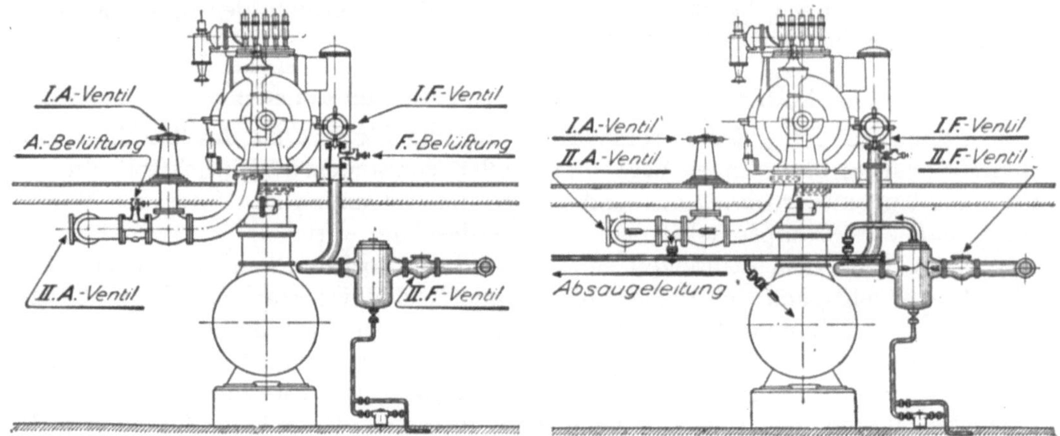

Belüften der Dampfleitung. Absaugen des Wrasens aus der Dampfleitung.
Abb. 180—181. Schutz gegen Anrostungen durch Sickerdampf bei einer Frischdampf-Anzapfturbine.

großen Abmessungen besonders zu Undichtheiten neigen. In dem in Abb. 180 dargestellten Rohrplan ist für eine Anzapfmaschine die Belüftung der Frischdampf- und Abdampfleitung besonders gekennzeichnet. Wagerecht liegende Teile der Frisch-

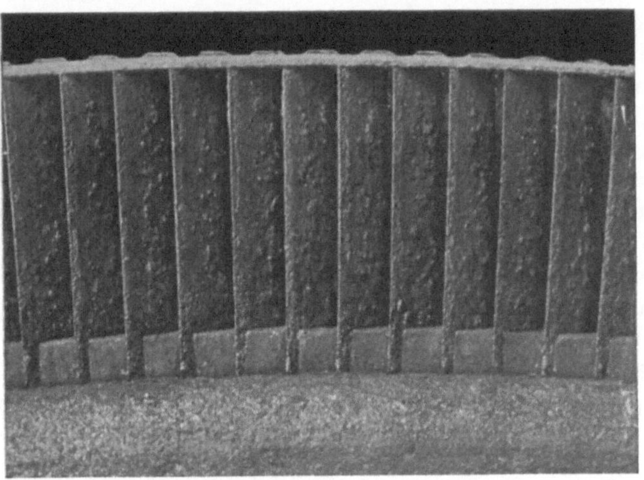

Abb. 182. Anrostungen am Hochdruckrad.

dampfleitung hinter dem Absperrventil der Turbine müssen nach dem Abstellen ganz besonders sorgsam entwässert werden, damit nicht durch nachträgliches Verdampfen des dort angesammelten Wassers Feuchtigkeit in das Turbineninnere gelangt. Alle Feuchtigkeit muß durch die eigene Wärme des Turbineninnern verdampfen.

Kommt nun zu den beiden Grundbedingungen für das Rosten, Sauerstoff und Feuchtigkeit, noch als dritte die Anwesenheit von Säuren im Dampf hinzu, so treten im Turbineninnern Rosterscheinungen von derartigem Umfange auf, daß dauernd erhebliche Reparaturen erforderlich werden. Auch schützt in diesem Falle ein 25- oder 30%iger Nickelgehalt des Laufschaufel- oder Leitschaufelmaterials nicht vor dem Verrosten und auch die Räder selbst leiden in solchen Fällen. So ergaben sich z. B. in einer Turbinenanlage, in der nach Änderung des Wasserreinigungsverfahrens Kohlensäure in großen Mengen auftrat, erhebliche Zerstörungen; Abb. 182 zeigt den Schaufelkranz des Hochdruckrades. Die Schaufeln bestanden aus 5% Nickelstahl, die Radscheiben selbst aus 3% Nickelstahl.

Abb. 183 und 184 zeigen die Beschaffenheit eines Niederdruckrades derselben Turbine aus SM-Stahl mit Messingschaufeln; die beiden Bilder wurden zwei einander gegenüberliegenden Stellen des Umfanges entnommen. Die Dampf-Kohlensäureschwaden haben während eines mehrwöchigen Stillstandes nur einen Teil des Radkörpers bestrichen und somit das Verrosten verursacht, der andere Teil blieb völlig trocken und unversehrt.

Eine ähnliche Beobachtung wurde in einer anderen Anlage gemacht, wo bereits im Speisewasser enthaltene freie Kohlensäure in die Turbine gelangte und hier mit dem Sickerdampf in kurzer Zeit ein erhebliches Verrosten hervorrief. Auch die Anwesenheit von Chloriden im Speisewasser verstärkt die Rostbildung, sobald die anderen beiden Grundbedingungen für das Rosten gegeben sind.

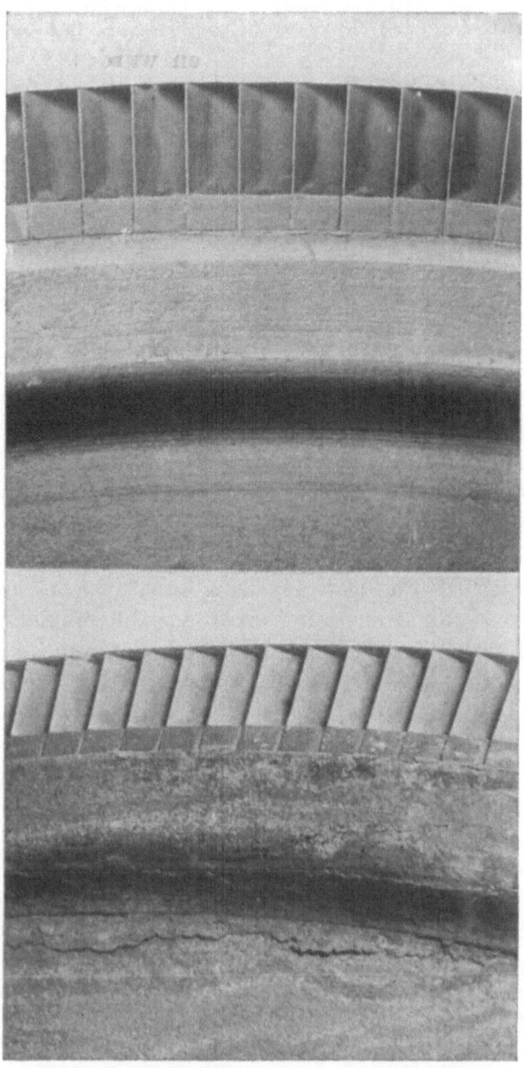

Abb. 183—184. Anrostungen nur an einem Teil des Umfanges eines Niederdruckrades.

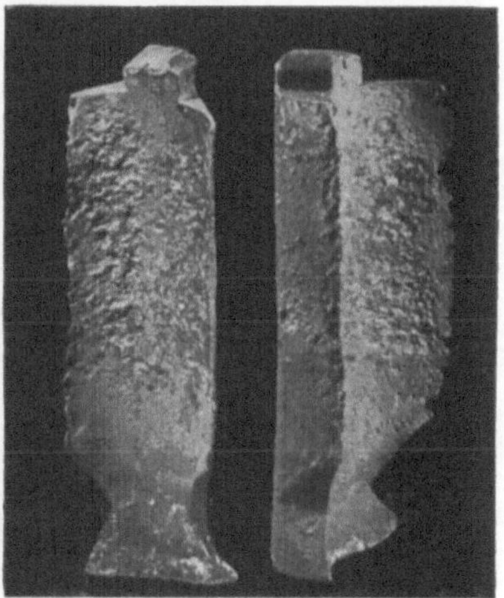

Abb. 185. Anrostungen an Hochdruckschaufeln.

Die Abb. 185 zeigt Stahlschaufeln einer Turbine, die mit Dampf aus Wasser nachstehender Analyse betrieben wurde:

In 1 Liter sind enthalten:

Reaktion	alkalisch
Salpetersäure	Spuren
Trockenrückstand bei 110° C	7050 mg
Geglühte Mineralsubstanz	5950 mg
Glühverlust	1100 mg
Eisenoxyd und Tonerde	Spuren
Kalk	90 mg
Magnesia	10 mg
Chlor (gebunden)	3610 mg.

Bei Verwendung derartig ungeeigneten Speisewassers leiden die Dichtungsflächen der Absperrorgane dermaßen, daß es sogar unmöglich ist, sie dauernd in einem solchen Zustand zu erhalten, daß das Belüften der Rohrleitung vor der Turbine genügt, um das Eindringen von Sickerdampf während der Betriebspausen mit Sicherheit zu vermeiden. In solchen besonders ungünstigen Anlagen dürfen die anschließenden Rohrleitungen der außer Betrieb befindlichen Turbinen nicht unter freien atmosphärischen Druck gesetzt, also belüftet werden, sondern es ist erforderlich, sie zwecks unbedingter Wegführung etwa eindringender Dämpfe unter schwacher Luftleere zu halten. Abb. 181 zeigt die Anordnung einer Absaugeeinrichtung durch die Kondensationsanlage einer in Betrieb befindlichen zweiten Turbine. In Anlagen mit einer größeren Anzahl Turbinen wird diese Absaugeeinrichtung zweckmäßig an eine besondere Luftpumpe angeschlossen.

VI. Schwingungen der Turbinenräder und -schaufeln.

51. Die Ursachen der Schwingungen.

Die neuere Entwicklung hat auch im Turbinenbau die Gefahr der Dauerbrüche im Zusammenhang mit einer Steigerung der konstruktiv beabsichtigten Beanspruchungen durch Resonanz näher gebracht. Derartige Beanspruchungssteigerungen finden sich sowohl bei den Rädern als auch den Schaufeln der Turbinen. Diese Konstruktionselemente sind bei der Drehung periodischen Beanspruchungen ausgesetzt durch die Schwankung der betriebsmäßig vorhandenen Kräfte infolge Unterbrechungen der regulären Strömungsverhältnisse bei partieller Beaufschlagung oder durch die endliche Dicke der Düsenbleche. Ferner sind noch solche Variationen durch Zufälligkeiten möglich, indem periphere Strömungsstörungen in der Turbine durch Stauwirkungen oder Störungen an den Teilfugen der Zwischendeckel vorkommen können.

52. Die Sicherungen gegen Schwingungen.

Die Lösung der Aufgabe der Sicherung der Schaufeln gegen Schwingungen kann zunächst durch Kleinhaltung der eben erwähnten Einflüsse angestrebt werden. Hier wird in erster Linie der Einfluß der endlichen Dicke der Düsenbleche zu beseitigen sein, indem man diese entweder zuschärft oder durch möglichst große Zahl der Leitschaufeln für ununterbrochene Dampfströmung sorgt. Auf die partielle Beaufschlagung wird man nicht verzichten können, ebenso ist es zweckmäßig — namentlich bei großen Turbinen — stets mit kleinen zufälligen Störungen der Dampfströmung zu rechnen. Somit muß man bei der Konstruktion stets im Auge behalten, daß periodische Beanspruchungen der Schaufeln und der Räder in Turbinen unvermeidlich sein werden. Diesem Umstand hat man zu begegnen dadurch, daß man die regulären Schaufelbeanspruchungen, namentlich die Biegungsbeanspruchungen, denen die Störungsbeanspruchungen proportional sind, von vornherein durch kräftige Konstruktion so niedrig wie möglich hält und im übrigen an den Befestigungsstellen der Schaufeln starke und unvermittelte Querschnittsänderungen vermeidet.

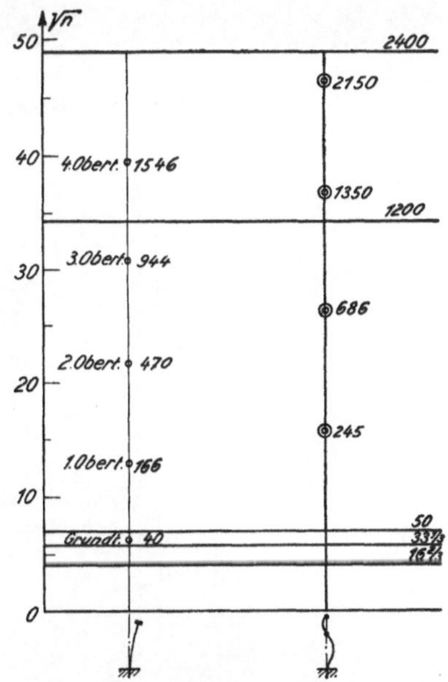

Abb. 186. Erhöhung der Schaufel-Schwingungszahlen durch Bindedrahtversteifung. Die mit ○ bezeichneten Schwingungszahlen gelten ohne, die durch ◎ bezeichneten mit Bindedraht.

Andererseits aber ist es erforderlich, durch die Konstruktion dafür zu sorgen, daß die Schwingungszahlen der Schaufeln und Räder von den gefährlichen kritischen Gebieten ferngehalten werden, wobei zu beachten ist, daß die konstruktiv beabsichtigten Schwingungsverhältnisse im Rade häufig durch die Betriebsverhältnisse weitgehende Änderungen erfahren, wenn hier nicht durch besondere Maßnahmen vorgebeugt wird. Insbesondere ist es wiederum die gute Befestigung der Schaufeln und Räder, welche sichere Schwingungsverhältnisse in der Maschine gewährleistet.

Ein besonderes Mittel der Schwingungssicherung bietet die Versteifung der Schaufeln durch Bindedrähte. Dieses Mittel wirkt zunächst im allgemeinen konstruktiv ver-

Abb. 187. Gesamtanlage für Schaufelschwingungsmessungen.

Abb. 188. Einspannvorrichtung für Schaufelschwingungsmessungen.

stärkend, dann aber auch besonders im Sinne einer Verlegung der Schaufeltöne in größere Höhe, Abb. 186, also von der Resonanz nach oben abrückend, ähnlich wie man die kritische Drehzahl von Wellen möglichst hoch legt.

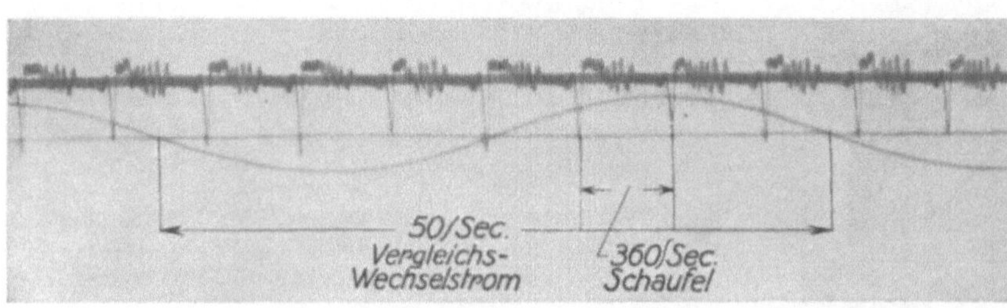

Abb. 189. Oszillographische Messung einer Schaufelschwingungszahl.

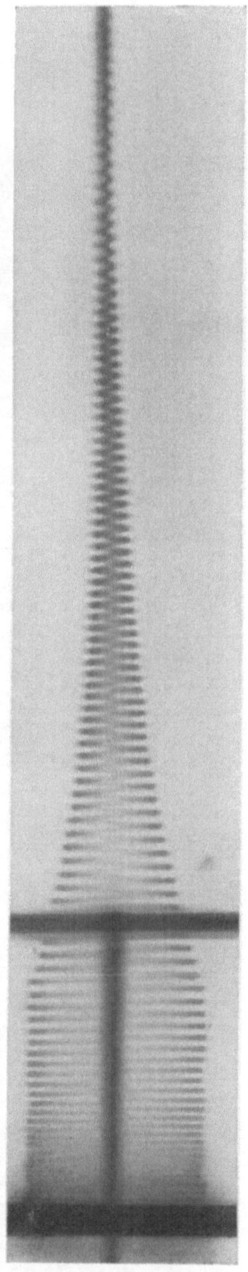

Abb. 190. Schaufel mit verstärktem Fuß. Bis zur Schulter eingespannt. $l = 360$, $b = 40$, tangentiale Schwingung.

53. Die Schwingungsprüfung.

Die so umschriebene Aufgabe erfordert neben der konstruktiv rechnerischen Behandlung auch fortdauernde experimentelle Schwingungsprüfung der Schaufeln und Räder. Die Abb. 187 und 188 zeigen eine in der Turbinenfabrik der AEG geschaffene Anordnung zur Messung der Schwingungszahlen von Schaufeln. Letztere werden entsprechend ihrer Befestigung im Rade in die Apparatur eingespannt, durch einen kleinen Elektromagneten mit Hilfe von Wechselstrom oder unterbrochenem Gleichstrom in Resonanz erregt (mit Hilfe einer Lichtstrahlspiegelung wird die Wechselzahl des Erregerstromes auf höchsten Ausschlag der Schaufel eingestellt), wobei dann die Schwingungsbewegung der Schaufel entweder stationär mit dem Oszillographen (Abb. 189) oder im Abklingen mit Hilfe einer photographischen Registriertrommel (Abb. 190) aufgenommen wird. Die letztere Methode gestattet auch noch, die Dämpfung der Schaufel zu messen, die für die Ermittlung der tatsächlichen Resonanzbeanspruchungen von Wichtigkeit ist.

Abb. 191 und 192 zeigen die kürzlich in der Turbinenfabrik der AEG in Betrieb genommene Anlage zur Untersuchung der Scheibenschwingungen von Turbinenrädern im rotierenden Zustande. Mit dieser Anlage können die axialen Vibrationen von Turbinenscheiben sowohl relativ zu einer mitrotierenden starren Scheibe als auch im absoluten Raum elektromagnetisch unter Zuhilfenahme einer Elektronenröhrenverstärkung für die sehr schwachen Schwingungsströme in einem Oszillographen sichtbar gemacht und registriert werden. Ein mit dieser Anlage gewonnenes Scheibenschwingungsbild zeigt Abb. 193.

Die Abb. 194 zeigt schließlich eine graphische Darstellung der rechnerisch ermittelten Schwingungsverhältnisse der größten Räder der im Jahre 1924/25 gelieferten 50000 kW-Maschinen für das Goldenbergwerk.

Abb. 191. Versuchsanlage zur Messung der Axialschwingungen rotierender Turbinenscheiben.

Abb. 192. Elektromagnet zur Anzeige von Turbinenscheibenschwingungen.

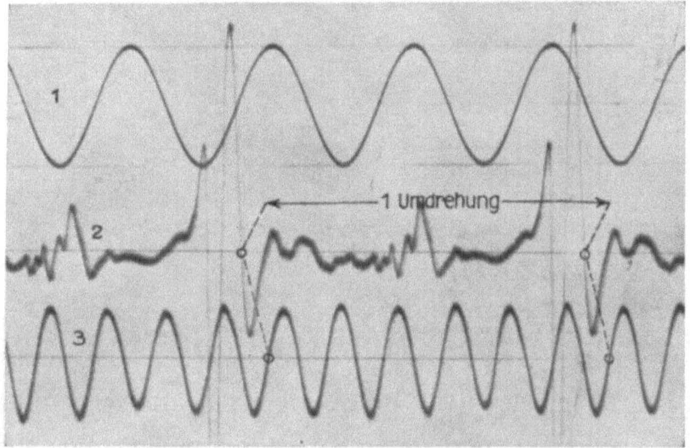

Abb. 193. Oszillographisches Scheibenschwingungsbild. Kurve 1: Zeitkurve (Wechselstrom von 50 ~). Kurve 2: Maschinendrehung (1230 Umdr/min). Kurve 3: Scheibenschwingung (mit 3 Knoten-Durchmessern; Frequenz 62/sek, Schwingungsweite am Kranz ca. 4 mm).

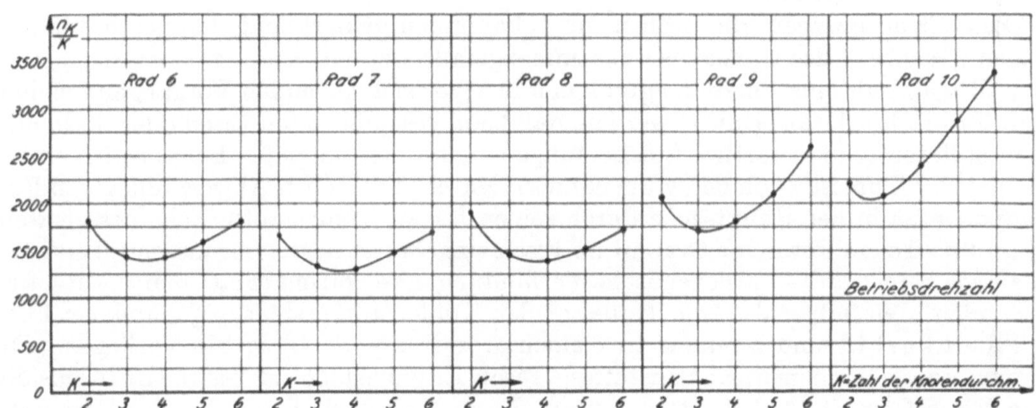

Abb. 194. Scheibenschwingungsbilder der 5 letzten Räder der 50000 kW-Maschinen 9 und 10 des Goldenbergwerks.

VII. Gußeisen als Werkstoff für dampfführende Teile.

54. Das Wachsen des Gußeisens und seine Ursachen.

Die Gehäuse, Zwischendeckel und sonstigen Teile der Turbinen, soweit sie aus Gußeisen hergestellt sind und von Dampf höherer Temperatur bestrichen werden, geben gelegentlich dadurch zu Störungen Anlaß, daß einzelne Stücke ihre Dimensionen im Laufe der Zeit ändern und dort, wo sich dieser Änderung Widerstand bietet oder wo die Stücke einseitigen Belastungen ausgesetzt sind, sich verziehen und verspannen. Auch kommt es vor, daß das Gußeisen seine Festigkeit mehr oder weniger einbüßt, mürbe wird und zerfällt.

Diese Erscheinungen, die noch nicht vollkommen geklärt sind, können unter dem Namen „Wachsen des Gußeisens" zusammengefaßt werden.

Will man sich eine Vorstellung von den hier vor sich gehenden Vorgängen machen, so muß zunächst daran erinnert werden, daß beim geschmiedeten Eisen oder Stahl oder beim Stahlformguß derartige Erscheinungen nicht vorkommen. Bekanntlich unterscheidet sich Gußeisen von den vorgenannten Materialien neben Abweichungen anderer Komponenten in der Hauptsache durch seinen hohen Kohlenstoffgehalt, dessen weitaus größter Teil in Form von Graphit im Eisen eingebettet liegt. Der kleinere Teil ist — genau wie beim Stahl — als chemische Verbindung Eisenkarbid (Fe_3C) im Perlitgefüge vorhanden. Wir haben also beim Gußeisen den Kohlenstoff erstens in gebundener Form als Eisenkarbid und zweitens in elementarer Form als Graphit vorliegen. Das System des gebundenen Kohlenstoffes, Eisen-Eisenkarbid, ist halbstabil das System Eisen-Graphit stabil. Das System Eisen-Eisenkarbid hat die Tendenz unter Energieentwicklung in den stabilen Zustand — Eisen-Graphit — überzugehen, d. h. in freies Eisen und Graphit zu zerfallen. Diese Umwandlung ist mit einer Volumenvergrößerung verbunden.

Beim schmiedbaren Stahl oder Stahlformguß — ebenfalls Systeme Eisen-Eisenkarbid — tritt ein Zerfall des Eisenkarbids nicht ein, da dieser nach den Versuchen von Ruer und Jljin[1]) bei niedrigeren Temperaturen (400°) nur dann vor sich geht, wenn bereits früher ausgeschiedene Graphitnadeln, die als Keime wirken, vorhanden sind. Auch bei höheren Temperaturen (800°) scheidet sich — wie Charpy und Cornu an einem Material mit 0,15 C gezeigt haben[2]) — elementarer Kohlenstoff nur dann aus, wenn der Siliziumgehalt sehr hoch (3,8%) und der Mangangehalt niedrig (0,35%) ist. Schmiedbarer Stahl und Stahlformguß mit 3,8% Silizium kommen aber praktisch nicht vor und somit findet bei Stahl und Stahlformguß auch kein Zerfall des Eisenkarbids statt.

Bei Gußeisen erfolgt der Übergang aus dem halbstabilen in den stabilen Zustand sehr schnell, wenn das Eisen auf höhere Temperatur (etwa 800 bis 1000° C) erwärmt wird; der Zerfall des Eisenkarbids tritt aber auch ein, wenn das Eisen auf wesentlich niedrigere Temperatur erwärmt wird, sofern es nur diesen Temperaturen genügend

[1]) Heyn: Die Theorie der Eisen-Kohlenstoff-Legierungen. Berlin: Julius Springer 1924.

[2]) Oberhoffer: Das technische Eisen. Berlin: Julius Springer 1925.

lange ausgesetzt ist. Die als Keime wirkenden Graphitnadeln sind hier ja stets vorhanden.

Mit der Ausscheidung der Graphitnadeln während der Erstarrung und Abkühlung in der Form ist also beim Gußeisen der Prozeß der inneren Umwandlung nicht abgeschlossen; es scheidet sich weiter Graphit ab, wenn das Eisen neu erwärmt wird und zwar um so kräftiger, je höher die Temperatur ist.

55. Wahl der Zusammensetzung des Gußeisens.

Die Ausscheidung der Graphitnadeln ist um so stärker, je höher der Silizium- und je niedriger der Mangangehalt ist. Phosphor und Schwefel dürften keinen großen Einfluß auf die Ausscheidung des Graphits haben, solange sich diese Komponenten in zulässigen Grenzen bewegen. Es empfieht sich ja auch, mit Rücksicht auf die Festigkeit und Sprödigkeit, diese Grenzen so niedrig als möglich zu ziehen.

Auch die Abkühlungsgeschwindigkeit des Eisens nach dem Erstarren spielt bei der Graphitausscheidung eine Rolle. Da jedoch die Regelung der Abkühlungsgeschwindigkeit, besonders bei komplizierten Gußstücken, mit Schwierigkeiten verbunden ist und praktisch nur in vereinzelten Fällen (Vorwärmen der Formen, Beilage von Kokillen) vorkommt, soll die Frage der Abkühlungsgeschwindigkeit hier nicht weiter erörtert werden. Nur soviel sei gesagt, daß langsame Abkühlung, also kleine Abkühlungsgeschwindigkeit, die Graphitausscheidung begünstigt.

Man ist also bei richtiger Wahl der Zusammensetzung des Gußeisens in der Lage, die Ausscheidung des Graphits zu beeinflussen und so die schädliche Wirkung einer allzu reichlichen Graphitausscheidung herabzusetzen. Die AEG schreibt daher seit langer Zeit für ihre Turbinen-Gußstücke den Gießereien die Zusammensetzung des Gußeisens vor und zwar:

C	3,2—3,4
Si	1,2—1,5
Mn	0,8—1,0
P	0,4 max.
S	0,1 max.

Diese Vorschrift dürfte allen billigen Anforderungen genügen. Den Siliziumgehalt weiter herabzusetzen empfiehlt sich nicht, da alsdann, besonders bei kleineren Wandstärken, die Gefahr des Weißerstarrens, also des Hartwerdens der Stücke besteht. Auch müssen die Schwierigkeiten berücksichtigt werden, die den Gießereien, die fast ausschließlich im Kupolofen schmelzen, durch die Eigenart dieses Ofens entstehen.

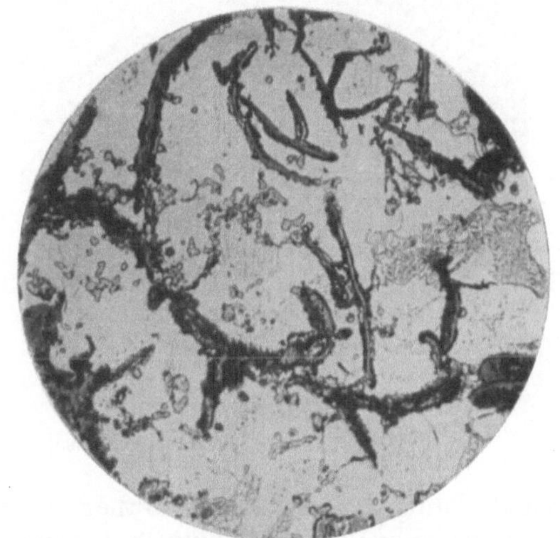

Abb. 195. v = 100 — Zersetztes Gußeisen: Graphit, Ferrit, Eisenphosphid, an den Graphitnadeln entlang Oxyde, geätzt mit 1% Alkohol HCl + Pikrinsäure.

Wie wichtig eine richtige Zusammensetzung des Gußeisens ist, erhellt weiter daraus, daß mit der Umwandlung des Gefüges das Wachsen und die Veränderung des Eisens überhaupt sein Ende noch nicht erreicht hat. Die Änderung der Dimensionen eines jahrelang in Betrieb gewesenen Stückes beträgt manchmal mehrere Millimeter; dabei ist das Eisen teilweise mürbe und gelegentlich lassen sich Stücke schon mit der Hand abbrechen. Dies alles läßt sich mit der Umwandlung des karbidischen in ein graphitisches Gefüge allein nicht erklären.

Die Untersuchungen, die ausgeführt wurden, um die eigentliche Ursache der weiteren Zerstörung des Eisens festzustellen, haben zu einem vollkommen befriedigenden Ergebnis noch nicht geführt. So wird die Zerstörung des Eisens einmal auf Oxydation des Eisens und dessen Begleitelemente zurückgeführt; andere Forscher machen den Druck der im Gußeisen eingeschlossenen Gase für das Wachsen verantwortlich. Wie dem auch sei, die Tatsache steht fest, daß nicht richtig gattiertes Gußeisen im Laufe der Zeit auch bei niedrigen Temperaturen, oft schon bei 150 oder 200° C, wächst und sich in mehr oder weniger großem Maße zersetzt und zermürbt.

Abb. 195 zeigt das Gußeisen eines Turbinengehäuses nach ca. 10 Jahren Betriebszeit. Die chemische Untersuchung dieses Eisens ergab folgende Werte:

C	3,22
Si	2,26
Mn	0,32
P	1,14
S	0,1

Das Gefüge, im wesentlichen aus freiem Eisen und Graphit bestehend, läßt den gewünschten Perlit ganz vermissen. Der Perlit ist im Laufe der Zeit zu freiem Eisen und Kohlenstoff zerfallen, wobei der Kohlenstoff von den Graphit-

v = 100 v = 500

Abb. 196—197. Gutes Gußeisen: Graphit, Perlit, geätzt wie bei Abb. 195.

nadeln aufgesaugt wurde. Daher auch die großen und kräftig ausgebildeten Graphitnadeln; das Silizium hat seine Schuldigkeit im unerwünschten Sinne getan. An den Graphitnadeln entlang findet man Stellen, die deutlich eine Oxydation erkennen lassen; hier hat also die Zerstörung des Eisens bereits einen erheblichen Umfang angenommen. Der Mangangehalt ist sehr niedrig, dagegen der Phosphorgehalt außerordentlich hoch, was im Bild im Gefügebestandteil Eisenphosphid zum Ausdruck kommt. Das Gefüge weist ferner einige Schlacken auf, die sich im Bild als kleine Inselchen zeigen.

Gußeisen, wie es sein soll, zeigen Abb. 196 und 197 mit folgender chemischer Zusammensetzung:

C	3,2
Si	1,2
Mn	0,81
P	0,127
S	0,075

Dieses Gußeisen mit seinem feinen Perlitgefüge und den eingelagerten feinen Graphitnadeln sowie seinem niedrigen Si-Gehalt ist beständig und wird sich auch bei höheren Temperaturen nicht so leicht in freies Eisen und Graphit umwandeln.

Ein Gußeisen, bei dem Silizium und Mangan in den richtigen Grenzen gehalten werden und bei dem ein perlitisches Gefüge mit eingelagerten feinen Graphitnadeln vorhanden ist, bietet die beste Gewähr gegen Wachsen und Zerstörung des Gußeisens überhaupt. Ist die Umwandlung einmal eingetreten, das Gefüge also aufgelockert, so ist die weitere Zersetzung des Gußeisens nur eine Frage der Temperatur und Zeit, wobei der Dampfdruck, wahrscheinlich auch die im Dampf enthaltenen Gase, eine Rolle spielen.

Bestrebungen, das so lange vernachlässigte Gußeisen zu verbessern und zu veredeln, sind allerorts im Gange; sie werden sicher zu einem Erfolg führen. Falsch wäre es jedoch, den Gießereien zu scharfe, heute noch unerfüllbare Bedingungen zu stellen; sie können leicht Mißerfolge zeitigen.

VIII. Die Dynamorotoren.

56. Der Probelauf mit erhöhter Umlaufzahl.

Im Laufe der Jahre ist eine nennenswerte Anzahl schwerer Zerstörungen durch Zerspringen der Rotoren von Turbogeneratoren bekannt geworden, doch nicht ein einziger Fall an einer AEG-Turbodynamo. Die Gründe, weshalb an den AEG-Maschinen kein Rotor zerborsten ist, dürften in einer höheren Sicherheit, in der Übersichtlichkeit ihrer Konstruktion und in der sorgfältigen Untersuchung des zur Verwendung kommenden Materials liegen. Es wurden von Anbeginn alle zur Lieferung kommenden Rotoren der Dynamomaschinen für 3000 Umdr./Min. mit einer um 50% erhöhten Umlaufzahl während einer verhältnismäßig langen Zeitdauer — 30 Minuten — geprüft[1]). Auch bei dieser Erprobung, bei der also die Materialbeanspruchung das $2^1/_4$fache der Betriebsbeanspruchung beträgt, ist außer mehreren leichten Anständen nur in der ersten Zeit eine einzige schwere Zerstörung im Prüfstand eingetreten. Nachdem der gemachte Fehler erkannt, war seine Beseitigung nicht schwierig und somit konnte die um 50% erhöhte Umlaufzahl als zuverlässig gelten und später ohne Bedenken auf 30% herabgesetzt werden. Die volle Verantwortung für die gelieferte Maschine und so auch für die Prüfung des Materials trifft eben doch den Konstrukteur; diese stete Prüfung des Materials, und zwar eine laufende gründliche Prüfung, ist mindestens ebenso wichtig wie die Frage der „rechnerisch zulässigen Beanspruchung", wie die weitere Frage, ob mit Streckgrenze oder mit Zugfestigkeit oder ob mit der mittleren oder der höchsten rechnerischen Beanspruchung gerechnet werden soll. Lassen doch heute noch Abnahmebeamte gelegentlich zu, daß die für die Güte des Materials maßgebenden Proben von dem eigentlichen Werkstück abgetrennt und besonders ausgeschmiedet oder noch einer besonderen Glühbehandlung unterworfen werden, trotzdem hierdurch die Zahlen der Festigkeit oder der Streckgrenze in einer ähnlichen Größenordnung, wie oben für die rechnerische Überlegung angedeutet, beeinflußt werden. Häufig werden unzulässigerweise auch noch für eine allenfalls erforderlich werdende nachträgliche Glühbehandlung des Körpers nebengelegte Stücke als maßgebend für die Materialprüfung angesehen. Für den Konstrukteur ist schließlich erst der jahrelange Dauerbetrieb die eigentliche Schlußprüfung, aber ebenso wie es seine Aufgabe ist, die sich ergebenden Betriebserfahrungen zu benutzen, ist es auch seine weitere Aufgabe, etwa vermutete Erfahrungen schlimmer Art in abgekürztem Verfahren zu erlangen; hierfür bietet der Probelauf mit Übergeschwindigkeit die Handhabe.

Wenn eine solche Probe an jeder einzelnen Maschine durchgeführt wird, so geht der Konstrukteur bereits beim Durcharbeiten seiner Konstruktion und die Werkstatt bei der Ausführung von dieser erhöhten Umlaufzahl als der tatsächlichen Grund-

[1]) Gegen ein Durchgehen der Dampfturbinen und ihrer Dynamos im Betrieb sind dieselben bei ordnungsgemäßer Wartung und genügender Pflege durch einen zweiten, vom Hauptregulator vollkommen unabhängigen Sicherheitsregler geschützt (vgl. Fußnote S. 55 Auszug aus den Betriebsvorschriften, und Abschnitt 32: Havarie einer Radscheibe, aber nicht des Dynamorotors).

lage aus, indem die Maschine für diese und nicht nur für die eigentliche Betriebsumlaufzahl gebaut wird. Gegenüber einem lediglich rechnerischen Nachweis der genügenden Sicherheit in dem Konstruktionskörper hat die stete Durchführung dieser Erprobung mit einer 30—50% betragenden Übergeschwindigkeit auch noch den großen Vorteil, daß das Nachweisen dieses Sicherheitsgrades von der Art des Rechnens und von Zufälligkeiten im Material unabhängig ist.

Bei den Dynamos, die durch Wasserturbinen angetrieben werden, ist es allgemein üblich, die beim Versagen der Regelung erreichbare, etwa 80% über der normalen Umlaufzahl liegende Höchstumlaufzahl als noch zulässig zu verlangen und auch zu erproben. Eine solche einheitliche Grenzzahl gibt es bei den Dampfturbinen nicht; die erreichbare höchste Umlaufzahl liegt zudem noch viel höher. Die Dampfturbinen erhalten deshalb außer dem vom Regulator betätigten Regulierventil noch einen zweiten Regler, der das Hauptabsperrventil auslöst und zum plötzlichen Zuschlagen bringt. Es hat sich im Laufe der Zeit als ausreichend erwiesen, diese Auslösung bei 10% Überumlaufzahl eintreten zu lassen, wie es sich auch als ausreichend erwiesen hat, diese bei gleichbleibender Belastung dauernd untätigen Organe wöchentlich einmal zu erproben. Ehe noch die besonderen Wochenberichte hierüber eingeführt waren und wohl auch gelegentlich noch heute, wurde auch dieses nur einmalige Arbeiten der Sicherheitsorgane von den Betriebsleuten als lästig, wohl auch als unnötig angesehen oder die Erprobung vergessen. Unter solchen Verhältnissen ist es dann nur als eine Frage der Zeit anzusehen, daß ein größerer oder kleinerer Unglücksfall eintritt.

Mehrere Fälle sind nachweisbar, daß selbst Maschinen, die schon jahrelang in Betrieb waren und deren Herstellung allen gerechten Anforderungen entsprach, bei plötzlichem Wegfallen der Last eine recht hohe Umlaufzahl angenommen haben, ehe durch die Regulierung, durch den Sicherheitsregulator oder durch den Maschinisten das Abstellen erfolgte. Am größten ist die Gefahr des Durchgehens bei Maschinen, die dauernd mit der gleichen Last fahren, deren Regulierung also nur in engsten Grenzen zu spielen hat. Abgesehen von obiger Forderung, mit einem Zeitaufwand von nur wenigen Minuten die Sicherheitsorgane regelmäßig zu erproben, besteht die einzige Sicherheit gegen Unfälle in der bei der Schleuderprobe als zulässig erwiesenen Steigerung der Umlaufzahl. Für die Dynamorotoren hat sich diese um 30—50% gesteigerte Umlaufzahl als ausreichend erwiesen. Ein Prüfen der Turbinenrotoren hat sich, abgesehen von der Erwärmungsprobe der Welle, als unnötig herausgestellt. Das Schmiedestück eines Induktors ist nach jeder Richtung hin weitaus schwieriger als irgendein Teil des Turbinenrotors.

In einer Kraftanlage mit vier Turbodynamos von je 16000—20000 kW liefen alle vier Maschinen mit Vollast, als plötzlich die ganze Last herausgerissen werden mußte. Zwei der Maschinen wurden vom Regulator ordnungsgemäß auf der Betriebsumlaufzahl gehalten, die dritte wurde vom Sicherheitsregler gefangen und die vierte ging durch, bis sie sich bei nahezu doppelter Umlaufzahl (2800—3000 gegenüber 1500 Betriebsumlaufzahl) doch noch abstellte. Keine Radscheibe der Turbine war geborsten; der Läufer der Dynamo hatte in den Lagerstellen einen Schlag von nur einem zehntel Millimeter bekommen und ist nach leichtem Überschlichten seiner Lagerschenkel seit Jahren wieder in anstandslosem Dauerbetrieb. Der Aufbau des Induktors hatte sich auch bei dieser unfreiwilligen hohen Probe einwandfrei bewährt. Die Formveränderungen der Turbinenräder und der Laufschaufeln boten in seltener Klarheit einen einwandfreien Anhalt für die von der Maschine erlangte höchste Umlaufzahl. Die Ursache des Schadens war einwandfrei nachweisbar: verschmutzte Ventilspindeln und trotz größerer Bauarbeiten im Kraftwerk seit langer Zeit keine Erprobung dieser Teile; der Umfang des Schadens war ein kleiner Bruchteil desjenigen, der im Falle eines Zerberstens des Dynamorotors eingetreten wäre.

Die Schleudergrube für die Rotoren der Turbodynamos.

Die Probe mit Übergeschwindigkeit wird bei allen Dynamorotoren in einer besonders hergestellten Grube durchgeführt (Abb. 198). Für die Sicherheit des Bedienungspersonals wird die Grube während des Betriebes mit schweren Holzblöcken abgedeckt. Der Antrieb der raschlaufenden Rotoren erfolgt mittels einer direkt gekuppelten Dampfturbine, früher je nach ihrer Größe auch durch mehrere Elektromotoren mittels Stahlbändern. Die eisernen Antriebsscheiben sind hierfür mit dünnem Stoff beklebt

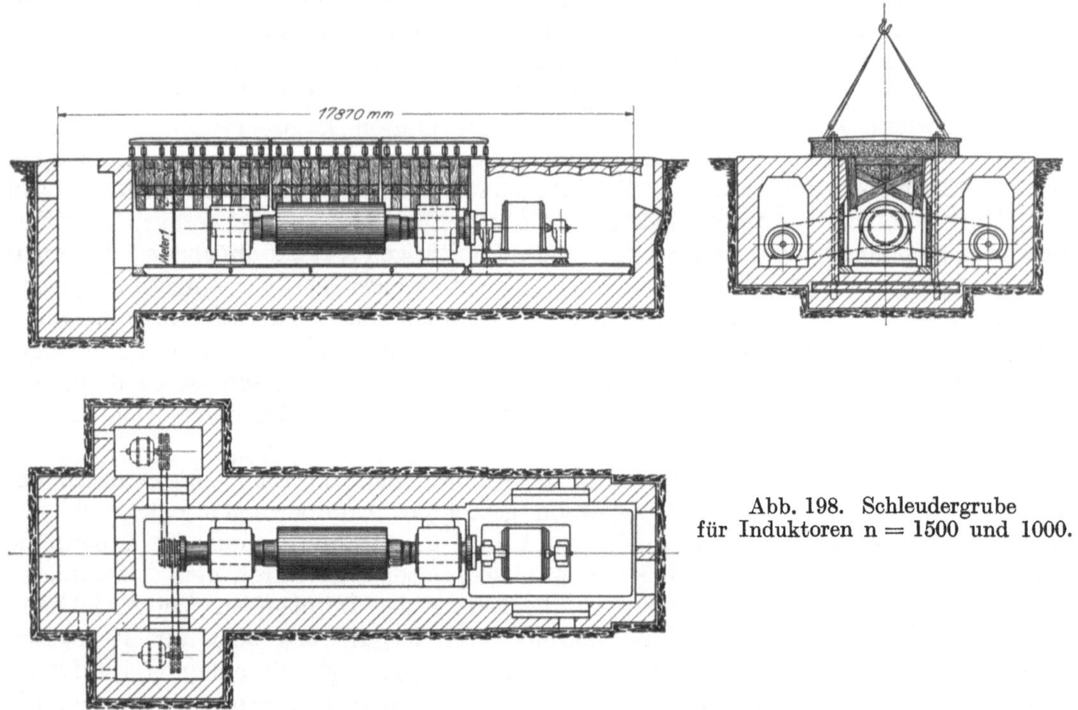

Abb. 198. Schleudergrube für Induktoren n = 1500 und 1000.

und die 0,25 mm starken Stahlbänder, deren Umlaufgeschwindigkeit bis auf 200 und 250 m/sek. gesteigert werden mußte, durch ein Schloß nach Art der Kesselblechverbindungen durch unmittelbares Überlappen der Enden geschlossen. Die Geschwindigkeit der Zapfen in den Lagern beträgt bei den größten Rotoren während der vollen Probegeschwindigkeit bis zu etwa 60 m/sek.

Abb. 198 zeigt die Schleudergrube für die Rotoren größter Abmessungen mit dem eingebauten Rotor einer Dynamo von 60000 kVA Dauerlast. Grundsätzlich ist die Anordnung auch für kleinere Induktoren der oben geschilderten ähnlich; zum Betrieb dient ein direkt gekuppelter Motor. Die Umlaufgeschwindigkeit der Welle in den Lagern beträgt auch hier während des Schleuderversuches bis etwa 60 m/sek.

57. Der allgemeine Aufbau des AEG-Induktors.

Zur Erleichterung des Verständnisses der nachfolgenden Betrachtungen sei kurz einiges über den konstruktiven Aufbau der Induktoren eingeschaltet (Abb. 199). Der Induktor erhält durch Ausfräsen am ganzen Umfang eine Anzahl von Schwalbenschwanznuten zur Aufnahme von prismenförmigen Haltepaketen, zwischen welche die in getrenntem Fabrikationsgang hergestellten, den Erregerstrom führenden isolierten Spulen eingebettet werden. Die Haltepakete werden durch auf die Spulen gelegte Keile mit Gegenkeil hart nach außen gezogen, bzw. durch die Keile wird im Betrieb die Zentrifugalkraft der Spulen auf die Prismen übertragen. Die Herstellung der Spulen geschieht auf Spezialwickelmaschinen, die durch eine besondere Einrichtung die 20—50 Windungen entsprechend dem allmählich größer werdenden Durchmesser mit verschiedener Breite aufwickeln. Nachdem zwischen die einzelnen Windungen das erforderliche Isolationsmaterial gelegt ist, werden die Spulen in schwere

Abb. 199. Der Aufbau des AEG-Induktors.

Pressen eingepackt (Abb. 200), um nach mehrmals erneutem Nachziehen in großen Vakuumöfen bei hoher Temperatur gebacken zu werden. Durch den mit dem Isoliermaterial aufgebrachten Klebstoff backen die einzelnen Spulenlagen fest zusammen und bilden einen starren Konstruktionskörper, der mit einer elektrischen Versuchseinrichtung gegen kurzgeschlossene Windungen geprüft wird.

Eine Reihe von Erfahrungen war zu machen, ehe die Herstellung der Spule mit voller Sicherheit gelang; insbesondere auch die Pressen selbst ergaben manche Schwie-

Abb. 200. Induktorspulenpressen.

Abb. 201. Induktor 60000 kVA, n = 1000, Gewicht 105 t.

rigkeit, und erst nachdem die einzelnen Hebel große Längen erhalten hatten und als Kniehebel mit einer großen Übersetzung ausgebildet waren, blieben Brüche an den Pressen erspart. Die Temperaturdifferenz, um die es sich für diese hartangespannten Teile handelt, beträgt immerhin 100° C.

Die fertigen Spulen werden auf den Hauptkörper aufgebaut und mit den Prismen zugleich in ihre richtige Lage gebracht.

Abgesehen von den Materialfragen: Herstellen der Haltepakete aus einem ganz vorzüglichen Material und Prüfen jedes einzelnen Stückes auf hohe Überlast, bietet die beschriebene Bauart den Vorteil, daß die isolierten Teile als hartgebackene Körper eingebracht werden. Es steht also nicht zu befürchten, daß die Balance und der ruhige Gang des Induktors durch die hohe Umlaufgeschwindigkeit oder durch die im Betrieb entstehenden Wechsel der Erwärmung ungünstig beeinflußt werden. Die durch die Prismen und Keile auf dem Wellenkörper befestigten Spulen werden an den Enden durch Drahtbandagen gegen den Wellenkörper festgehalten, auch hier unter Beachtung der durch die Erwärmung beim Stromdurchgang auftretenden gegenseitigen Längungen. Abb. 201 zeigt den Induktor einer 60000 kVA-Dynamo mit den nahezu fertig aufgelegten Spulen und den diese haltenden Haltepaketen.

58. Der Induktorkörper.

Bei Beginn des Baues von Turbodynamos war eine Einheitsleistung von 1000 kW schon eine Maschine ganz erheblicher Größe. Abb. 202 zeigt das Anwachsen der Maschinengrößen von z. B. 3000 Umdr/Min. im Laufe der Jahre. Abb. 203 zeigt einen Monatsbericht über die erzielten Gütezahlen von Induktorwellen, woraus ersichtlich ist,

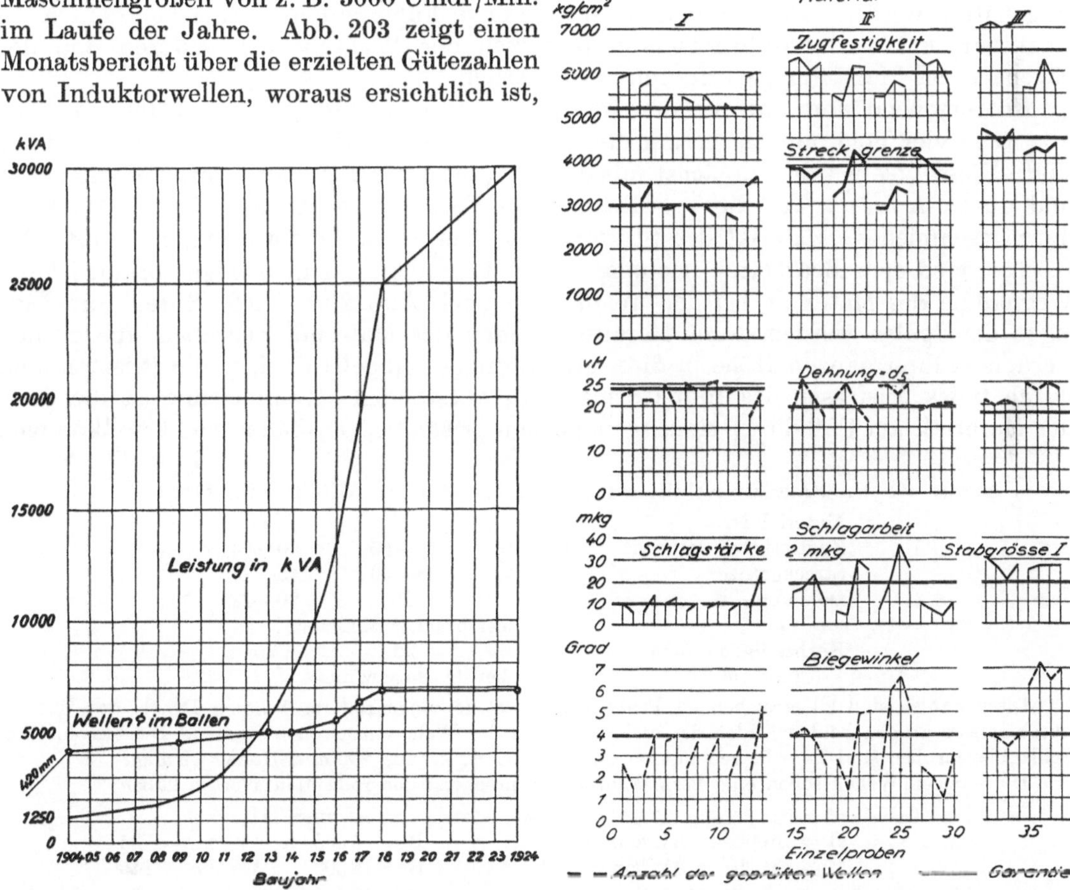

Abb. 202. Entwicklung der Einheitsleistung bei n = 3000.

Abb. 203. Monatsbericht eines Stahlwerkes über Induktorwellen.

daß die verlangten Werte im allgemeinen eingehalten wurden. Schwieriger war und ist heute noch das Erreichen ähnlicher Zahlenwerte bei den Rotoren niedriger Umlaufzahlen, bei denen also die Hauptabmessungen erheblich größer sind als bei jenen der vorgenannten hohen Umlaufzahl. Die Stahlwerke kamen im Laufe der Jahre mit ihren Einrichtungen, insbesondere für die Rotoren kleinerer Abmessungen, immer weiter und weiter voran, so daß sich heute die für das Material III (Abb. 203) verlangten Werte mit mindestens der gleichen Sicherheit erzielen lassen wie bei Material I oder II für die Rotoren größerer Abmessungen[1]). Der von den Stahlwerken erzielte Fortschritt ermöglichte im Zusammenhang mit einer immer mehr durchdachten und durchprüften Konstruktion das Anwachsen der Einheitsleistungen der Turbodynamomaschinen bei der Umlaufzahl n = 3000 bis zu 25000 und 30000 kVA. Der heute in den Maschinen von 16000—20000 kVA bei n = 3000 vorhandene Sicherheitsgrad steht dem anfänglichen bei 1000 kVA und n = 3000 rechnerisch nur um weniges nach, der tatsächliche Sicherheitsgrad ist hingegen, dank der Zuverlässigkeit des Materials und der bezüglichen Prüfungen, heute eher noch größer als in den ersten Jahren des Turbinenbaues.

Stillschweigende Voraussetzung ist im gesamten Maschinenbau, daß die verlangten Festigkeitseigenschaften des Materials auch an allen Stellen des Körpers wirklich vorhanden sind, insbesondere an den Stellen höchster Beanspruchung. So selbstverständlich diese Forderung für den Konstrukteur ist, so wird sie doch häufig seitens des Stahlwerkes nicht eingehalten, bzw. sie kann nicht immer ohne weiteres eingehalten werden. Deshalb gerade ist eine enge Fühlungnahme zwischen dem Konstrukteur und dem Stahlwerksmann bezüglich der Wünsche des ersteren und der Eigenart des Herstellungsverfahrens erforderlich.

Entsprechend dem Zwecke der Induktoren tragen diese bei n = 3000 zwei, bei n = 1500 vier Pole, um die herum die den Erregerstrom führenden Spulen aufgebaut sind. Diese Pole wurden zunächst mit dem Hauptkörper aus dem Ganzen geschmiedet und durch Abfräsen auf die gewollte genaue Form gebracht (Abb. 204). Das bestdurchgeschmiedete Material des Stückes kam hierbei in Fortfall, zudem mußte der Körper nach dem Bearbeiten nochmals geglüht werden. Nicht weniger brutal ist die Wegnahme des Materials bei der Ausführung nach Abb. 205. Tiefe Nuten zum Einlegen der Spulen werden durch Herausschneiden des Materials gegraben; die Spulen werden in ihrer ganzen Höhe in diese Ausfräsungen eingebaut, d. h. die Prismen sind durch tiefes Ausfräsen des Induktormaterials entstanden. Zweifelsohne ist die Güte des Materials am Fuß dieser stehengebliebenen prismatischen Zähne nicht vollkommen

---

[1]) Auszug aus den Materialvorschriften für Induktorwellen der AEG-Turbinenfabrik:

Material Nr.	I	II	III
Zugfestigkeit kg/mm²	50—52	60—65	60—65
Streckgrenze „	30—32	38—40	45—48
Dehnung °/₀	22	20	20—18
		bei 5facher Meßlänge	
Kerbzähigkeit mkg	10	20	20
(Stabform I)		bei 4° Biegewinkel.	

Diese Zahlen sind zu erreichen an Probestäben, welche tangential im äußeren Drittel des Wellendurchmessers an den beiden Enden des dicksten Teiles der Welle entnommen werden. Die tangentialen Schlagbiegeproben sind zu schlagen mit einem Bär von 10 kg aus 200 mm Höhe = 2 mkg.

Die fertigen Wellen sollen eine Permeabilität entsprechend den folgenden Werten haben:

I		II und III	
B = 15000	AW/cm = 30	B = 15000	AW/cm = 35
B = 18000	AW/cm = 120	B = 18000	AW/cm = 145

Nach dem Schmieden sind die Wellen vorzuschruppen, tunlichst frei hängend, sonst gut unterlegt zu glühen und langsam im Ofen erkalten zu lassen, damit die etwa im Material enthaltenen Spannungen verschwinden. Hierauf sind die Wellen gegebenenfalls zu vergüten, vom Abnahmebeamten zu stempeln und danach auf 2 mm Schnitt vorzudrehen und die Proberinge herauszustechen; diese dürfen in keiner Weise irgendwie nachbehandelt werden.

Die Wellen werden in der Turbinenwerkstatt, während sie ganz langsam rotieren, auf 150° C erwärmt und dürfen sich bei dieser Warmprobe nicht mehr als 5/100 mm verziehen (Abb. 217).

vollwertig, abgesehen davon, daß die Prismen an sich in einem weit günstigeren Herstellungsverfahren erzeugt werden können. Die Gütezahlen des Materials in dem Ballen des immerhin nur kleinen Durchmessers bei Induktoren der Ausführung (Abb. 206) wurden mehrfach geprüft und bei tüchtigem Herunterquetschen des Körpers aus einem großen Block genügend gleichmäßig befunden (Abb. 207); doch lassen auch schon hier die nach der Wellenmitte zu leicht abfallenden Werte der Dehnung

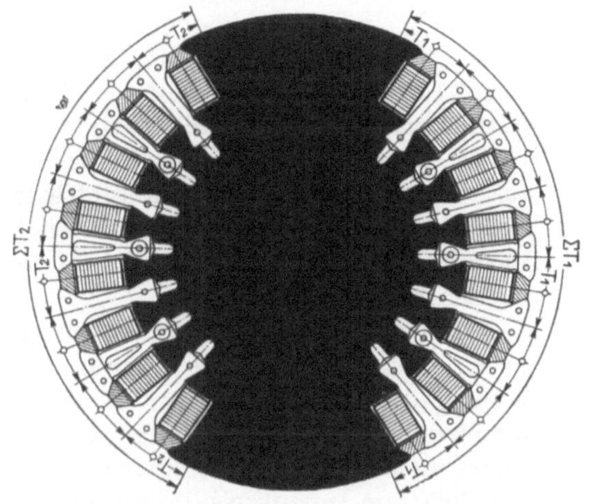

Abb. 204. Induktorwelle mit angewachsenen Polen.

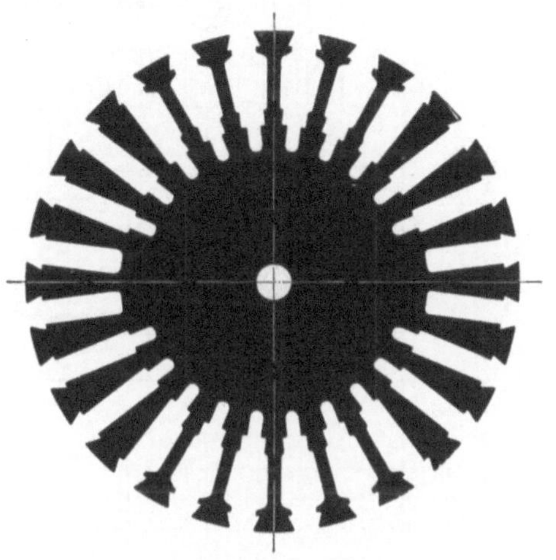

Abb. 205. Induktorwelle mit eingefrästen tiefen Nuten zur Aufnahme der Spulen.

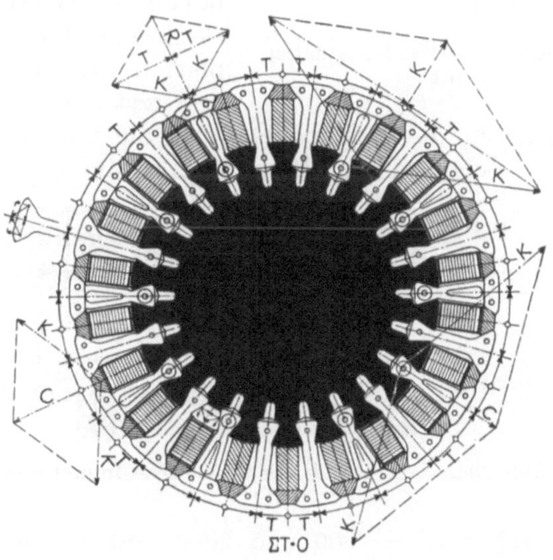

Abb. 206. Induktorwelle mit Nuten für die Halteprismen der Spulen.

und der Schlagarbeit erkennen, daß die Durcharbeitung des Materials im Kern nicht gleich gründlich sein kann wie nahe dem Umfang.

Die Ausführungsart Abb. 206 zeigt die von der AEG ausschließlich angewandte Bauart. Der Hauptschmiedekörper hat hier einen verhältnismäßig kleinen Durchmesser, die Erregerspulen sind in der schon beschriebenen Weise auf den äußeren Umfang dieses Hauptkörpers aufgelegt und durch die in Nuten gehaltenen hohen Prismen mittels eingetriebener Keile gehalten. Die Konstruktionsart enstand zwar zunächst aus der Forderung, die der hohen Umfangsgeschwindigkeit ausgesetzten stromdurchflossenen Spulen vor ihrem Einbau fertigstellen und prüfen zu können.

Gleichzeitig bedeutet sie aber auch vom Standpunkt der Güte des Materials einen Vorzug und außerdem bietet sie gegenüber der Konstruktion Abb. 204 und 205 noch den Vorteil des Fortfalles aller zusätzlichen Biegungsbeanspruchungen, da selbst bei einem nicht gleichmäßigen Antreiben der auf die Erregerspulen drückenden Verschlußkeile die Prismen sich nicht verlagern können, denn der ganze Aufbau der Haltepakete gleicht einer Kette und einseitige Beanspruchungen müssen sich von selbst ausgleichen; hingegen lassen sich bei den aus der vollen Welle herausgefrästen Polen und Haltepaketen zusätzliche Biegungsbeanspruchungen nicht vermeiden.

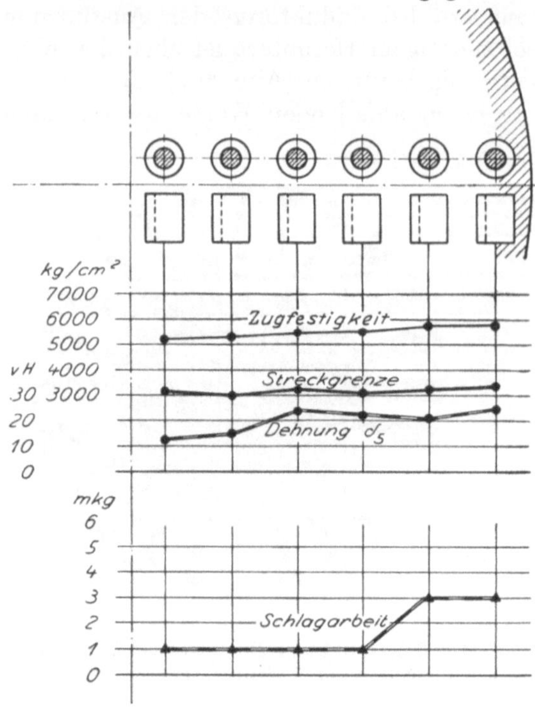

Abb. 207. Die verschiedenen Materialeigenschaften im Ballenquerschnitt.

Hohe Gütezahlen haben neben der zweckmäßigen chemischen Zusammensetzung des Stahlblockes gutes Durchschmieden zur Voraussetzung. Deshalb war es nicht mehr möglich, einen Induktor von 2000 mm Innenkreisdurchmesser der Erregerspulen für eine Dynamo von 60000 kVA Leistung aus einem Schmiedestück herzustellen. Es wurden daher Stahlplatten auf eine Welle hart aufgeschrumpft und erst diese tragen in gleicher Weise in Schwalbenschwanznuten die Haltepakete und die Spulen (Abb. 208). Über die Beanspruchung dieser Scheiben im Betrieb (n = 1000), bei der Schleuderprobe

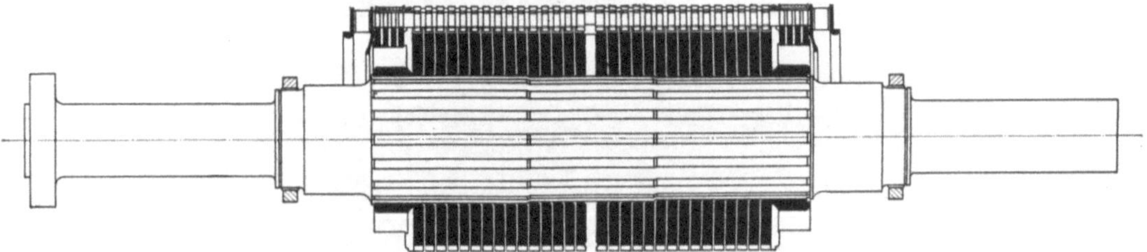

Abb. 208. Der Aufbau der 60000 kVA-Induktoren.

(n = 1500), den Vorproben (n = 1800 und 2000 und bis zur Zerstörung des Materials) und schließlich beim Schrumpfen selbst ist in dem allgemein gültigen Abschnitt 7 berichtet.

59. Die Haltezähne für die eingelegten Spulen.

Die mit verhältnismäßig geringem Anwachsen des Durchmessers sowie mit der Länge steigenden Schwierigkeiten in der Beschaffung von Induktorkörpern besten Materials waren ein weiterer Grund für den Aufbau der AEG-Induktoren mit eingesetzten oder — richtiger gesagt — mit aufgesetzten Haltepaketen. Die Gütezahlen der Induktorwellen finden in dem Material III (Abb. 209) ihre höchsten Werte und es dürfte praktisch unmöglich sein, hierin noch einen nennenswerten Fortschritt zu erzielen. Die Einrichtungen zum Glühen und zum Vergüten dieser Wellen mußten sich schon zu einer besonderen Vollkommenheit entwickeln, um diese Werte in allen Teilen der Welle mit voller Sicherheit zu erreichen. War der Ausgangspunkt für das eingesetzte Haltepaket die Möglichkeit, die Spulen in fertigem Zustande einzubauen, und war anfänglich das Material IV (Abb. 209) ausreichend, so stiegen die Anforderungen bald mit dem Bau von größeren Einheiten. So hochwertig wie die Turbinenschaufeln in ihrer Bedeutung als Maschinenelemente wurden, so hochwertig wurden

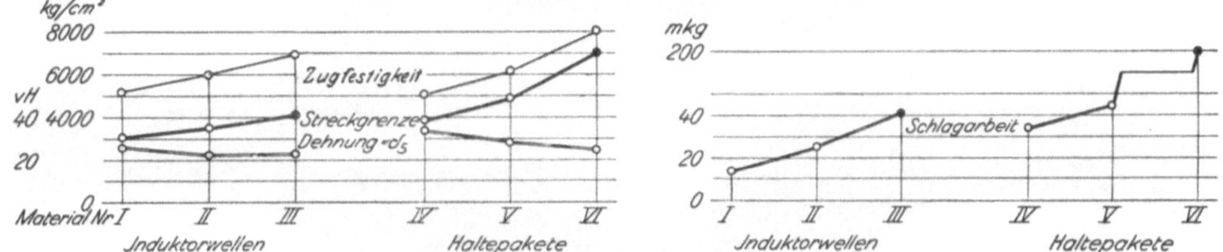

Abb. 209. Materialeigenschaften von Wellen und Haltepaketen.

auch vom Standpunkt des Dynamokonstrukteurs diese Haltepakete für die Induktorspulen.

Den Ausgangspunkt bildete zunächst das massive Induktorprisma; es wurde dazu vorerst Walzmaterial verwendet, bei dem die Walzfaser in der Längsrichtung des Induktors, also quer zur Beanspruchung lag. Diese Anwendung von Walzmaterial, auch solchem guter Qualität, erwies sich als unzulässig. Es zeigten sich sogar gelegentlich auch Längsrisse und es bestand die dauernde Gefahr, daß ein solcher Riß der Kontrolle entgehen könnte. Diese mit dem erwähnten Material untrennbar verbundene Unsicherheit brachte sehr bald den Übergang vom massiven Prisma zu dem lamel-

Abb. 210. Bei Erprobung mit 8—10facher Betriebsbelastung zerrissenes Prismenpaket.

lierten, aus 2 mm starken Blechen hergestellten Haltepaket. Die Sicherheit dieser Blechpakete gegen Zufälligkeiten im Material ist gewährleistet. Entsprechend der jeweiligen Beanspruchung werden für diese Bleche zwei Materialien von verschiedener Güte IV und V (Abb. 209) verwendet, und zwar für Induktoren mit kleinem Durchmesser und infolgedessen niedriger Beanspruchung SM-Stahlbleche IV, für Induktoren mit größerem Durchmesser, also großen Einheitsleistungen, niedrigprozentiges Nickelstahlblech V.

Größter Wert wurde darauf gelegt, diese Haltepakete als Körper völlig gleicher Festigkeit auszubilden (Abb. 210). Gemäß ihrer konstruktiven Bedeutung wird die Untersuchung nicht nur auf das zur Verwendung kommende Blechmaterial beschränkt, sondern von dem Satz einzelner Induktoren werden einige bereits fertig zusammengenietete Haltepakete herausgegriffen und auf einer schweren Zerreißmaschine der Prüfung bis zum Anriß bzw. bis zum Bruch unterworfen (Abb. 211). Hierdurch wurden diese Körper zu einer solchen Vollkommenheit entwickelt, daß sie bis zum Zerreißen die etwa 8—10fache Sicherheit aufweisen.

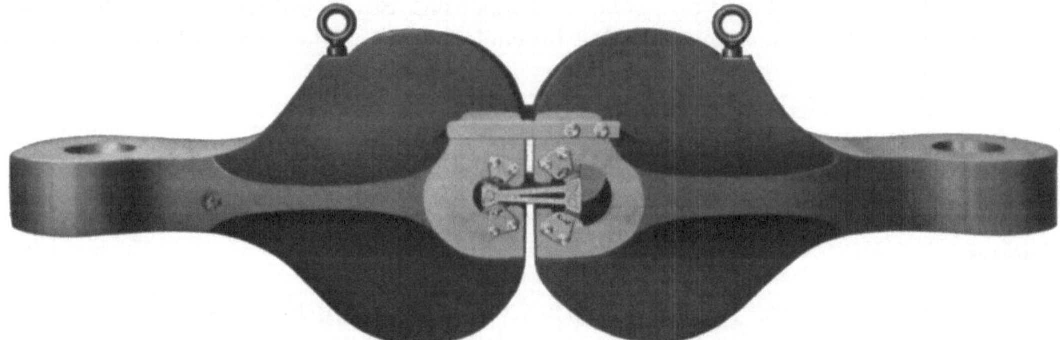

Abb. 211. Einspannvorrichtung zur Erprobung der Prismenpakete auf Zerreißfestigkeit.

Das dauernde Drängen nach immer noch höheren Leistungseinheiten bei n = 3000 forderte eine weitere Vervollkommnung dieser in großer Zahl erforderlichen Maschinenteile und führte zur nochmaligen Behandlung der Frage der Verwendung massiver Prismen, diesmal jedoch mit richtiger Lage der Faser bzw. als Schmiedekörper höchster Gütezahlen hergestellt. So entstand das Patent D.R.P. Nr. 283452, nach dem eine Anzahl von Prismen aus der gleichen Schmiedestange hergestellt wird. Die Prismen sind nach gutem Durchschmieden und entsprechender Nachbehandlung auf Maß zu hobeln bzw. zu fräsen, eine allerdings teure und äußerst zeitraubende Herstellungsart. Anschließend an die für die Induktorkörper gegebene konstruktive Grundlage und die Materialzahlen des Hauptkörpers ist die für das Aufnehmen des Spulengewichtes erforderliche Dicke der Prismen, gemessen in der Linie des Induktorumfanges, abhängig von den erreichbaren Gütezahlen des Materials; die erforderliche Dicke im Fuß darf um so kleiner werden, je vorzüglicher das zur Verwendung kommende Material ist. Hinzu kommt, daß sich in Stücken so kleiner Abmessungen ganz andere Gütezahlen mit höherer Gewißheit erzielen lassen (Abb. 209), als dies in den großen Schmiedestücken des Induktorkörpers oder in Blechen selbst bester Qualität möglich ist.

Abb. 212. Meßeinrichtung für Prismenpakete.

Um die Haltepakete jeder einzelnen Reihe in radialer Richtung von genau gleicher Länge zu erhalten und sie damit zum gleichmäßigen Tragen zu bringen, werden die tragenden Keilflächen der Pakete auf gleichen Abstand geschliffen. Abb. 212 zeigt die sehr einfache und doch genaue Meßeinrichtung mit Zeiger zum Ablesen der Längenunterschiede von einem hundertstel Millimeter.

60. Die nachweisbaren Festigkeitszahlen des Materials.

Durch die Behandlung der Haltepakete als besonders wichtige Einzelteile war es möglich, deren Konstruktion und Material zur höchsten Vollkommenheit zu steigern. Bei dem Induktorhauptkörper bleibt man ungleich mehr abhängig von Zufälligkeiten, und wenn hier auch die Schleuderprobe nach völliger Fertigstellung des Dynamorotors den Beweis für ein fehlerfreies Material erbringt, bedeutet das Erkennen eines Fehlers nach der Fertigstellung zum mindesten einen großen Zeitverlust. Die vorgeschriebenen Festigkeitszahlen sollen die Wellenkörper durchgehends haben; geprüft werden kann aber die Welle, außer an Ausschußstücken, nur an einigen für die Entnahme von Proben geeigneten Stellen. Es ist im allgemeinen unmöglich, die Proben am äußeren Umfange von dem Ballen zu entnehmen; man muß sich darauf beschränken, am Ende des Ballens reichlich Material stehen zu lassen und dort Proberinge abzustechen (Abb. 213).

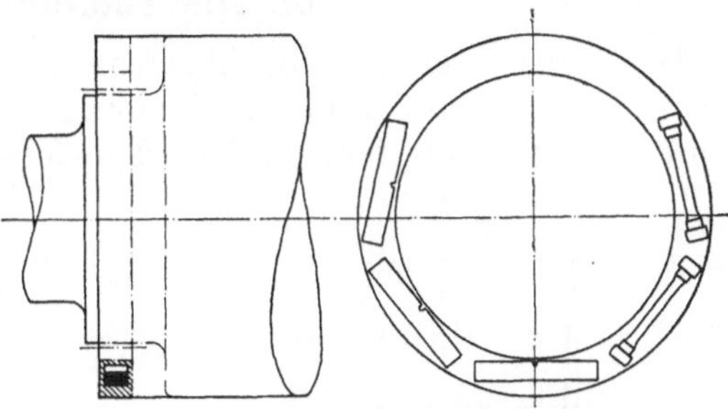

Abb. 213. Anordnung der Probestäbe.

Der fertigen Induktorwelle ist nicht mehr anzusehen, welches Wellenende dem oberen bzw. dem unteren Ende des Blockes entspricht. Eine Materialvorschrift, daß

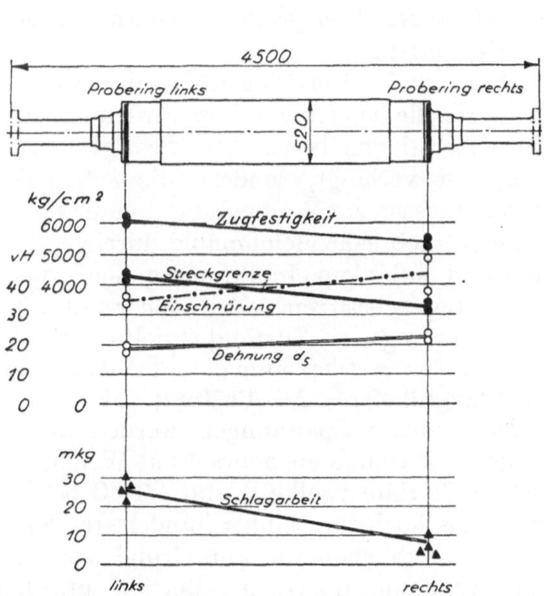

Abb. 214. Proben an beiden Enden der Induktorwelle (des Blockes).

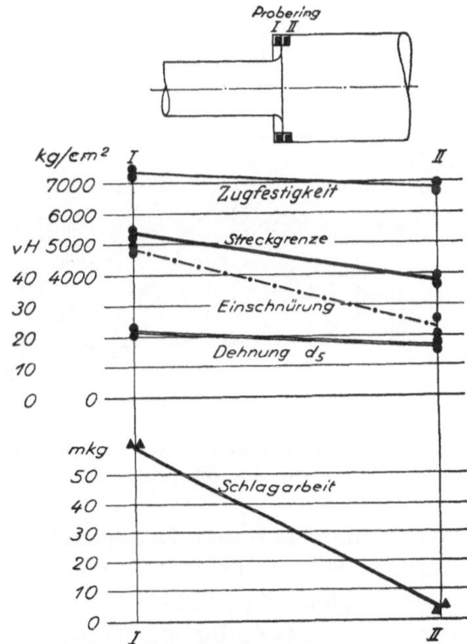

Abb. 215. Maßgebend ist die Probe vom gelieferten Stück.

der Probering an dem dem Kopfende des Blockes entsprechenden Wellenende zu entnehmen ist, wird danach wertlos, so daß die Vorschrift erforderlich ist, an beiden Enden des Ballens Proberinge zu entnehmen (Abb. 214). Auch hier wieder zeigt insbesondere die Schlagarbeit die verschiedene Güte des Materials an dem dem Kopf und dem unteren Teil des Blockes entsprechenden Wellenende.

Es ist unzulässig, diese Proberinge vor dem letzten Glühen der Welle zu entnehmen und die Ringe etwa getrennt zu glühen, da sonst „Zufälligkeiten" in den Materialwerten entstehen, wie sie Abb. 215 zeigt; hier ergab der vom Stahlwerk mitgelieferte

Probering durchgehends höhere Werte als der im eigenen Werk nachträglich abgestochene zweite Ring; insbesondere weist die Schlagarbeit bei Ring I und II eine derart krasse Verschiedenheit auf, wie sie sich nur durch eine gänzlich unzulässige Nachbehandlung des Proberinges erklären läßt.

61. Die Zufälligkeiten im Material.

Das Ausbohren von hochbeanspruchten Wellen, wie es die Induktorwellen der Turbodynamos mit 3000 Umdrehungen sind, bedeutet für die Festigkeit des betreffenden Stückes eine außerordentliche Schwächung; die Beanspruchung an der Bohrung würde oft unzulässig hoch ansteigen. Abb. 216 zeigt die Beanspruchung einer nicht durchbohrten Welle τ_2, wie sie zumeist verwendet werden. In demselben Schaubild ist die Beanspruchung einer gleichen Welle τ_1 aufgetragen, wie sich diese bei Ausführung mit einer Bohrung von 60 mm ergeben würde; die höchste tangentiale Beanspruchung steigt hierbei auf mehr als das Doppelte an. Eine derartige Prüfung auf das Vorhandensein etwaiger Lunkerstellen ist also sehr teuer erkauft, und die künstlich herbeigeführte Schwächung steht in keinem Verhältnis zu der etwa erzielten größeren Gewähr gegen Zufälligkeiten.

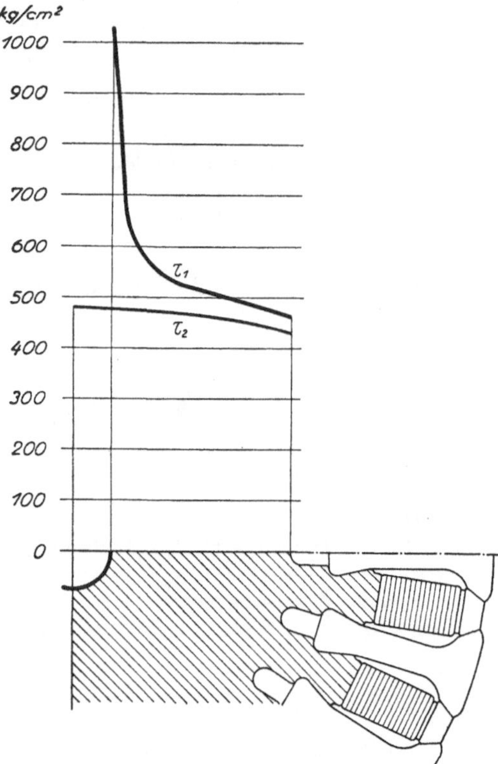

Abb. 216. Die Durchbohrung eine Schwächung der Induktorwelle.

Für die 3—4 m langen Induktorwellen, sowie für die Turbinenwellen wird nicht nur ein Material von bestimmter Festigkeit und Zähigkeit verlangt, sondern die Schmiedestücke müssen zur Vermeidung innerer Spannungen auch sehr gleichmäßig durchgeglüht sein und außerdem ein durchweg gleich dichtes Material besitzen. Am sichersten wird der spannungsfreie Zustand erzielt durch das Glühen der vertikal aufgehängten Welle im Vertikalglühofen. Als Prüfung auf völliges Fehlen innerer Spannungen werden die in langsames Umlaufen gebrachten Wellen erwärmt, und bei dieser Erwärmung — 300° C bei Turbinenwellen[1]) und 150° C bei Induktorwellen — dürfen sie sich um nicht mehr als höchstens einige hundertstel Millimeter werfen (Abb. 217). Diese Vorschrift hat sich ebenfalls auf Grund von Erfahrungen notwendig gemacht, da etwaige Anstände durch im Betrieb unruhig laufende Turbinenwellen und Induktoren auf Fehler beim Glühen der Wellen zurückzuführen waren. Diese technologische Probe hat auch noch den Wert, daß Lunkerstellen, sofern sie nicht zufälligerweise genau in der Schwerpunktachse liegen, durch dieses Sichverziehen der Welle erkennbar werden. Abb. 218 gibt z. B. das Bild einer Induktorwelle wieder, die wegen Krummwerdens verworfen wurde; als sie späterhin zu einem anderen Zweck verwendet werden sollte, zeigte sich beim Ausfräsen die einseitig liegende Lunkerstelle. Ein Durchbohren in Mitte der Welle hätte sonach nicht zum Erkennen des Lunkers geführt.

[1]) In der gleichen Weise wie die Dynamowellen werden auch die Turbinenwellen einer Anwärmprobe unterworfen (vgl. Fußnote S. 60—61).

Ein weiteres recht krasses Beispiel zeigt, welche Zufälligkeiten sich in Schmiedestücken von ähnlicher Formgebung wie der Induktorwellen der Dynamomaschinen

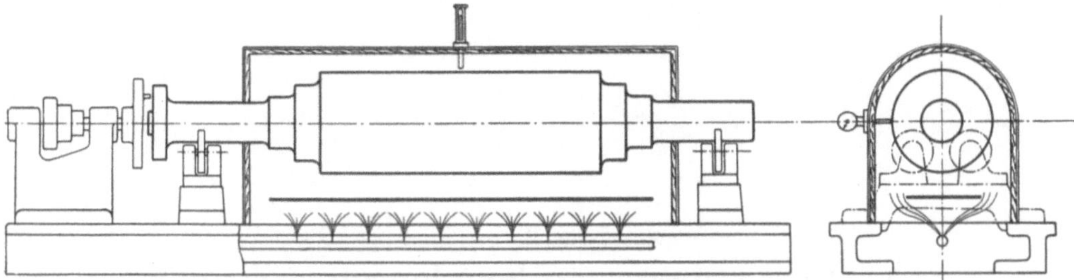

Abb. 217. Die Heizprobe.

Abb. 218. Erkennen von Lunkerstellen durch die Heizprobe.

trotz sorgsamer Prüfungen verbergen. Der Wellenstummel einer Propellerturbinenwelle war vom Stahlwerk in vorgedrehtem Zustand geliefert worden. Durch Zufall schlug beim Umlegen der Welle in der Tauschlinge der Stumpf hart auf eine Platte auf und die Welle brach glatt ab. Die photographische Aufnahme (Abb. 219) zeigt einen um die Welle nahezu gleichmäßig verlaufenden Anriß, im Aussehen ähnlich wie ein Härteriß, mit anderen Worten, eine rundumlaufende Kerbe. Vermutlich war beim Absetzen des Wellenschenkels ein Schmiedefehler vorgekommen. Wäre die Welle erst später im Betriebe gebrochen, so hätte ihr Bruch infolge seines Aussehens leicht als „Ermüdungserscheinung" beurteilt werden können. Auch dieses Beispiel zeigt nochmals, daß das Ausbohren des Kernes vor Zufälligkeiten im Material nicht mit voller Sicherheit zu schützen vermag. Gegen solche Unregelmäßigkeiten gibt es keine andere Sicherheit als eben das Prüfen des fertiggestellten Körpers, und zwar unter solchen Verhältnissen, wie sie in einem ungünstigen Falle eben eintreten können.

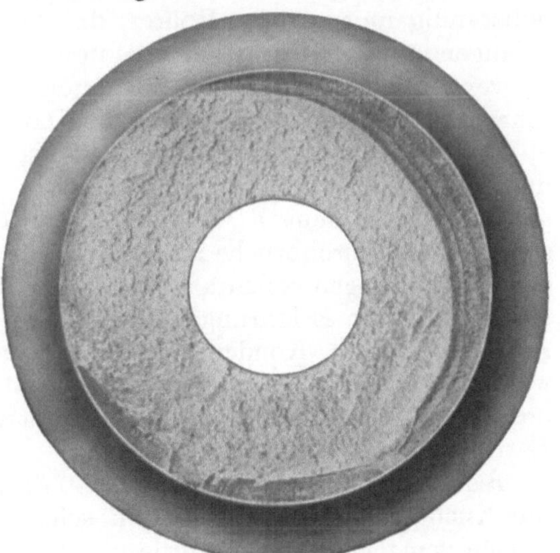

Abb. 219. Anriß einer Welle infolge Schmiedefehlers.

IX. Anfressungen an Kondensatorrohren[1]).

62. Allgemeines.

Die Rohre für die Kondensatoren werden aus Messing verschiedener Legierung oder aus Kupfer hergestellt, entweder blank oder gelegentlich verzinnt. Die Lebensdauer der Rohre ist sehr verschieden; manche Rohre sind jahrzehntelang in Betrieb, andere wieder müssen schon nach einigen Monaten infolge eintretender Undichtheiten ausgewechselt werden. Die Fehlerstellen können verschiedener Art sein, je nach ihren Ursachen. Nachstehend seien nur die Anfressungen betrachtet, deren Ursache auf elektrochemische oder rein chemische Einflüsse zurückzuführen sind. Diese Zerstörungen sind nur wenig von dem Platz des einzelnen Rohres im Kondensator abhängig, vorzugsweise von der Art des Kühlwassers, von der Güte des Rohrmaterials und von den äußeren Einwirkungen, insbesondere von Fremdströmen.

Die bekannteste, zugleich aber auch noch am wenigsten aufgeklärte Art dieser Zerstörungen sind die punktförmigen Durchbrüche. Sie treten entweder am Umfang und auf der Länge des ganzen Rohres verteilt auf, also ohne örtliche Abhängigkeit, oder sie laufen in einer Linie über die ganze Länge des Rohres. Dabei bedingt schon ein einziger Durchbruch die Auswechselung des im übrigen vielleicht noch vollständig unversehrten Rohres, da die durch diesen Durchbruch in das Kondensat gelangenden chemischen Verunreinigungen, insbesondere wenn zur Kühlung Seewasser verwendet wird, infolge ihrer bei höherer Temperatur eintretenden Zersetzung eine sehr schädliche Einwirkung auf die Dampfkessel und Maschinen ausüben.

Die Entzinkung, eine besondere Art von Zerstörungen an Messingrohren, ist in der Regel als örtliche Entzinkung eine diesen punktförmigen Durchbrüchen vorangehende Erscheinung[2]). Weniger gefährlich als diese örtlichen punktförmigen Anfressungen oder Durchbrüche sind die Erscheinungen allgemeiner Korrosion. Die folgenden Ausführungen sollen als Grundlage für weitere Versuche und für das Zusammentragen weiterer Erfahrungen dienen, um so das Wesen der vorgenannten örtlichen Zerstörungen an Kondensatorrohren weiter aufzuklären. Es soll ferner versucht werden, die Verantwortlichkeit des Herstellers der Kondensatorrohre von derjenigen des Konstrukteurs und jener des den Betrieb der Kondensationsanlage überwachenden Betriebsmannes scharf zu trennen.

Bisher wurde die Frage der Zerstörungsursachen an Kondensatorrohren recht undurchsichtig behandelt und kein scharfer Unterschied zwischen den einzelnen Ursachen gemacht[3]). Meist wurde nicht einmal auseinandergehalten, ob der zerstörende

[1]) Auszugsweise mitgeteilt in der ersten Sitzung der „Deutschen Gesellsch. f. Metallkunde, Berlin".

[2]) Unter Entzinkung ist nach den neuesten Forschungen des englischen „Corrosion Research Committee of the Institute of Metals" Engineering Nr. 1318 vom 2. 11. 23, S. 572ff. ein Vorgang zu verstehen, bei dem sich Kupfer und Zink zugleich auflösen, d. h. daß das Messing als solches in Lösung geht und sich dann Kupfer wieder niederschlägt, während Zink in Lösung bleibt. Wenn im folgenden von Entzinkung gesprochen wird, so ist hierunter dieser Vorgang zu verstehen.

[3]) Folgende Fragen (in einem Fragebogen zusammengestellt) kann schon der Betriebsleiter einer Anlage beantworten: 1. An welcher Stelle des Rohrbodens ist das Rohr herausgenommen? Die genaue

Einfluß ein Fremdstrom oder ein im Kondensator selbst entstandener galvanischer Strom sein könnte oder ob es sich schließlich um rein chemische Einflüsse handelte.

Fremdströme gelangen als sog. vagabundierende Ströme von außen in den Kondensator und sind eine Folge von Erdschluß, mangelhaften Verbindungen oder Unterbrechungen in der geerdeten Rückleitung benachbarter elektrischer Licht-, Kraft- und Bahnanlagen. Besonders die Gleichstrombahnanlagen, deren Stromrückleitung durch die Schienen erfolgt, sind häufig der Ausgangspunkt vagabundierender Ströme. Vagabundierende Wechselströme dagegen üben im allgemeinen keine zerstörende Wirkung auf Kondensatoren aus. Bei der Feststellung vagabundierender Ströme ist jedoch große Vorsicht geboten. Werden sie etwa durch die in den Zufluß- und Abflußleitungen des Kondensators eingebauten Elektroden aus Eisen und Kupfer gemessen, so erscheinen häufig große Potentialdifferenzen infolge der kleinen elektrochemischen Verschiedenheiten der Elektrodenoberfläche, obwohl sich mit einwandfreien Meßmethoden überhaupt keine Potentialdifferenz feststellen läßt. Näheres siehe S. 121.

Galvanische Ströme entstehen beim Vorhandensein leitenden Wassers im Kondensator selbst durch die Anwesenheit von Materialien oder von Materialstellen verschiedener Stellung in der galvanischen Spannungsreihe, die einerseits miteinander metallisch leitend verbunden sind und andererseits mit dem Kühlwasser, das als Elektrolyt wirkt, in Berührung stehen. Für alle Zerstörungen elektrolytischer Art gilt grundsätzlich, daß die Anode, d. h. das Material, von dem der Strom in das Elektrolyt, das Kühlwasser, austritt, angefressen wird, wogegen die Kathode, also das Material, in das der Strom aus dem Elektrolyt eintritt, nicht zerstört wird.

Anfressungen durch rein chemische Einflüsse sind seltener; ihr Auftreten ist durch örtliche Verhältnisse hervorgerufen und meist auf grobe Verunreinigungen des Kühlwassers durch Schwefelsäure, Ammoniak oder auch Luft zurückzuführen.

63. Anfressungen durch Fremdströme; Geppertsches Schutzverfahren.

Am meisten bekannt geworden sind elektrolytische Zerstörungen durch Stromaustritt an den Schienenstößen der elektrischen Straßenbahnen bzw. an den benachbarten Gas- und Wasserleitungsrohren. Die Abb. 220 gibt ein charakteristisches Bild eines solchen Schienenstoßes, bei dem zur Rückleitung des Bahnstromes die beiden Schienenenden durch eine Kupferlitze miteinander verbunden sind; bekanntlich wird diese Kupferverbindung gelegentlich unbrauchbar und der Stromübergang an der Stoßstelle erfährt dann einen zu hohen Widerstand. Liegen in der Nähe eines solchen fehlerhaften Schienenstoßes Rohrleitungen, insbesondere Wasserleitungen großen Querschnittes, so tritt der Strom aus der Bahnschiene an dem Schienenstoß aus und nimmt seinen Weg durch das feuchte Erdreich in die Rohrleitung, um dann, veranlaßt durch das isolierende Packungsmaterial der Muffenverbindungen, aus dieser Rohrleitung wieder auszutreten und in die Bahnschiene zurückzukehren. An der Austrittsstelle aus der Bahnschiene findet ein Zerfressen der Schiene statt, an der Stelle des Wiederaustritts aus der Rohrleitung erfolgt eine Zerstörung der letzteren. Ein ähnlicher Vorgang vollzieht sich am Kondensatorrohr. Es wird an der Stromaustrittsstelle zur Anode und durch die an ihm infolge elektrolytischer Wirkung aus dem Wasser und seinen verschiedenen Beimengungen ausgeschiedenen Anionen angefressen und schließlich zerstört. Solche Anionen sind z. B. Sauerstoff aus dem Wasser selbst, Chlor aus dem in dem Wasser gelösten Chlornatrium, Chlormagnesium

Lage des betreffenden Rohres ist in der beigefügten Zeichnung mit + zu bezeichnen. 2. Wann und nach welcher Betriebsdauer wurde das Rohr herausgenommen? 3. Befindet sich die Anfressung auf der oberen oder unteren Hälfte des herausgenommenen, vor dem Ausbauen an der Stirnfläche oben mit einem Meißelhieb bezeichneten Rohres? 4. In welcher Entfernung von dem auf der Kühlwassereintrittsseite gelegenen Rohrboden befinden sich die einzelnen Anfressungen? 5. Befindet sich die kraterförmige Erweiterung der Rohranfressungen innen oder auf der Außenseite des Rohres?

und Chlorkalium, der Säurerest SO_4 aus schwefelsaurem Magnesium und schwefelsaurem Kalzium, Kohlendioxyd aus doppeltkohlensaurem Kalk usw. Die Zerstörungsgefahr ist also um so größer, je mehr gelöste Beimengungen das in Frage kommende Wasser enthält. Sobald man jedoch in der Lage ist, den Strom am Austreten aus dem Rohr zu hindern, tritt keine Zerstörung ein. Dieser Stromaustritt kann außer anderen Verfahren dadurch verhindert werden, daß ein zweiter stärkerer Strom dem ersten entgegengerichtet, also in das zu schützende Rohr hineingeschickt wird. Im allgemeinen wird eine Stromstärke entsprechend einer Spannung von 2—5 Volt genügen. Es entsteht so eine unmittelbare Schutzwirkung an der zu schützenden Rohrleitung, indem die durch den Schutzstrom freigewordenen Kationen die Fremdstromanionen binden, oder, falls der Schutzstrom größer ist als der Fremdstrom, eine Schutzschicht auf dem Rohre bilden (anodische Polarisation). Die durch den Schutzstrom an dem Rohre freigemachten Kationen sind z. B. Wasserstoff, Natrium, Magnesium, Kalium, Kalzium sowie herausgelöste Metalle aus den Elektroden, von denen der Schutzstrom ausgeht. Zugleich mit dem Entstehen der Kationen werden gewisse Leichtmetalle durch das Wasser in Hydrate verwandelt, wobei Wasserstoff frei wird. Die Hydrate wieder gehen als Basen mit den im Wasser enthaltenen Säuren in neutrale Salze über, wodurch die Säuren unschädlich gemacht werden. Es ergibt sich hieraus, daß das Schutzstromverfahren sowohl gegen Zerstörungen elektrolytischer Art als auch unter Umständen gegen solche rein chemischer Art mit Erfolg angewandt werden kann.

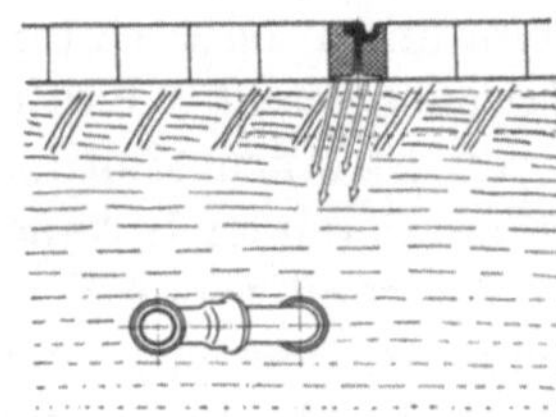

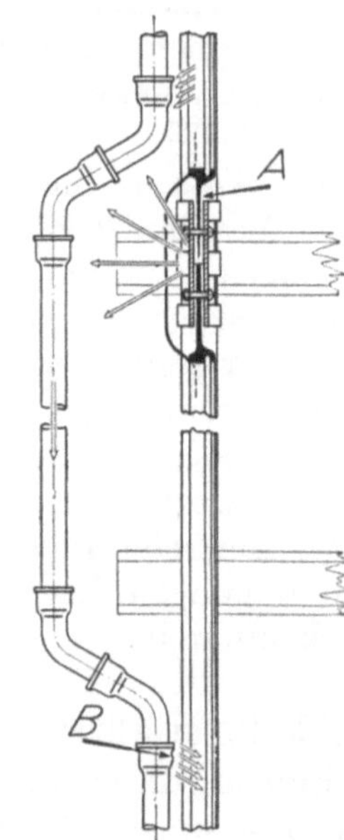

Abb. 220. Fehlerhafter Schienenstoß als Ursache vagabundierender Ströme.

Dieser Schutz von Gas- und Wasserleitungsrohren gegen vagabundierende Straßenbahnströme — das Geppertsche Verfahren[1]) — (D.R.P. 211612 vom 27. III. 1908) (Abb. 221) wurde auf seine Wirkung zuerst im Jahre 1908 in Karlsruhe erprobt. Dort wurden in Nähe der zu schützenden Rohrleitung Elektroden in die Erde versenkt, die mit dem positiven Pol einer beliebigen niedrigvoltigen Stromquelle leitend verbunden waren, während die zu schützende

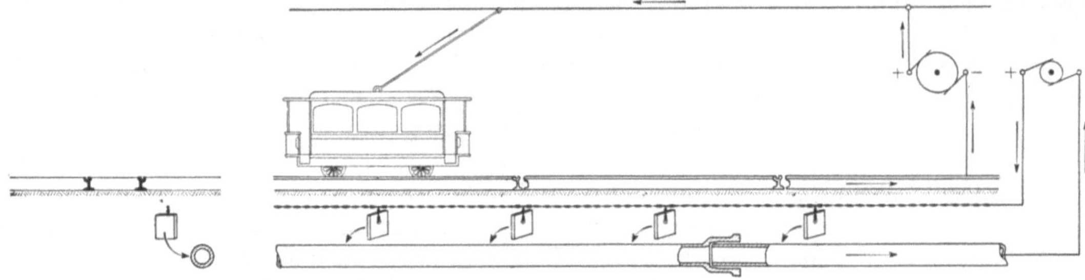

Abb. 221. Schutz gegen vagabundierende Ströme (Geppertsches Verfahren).

Rohrleitung mit dem negativen Pol derselben Stromquelle in Verbindung gebracht wurde. Sobald die an sich niedrige Spannung dieser Stromquelle genügend groß ist, fließt Strom von den eingebauten Elektroden aus durch die Erde nach den Rohren,

[1]) Vgl. Abschnitt 76.

tritt in die Rohre ein und verhindert so deren elektrolytische Zerstörung. Die Elektroden selbst werden im Laufe der Zeit durch den austretenden Strom zerstört.

Ein anderes Beispiel von Zerstörungen durch Fremdstrom zeigt Abb. 222; die Isolation der Bürstenbolzen am Kommutator der Erregermaschine sei durch Schmutz

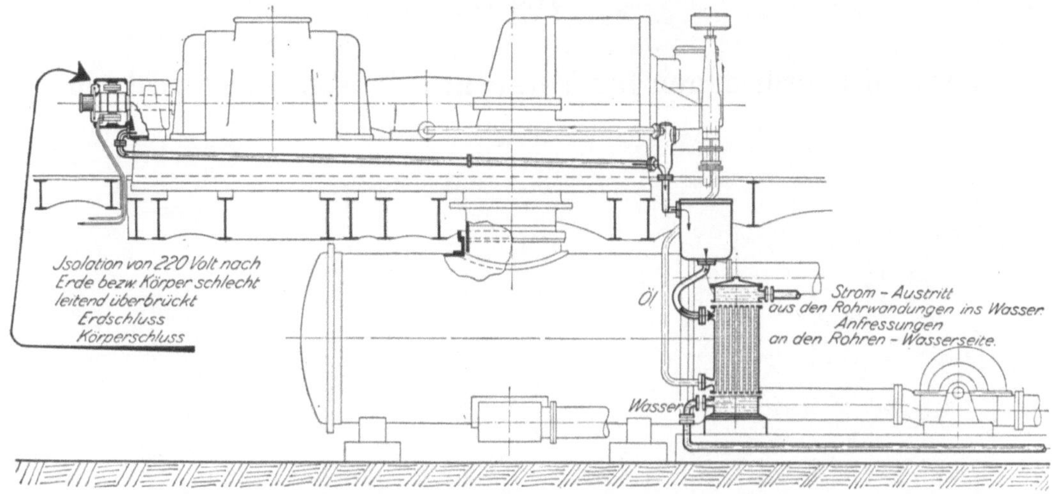

Abb. 222. Vagabundierende Ströme innerhalb einer Maschinenanlage durch Isolationsfehler.

wenn auch nur schlechtleitend, überbrückt. Der Strom geht durch die Ölrückleitung zum Ölkühler, um von dort durch die Kühlwasserleitung in den Boden abzufließen, sofern in dem Erregerstromkreis an einer zweiten Stelle Erdschluß besteht. An den Austrittsstellen des Stromes aus den Kühlrohren ins Wasser oder in die Erde treten Zerstörungen der Rohre ein.

64. Versuche über Anfressungen an Kondensatorrohren.

Im Verfolg der Aufgabe, für die verschiedenen Ursachen von Anfressungen an Kondensatorrohren möglichst klar umrissene Erkennungsmerkmale aufzustellen, um einen Einblick in die Entstehungsweise dieser Anfressungen zu erhalten und um die Wirkung der üblichen Schutzverfahren zu untersuchen, wurde eine Reihe von Versuchen unternommen. Die dafür benutzten Versuchsanordnungen sind in den Abb. 223 bis 228 schematisch dargestellt. Als Versuchsobjekte dienten hierbei vorsichtig aufgesägte, aufgebogene und glattgewalzte Kondensatorrohrstücke aus der Legierung 70 Cu, 29 Zn, 1 Sn, deren Oberfläche mit Äther sorgfältig gereinigt war. Von einem Abschmirgeln oder Abpolieren der so erhaltenen Bleche wurde abgesehen, um etwaige Materialverschiedenheiten an der Oberfläche nicht zu entfernen. Zu jedem Versuch wurde ein neues unversehrtes Blech benutzt, das, an einem Stabilitstab befestigt, mit oder ohne Gegenelektrode senkrecht in die Versuchsflüssigkeit eingehängt wurde. Als Versuchsflüssigkeit kam durch Auflösen von natürlichem Seesalz in Leitungswasser gewonnenes Seewasser unter jeweiligem Zusatz von Substanzen, die unter Umständen im Kondensatorkühlwasser enthalten sein können, zur Anwendung.

In Anbetracht der höheren Temperatur des Kühlwassers im Kondensator wurde der größere Teil der Versuche bei einer Temperatur von 45° C ausgeführt. Diese Temperatur wurde durch Aufstellen des Versuchsgefäßes in einem allseitig geschlossenen elektrischen Trockenofen erzielt. Die Versuchsflüssigkeit, das Elektrolyt, wurde öfters gewechselt, und zwar jeweils nach eingetretener Trübung.

In angemessenen Zeitabständen wurde der Fortgang der aufgetretenen Erscheinungen kontrolliert und hiernach die ganze Versuchsdauer bemessen.

Tafel V.

Versuchsanordnungen für Versuche mit Kondensatorrohren.

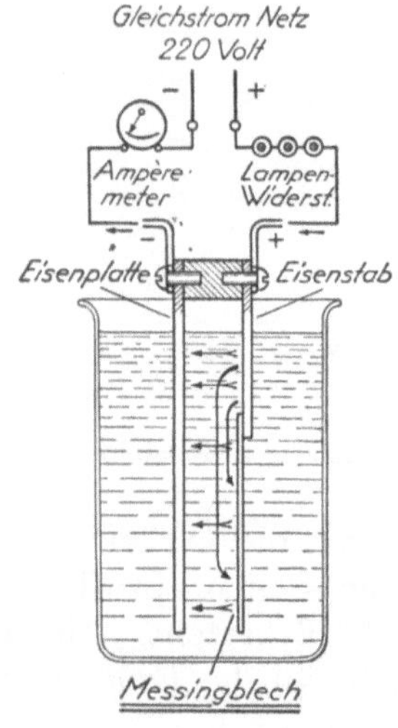

Abb. 223. Künstliches Hervorrufen von Anfressungen durch Fremdstrom.

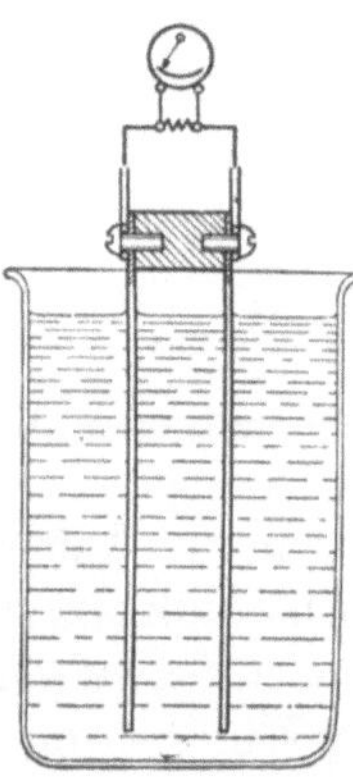

Abb. 224. Untersuchung des galvanischen Einflusses, der auftretenden Spannungen und Stromstärken bei verschiedenen Materialien.

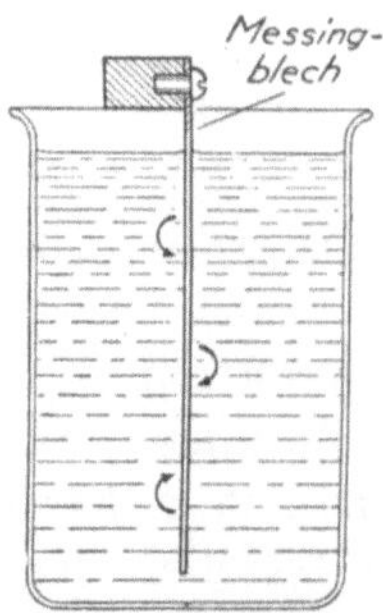

Abb. 225. Künstliches Hervorrufen von Anfressungen durch Potentialunterschiede engumgrenzter Stellen.

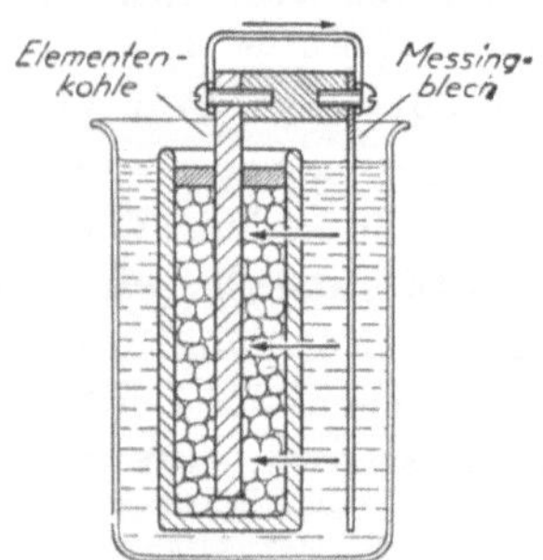

Abb. 226. Künstliches Hervorrufen von Anfressungen durch galvanischen Einfluß.

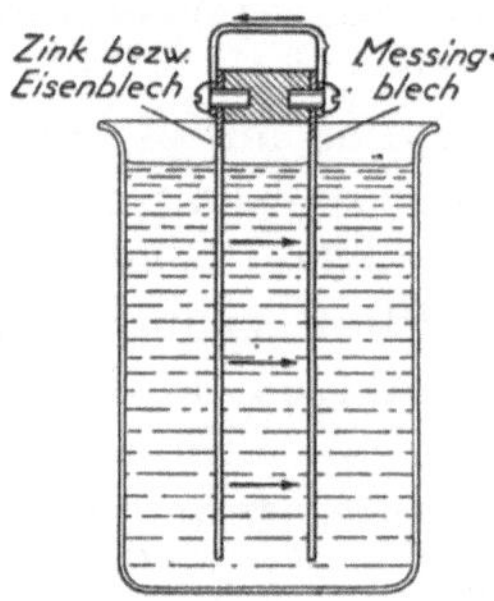

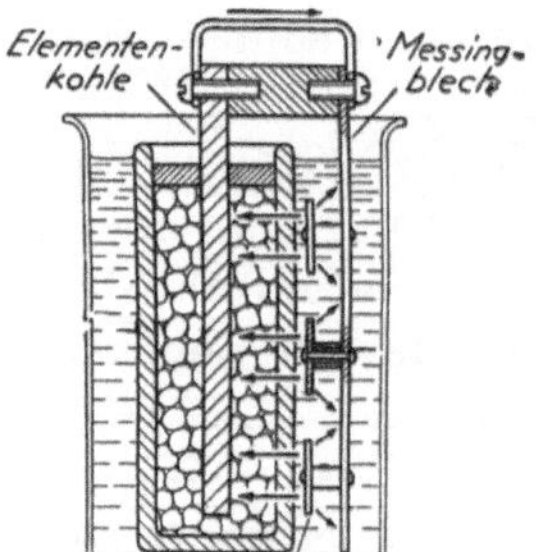

Abb. 227. Abb. 228.
Untersuchung der Schutzwirkung verschiedener Materialien.

65. Anfressungen an Kondensatorrohren durch Fremdstrom.

Ein großer Teil aller Anfressungen an Kondensatorrohren ist auf vagabundierende Ströme zurückzuführen. Die Ströme treten durch an den Kondensator anschließende Rohrleitungen oder durch die Fundamentanker in die Rohrböden und Rohre ein, treten von dort in das Kühlwasser über und werden dann durch benachbarte Metallteile nach Erde abgeführt. Nicht immer braucht der Strom von in das Erdreich gebetteten, als Stromrückleitung dienenden Straßenbahnschienen herzurühren. Jede Gleichstromquelle, z. B. die Erregerdynamos von Wechselstromgeneratoren, Umformer usw. können Ursprung vagabundierender Ströme sein, sobald Schluß nach Erde vorhanden ist. Zur Messung vagabundierender Ströme bzw. der ihnen entsprechenden Potentialdifferenzen in Flüssigkeiten oder feuchtem Erdreich bedient man sich am besten der Tastelektroden nach Haber. Man kann sich dieselben leicht an Ort und Stelle aus 1 m langen Gasröhren herstellen, welche unten mit Gips verschlossen werden zwecks Herstellung einer porösen Membrane. Die Rohre werden mit einer konzentrierten Zink-Sulfatlösung gefüllt und zwar mit einem Überschuß von Zink-Sulfatkristallen. In jedes dieser Rohre wird ein längerer Zinkstreifen eingetaucht. Versuche an ausgeführten Anlagen ergaben, daß mit Hilfe dieser Elektroden Potentialdifferenzen in allen Fällen einwandfrei festgestellt werden konnten.

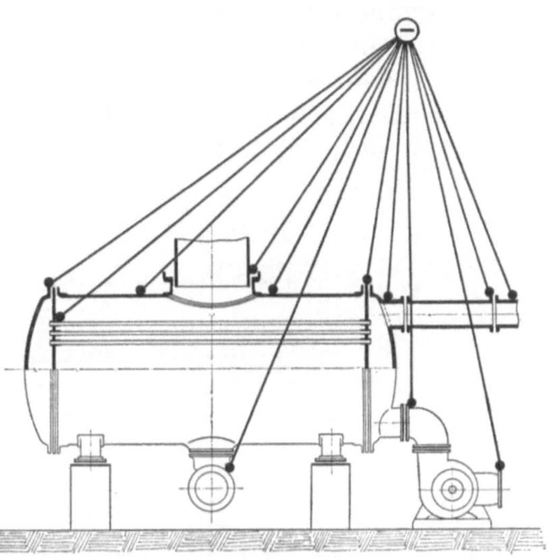

Abb. 229. Kurzschließen aller Kondensatorteile (Z. d. V. d. I. 1911).

Als naheliegendes Mittel zur Verhinderung elektrolytischer Zerstörungen durch Fremdstrom erscheint das Kurzschließen aller Teile des Kondensators und Verbinden des Kurzschlusses mit dem Minuspol einer Gleichstromanlage (Abb. 229). Die Kurzschlußverbindungen und Verbindungen zum Minuspol müssen so reichlich bemessen sein, daß ein nennenswerter Widerstand in ihnen nicht vorhanden ist.

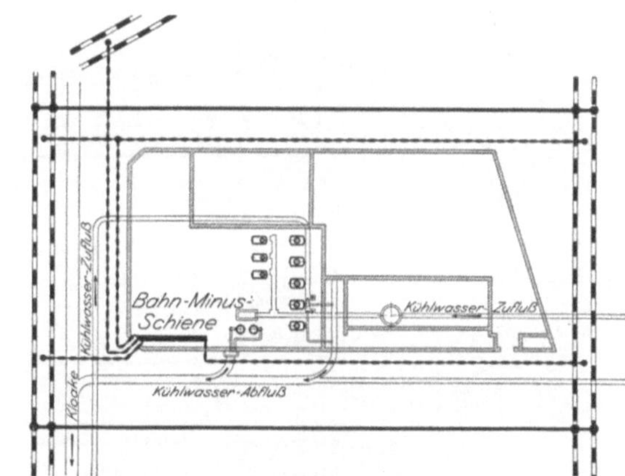

Abb. 230. Schutz eines Kraftwerkes gegen vagabundierenden Strom durch einen um das Kraftwerk gelegten Ring aus gutleitendem Material.

Die Überbrückung der Verbindungsstellen wird das Austreten des Stromes aus den Kondensatorrohren meist nur verringern, aber nicht völlig verhindern können, denn es handelt sich in den meisten Fällen um einen durch das Erdreich geschlossenen Kreis. Der Strom muß irgendwo innerhalb des Kondensators in das Wasser übertreten, also sofern eine Ablenkung nicht erfolgt durch Vermittlung der ausgedehnten Kühlfläche des Kondensators.

Einen anderen Weg, Potentialdifferenzen durch Fremdstrom zu verhindern, zeigt Abb. 230. Es wurde um das gesamte Kraftwerk ein Schutzring aus gutleitendem Material von großem Querschnitt herumgeführt und mit den als Rückleitung des Bahnstromes benutzten Schienen und mit der Bahnminusschiene des Kraftwerkes bzw. der Bahndynamo verbunden. Es erwies sich aber, daß diese Schutzeinrichtung nicht den gewünschten Erfolg hatte; in dem Kraftwerk zeigte sich trotz des Schutzringes noch weiterhin Fremdstrom, vermutlich infolge eines Erdschlusses bzw. Körperschlusses an der positiven Seite.

Weitere Mittel zur Verhütung der schädlichen Wirkungen von Fremdstrom in Kondensatoren geben die Schutzstromverfahren an Hand. Sie beruhen wie bei dem Geppertschen Verfahren mit Schutzdynamo darauf, daß ein aus dem Material austretender zerstörender Strom durch eine entgegengesetzte E.M.K. verhindert oder sogar ein entgegengesetzter Schutzstrom erzeugt wird; die zu schützenden Körper werden mit dem negativen Pol dieser Schutzdynamo verbunden (s. Abschnitt 76).

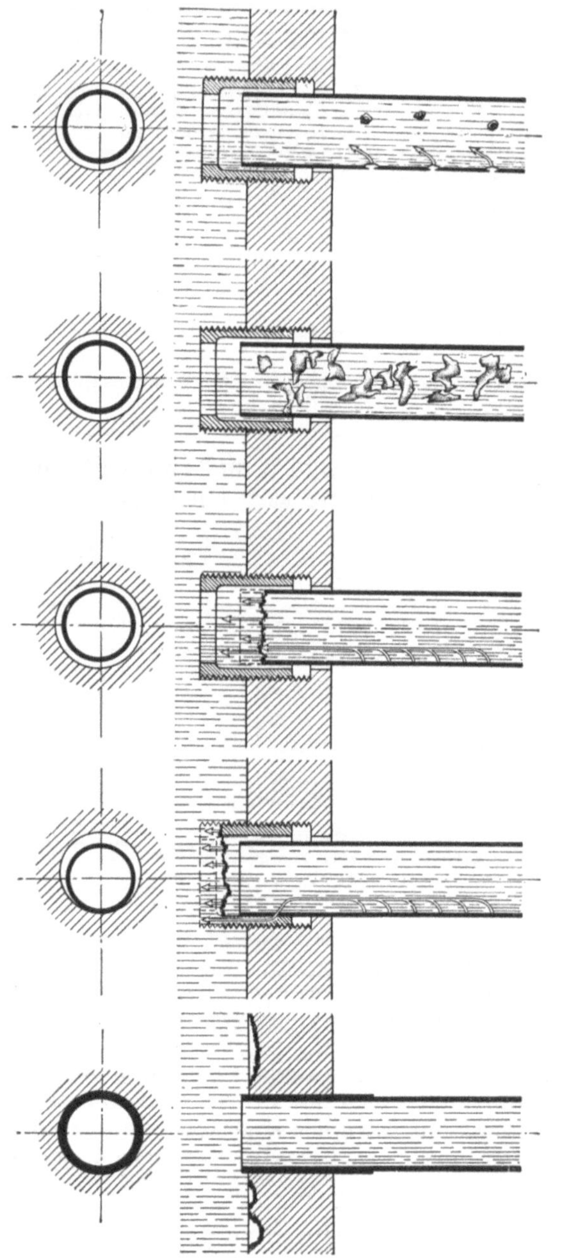

a) Das durch das isolierende Dichtungsmaterial konzentrisch gelegte Rohr hat keine leitende Verbindung mit dem mit dem Minuspol verbundenen Rohrboden, daher tritt, falls das andere Rohrende im Rohrboden leitende Verbindung hat, der vagabundierende Strom unmittelbar aus dem Rohr in das Wasser.

b) Der gleiche Fall, jedoch größere Stromstärke.

c) Der gleiche Fall wie a, jedoch tritt der Strom am Stirnende des Rohres aus, da die innere Rohrwandung mit einer isolierenden Schmutzschicht bedeckt ist.

d) Das Rohr liegt exzentrisch in der Bohrung, hat dementsprechend leitende Verbindung mit dem Rohrboden und der Messingstopfbuchse; letztere als das zinkhaltigste und entsprechend dem Spritzverfahren besonders weiche Material wird von dem austretenden Strom bevorzugt und besonders stark angefressen.

e) Das in dem schmiedeeisernen Rohrboden eingewalzte Rohr hat vorzüglich leitende Verbindung, daher tritt der Strom weitaus überwiegend erst aus dem Rohrboden aus; es bevorzugt der aus dem Kühlsystem austretende Strom das schmiedeeiserne Material des Rohrbodens.

Abb. 231. Schema der verschiedenen Möglichkeiten von Anfressungen durch vagabundierenden Strom.

66. Die Befestigung bzw. die Dichtung der Rohre.

Im Hinblick auf die geschilderten Zerstörungen spielt auch die Art der Kondensatorrohrbefestigung bzw. ihre Abdichtung in den Rohrböden eine Rolle. Diese Befestigung bzw. Dichtung (Abb. 231) erfolgt entweder durch eine Stopfbuchsenweichpackung aus einem organischen Stoff oder besser durch Einwalzen. Zur Vermeidung von Rohranfressungen durch Fremdstrom hat bei Verwendung von leitendem Wasser das Einsetzen der Rohre in beiden Rohrböden mit bestens leitender Verbindung zu erfolgen; beim Anziehen der Stopfbuchse darf sich das Rohr keinesfalls vom Rohrboden oder von der Stopfbuchse durch die Weichpackung isoliert einstellen; auch ein loses Anliegen in den Rohrböden oder in der Stopfbuchse gibt eine nur schlechtleitende, also ungenügende Verbindung. Zweckmäßig wird trotz sorgsamer Ausführung dieser Verbindung noch eine Weichmetalldichtung aus Blei oder Zinn besonders hinzugefügt; aber auch diese immerhin gut anliegende Dichtung läßt durch Oxydation in ihrer Leitfähigkeit nach. Die für die Leitung des Stromes zuverlässigste Verbindung bietet das Einwalzen der Rohre, nachdem die leitenden Flächen vor dem Einwalzen metallisch blank gemacht wurden. Die mit dem Einwalzen der Rohre verbundenen Nachteile sind an sich derartig geringfügig, daß kaum irgendwo die Notwendigkeit besteht, von diesem Einwalzen abzugehen; ein Auswechseln der Rohre geschieht ja kaum jemals aus anderem Grunde als bei Unbrauchbarwerden des Rohres selbst. Irrig ist auch die Ansicht, daß Längs- und Querrisse der Rohre die Folge ungenügender Ausdehnungsmöglichkeit eingewalzter Rohre seien; auftretende Risse sind wohl ausnahmslos auf Herstellungsfehler zurückzuführen[1]). An beiden Enden eingewalzte Rohre haben durch Vergrößerung und Verkleinerung ihres Durchhanges reichliche Möglichkeit, durch Temperaturschwankungen hervorgerufene Längenänderungen aufzunehmen.

67. Das Aussehen der Anfressungen durch Fremdstrom.

Anfressungen durch Fremdstrom sind meist an der Lage der Stelle ihres Auftretens in Nähe eines der Rohrböden kenntlich und unterscheiden sich auch durch ihr äußeres Aussehen von den Anfressungen rein chemischer Art. Die Versuche Tafel V gaben darüber Aufschluß.

Das Entstehen von Anfressungen durch Fremdstrom geht nach diesen Versuchen in folgender Weise vor sich. Der austretende Fremdstrom macht an seiner Austrittsstelle Anionen der im Wasser gelösten Beimengungen frei, womit die Anode, das Messingblech, in zum Teil schwerlösliche Verbindungen übergeht, die sich auf der Oberfläche des Messingbleches als kompakte Schicht festsetzen. Die hier auftretenden, vorwiegend aus Chlor-, Schwefel-, Kohlenstoff- und Sauerstoffverbindungen bestehenden Salzgemenge seien im folgenden kurz zusammenfassend mit „Oxyden“ bezeichnet.

Die Anfressungen durch Fremdstrom lassen keine Rücksichtnahme auf das Gefüge des Materials erkennen; sie bilden im allgemeinen glänzende, muldenförmige Vertie-

[1]) Auszug aus den Materialvorschriften für Kondensatorrohre der AEG-Turbinenfabrik:
Messing in der Legierung 71 Cu, 28 Zn, 1 Sn, Pb nur Spuren.

Zugfestigkeit kg/mm^2	40—45
Streckgrenze ,,	30—35
Dehnung bei 10facher Meßlänge %	35

Bei der Quetschprobe — Flachdrücken des Rohres bei Ziehhärte, so, daß Wandungen auf der ganzen Fläche hart aneinander liegen — darf ein Anriß nicht erfolgen.

Einzuwalzende Rohre sind an den Enden auszuglühen, wogegen die Rohre für Stopfbuchsendichtung die Ziehhärte behalten müssen. Rohre für Seewasser und saures Wasser sind zu verzinnen. Andere Legierungen gelangen heute nur ausnahmsweise zur Verwendung. (Seit neuerer Zeit werden die Rohre sehr häufig nur noch für saures Kühlwasser verzinnt, da sich gezeigt hat, daß unverzinnte Rohre bei salzhaltigem Kühlwasser ebenso haltbar sind wie die verzinnten Rohre.)

Tafel VI.

Anfressungen durch Fremdstrom.

Betriebsobjekte.

v = 2

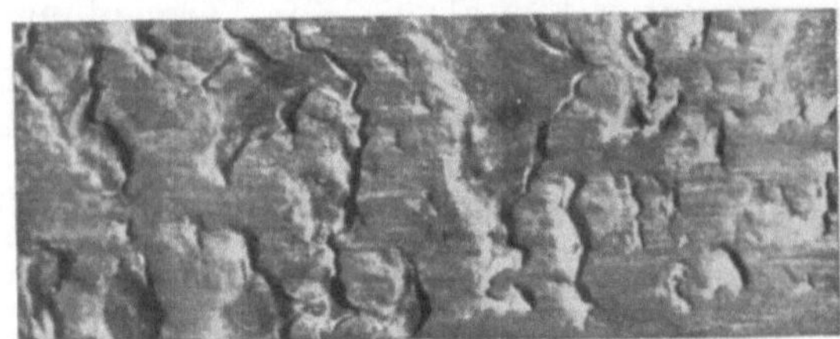

Abb. 232.

Ausgedehnte und glänzende Aushöhlungen. Rohrwand teilweise unversehrt.

Mittlere Stromdichte!

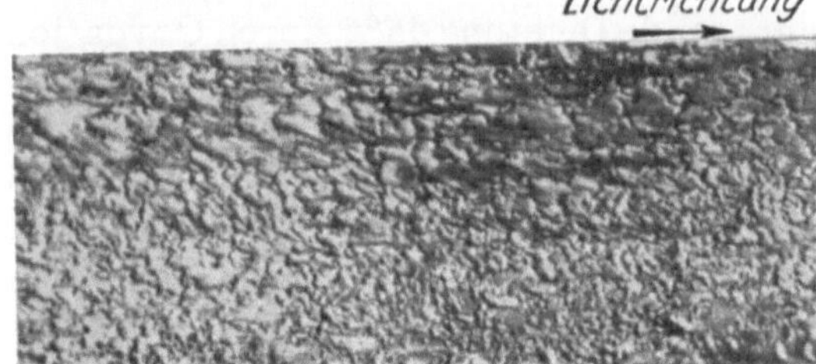

Abb. 233.

Kleinere, glänzende Anfressungen. Ursprüngliche Oberfläche der inneren Rohrwand nicht mehr vorhanden.

Große Stromdichte!

Labor. Versuchsobjekte.

v = 2

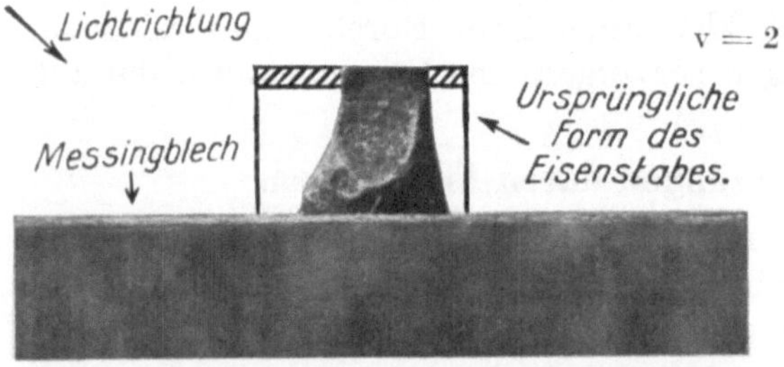

Lichtrichtung

Messingblech

Ursprüngliche Form des Eisenstabes.

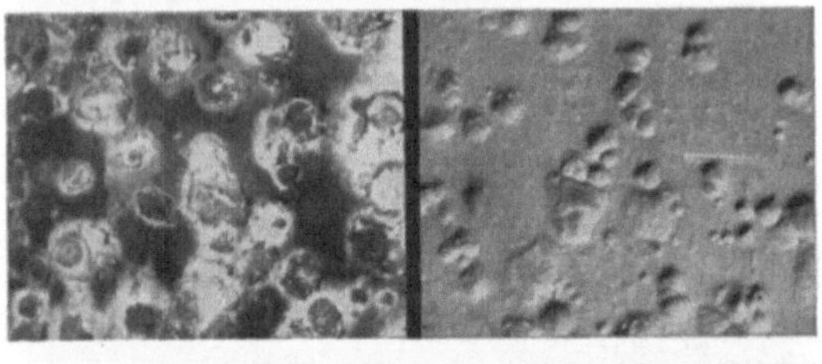

Versuchsanordnung Abb. 223.

Abb.	Strstärke Amp/dm²	Elektrolyt	Temp. °C	Dauer Std.	Ergebnis
234	0,01 rechnerische Oberfläche	1 % Seesalz 0,1 % Schwefelsäure	18	1500	Messingblech blieb blank und unversehrt, lediglich der Eisenstab wurde stark zerfressen.
235	0,01	1 % Seesalz 0,05 % Salpetersäure	45	1500	Bildung einer schlammigen Oxydschicht; Messingblech auf der ganzen Oberfläche gleichmäßig angefressen. Aussehen ähnlich einer durch einheitlichen galvanischen Strom angegriffenen Oberfläche.
236	0,1	1 % Seesalz 0,1 % Schwefelsäure	18	100	Bildung einer dicht. Oxydschicht, die von Oxydhäufchen durchbrochen wurde. (Bild links.) Unter den Oxydhäufchen Anfressungen. Bild rechts zeigt Anfressungen nach Entfernung der Oxydschicht.
237	0,6	1 % Seesalz 0,1 % Schwefelsäure	18	50	Bildung einer dicht. Oxydschicht. Oxydhäufchen sehr zahlreich. Oberfläche in ganzer Ausdehnung angefressen.

fungen und sind anscheinend um so zahlreicher, je größer der wirksame Strom ist (Abb. 233 und 237); kleine Stromstärken ergeben der Zahl nach weniger, aber tiefere Aushöhlungen (Abb. 232 und 236). Sinkt die Spannung unter eine gewisse kritische Höhe, die für jedes Metall verschieden ist, so tritt überhaupt keine korrodierende Wirkung mehr auf (Abb. 234). Die kritische Spannung liegt für Eisen niedriger als für Messing, weshalb in Versuch Abb. 234 der das Messingblech tragende Eisenstab stark zerfressen wurde, wogegen das Messingblech selbst vollständig unversehrt blieb. Diese Erscheinung wurde noch verstärkt durch den entstehenden galvanischen Strom, Eisen-Messing nach Abb. 227, so daß also das Eisen durch die Summe beider Ströme — Fremdstrom und galvanischer Strom — zerstört wurde. Ein charakteristisches Beispiel hierfür aus der Praxis zeigt Abb. 238: Anfressungen an einem schmiedeeisernen Rohrboden durch Fremdstrom mit völlig unversehrt erhaltenen Messingrohren, im Gegensatz hierzu Abb. 239: Anfressungen durch Bildung von galvanischen Elementen zwischen dem schmiedeeisernen Rohrboden und den ebenfalls unverletzt gebliebenen, „vor Anfertigung der photographischen Aufnahme ausgebauten“ Messingrohren.

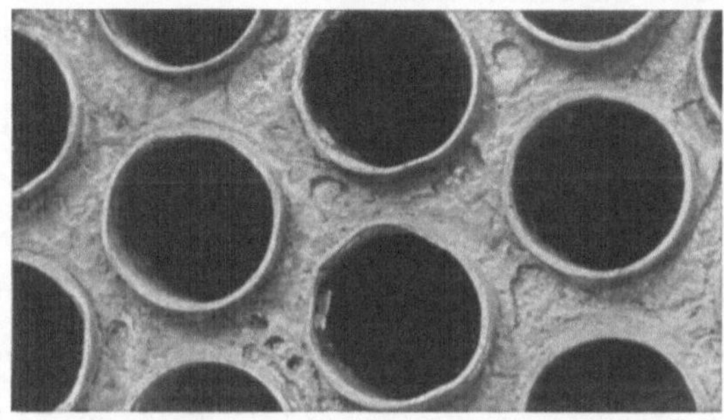

Abb. 238. Anfressungen durch Fremdstrom am schmiedeeisernen Rohrboden. Die Messingrohre sind gut erhalten. Keine Kraterbildung. (Vgl. Abb. 234.)

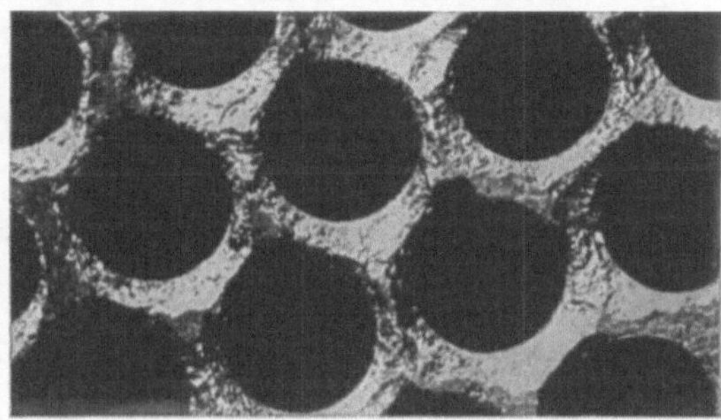

Abb. 239. Anfressungen durch galvanischen Strom am schmiedeeisernen Rohrboden (Messingrohre im Bild herausgenommen). Stromweg: Schmiedeeiserner Rohrboden (Kraterbildung) — Flüssigkeit — Messingrohr.

Ein Strom von 0,01 Amp/dm^2 [1]) ist unter solchen Verhältnissen, wie sie ja auch im Kondensator vorliegen können (in eiserne Rohrböden eingesetzte Messingrohre), für Messing bei länger andauernder Einwirkung schädlich, wogegen ein Strom von 0,1 Amp/dm^2 schon sehr bald stark korrodierende Wirkung hervorruft. Einwandfreier wäre es allerdings, die Gefahrgrenze bezüglich der Anfressungen nicht in Amp/dm^2, sondern in absoluter Potentialdifferenz zwischen Metall und Elektrolyt (gemessen in Volt) anzugeben, da für den elektrolytischen Lösungsvorgang an der Anode in erster Linie nicht die Stromdichte, sondern die Potentialdifferenz zwischen Anode und Elektrolyt maßgebend ist. Allerdings stehen Stromdichte und Potentialdifferenz miteinander in enger Beziehung, die eine wächst mit der anderen, aber die Potentialdifferenz hängt auch noch von der Zusammensetzung, Konzentration und Temperatur des Elektrolyts und von Art, Form und Anordnung der Elektroden ab.

Bilden sich durch besondere Umstände, z. B. durch höhere Temperatur oder durch gewisse Beimengungen im Wasser, an Stelle der schwerlöslichen Oxydschicht leichtlösliche Oxyde, so greift der Strom die Oberfläche des Metalls mehr oder weniger gleichmäßig an; er ruft keine engbegrenzten Anfressungen, sondern allgemeine Korrosionen hervor (Abb. 235).

[1]) In der elektrischen Kraftanlage Sampierdarena wurde der durch einen der Kondensatoren — 2000 m^2 Kühlfläche — fließende Fremdstrom = 20 Amp. gemessen; bezogen auf die totale Kühlfläche also 0,01 Amp/m^2.

68. Der Einfluß des galvanischen Stromes auf das Material.

Wie bereits erwähnt, entstehen im Kondensator galvanische Ströme durch das Vorhandensein verschiedener Metalle, die einerseits unter sich leitend verbunden sind und andererseits mit einem Elektrolyt — dem Kühlwasser — in Berührung stehen. Alle Metalle lassen sich nun bekanntlich derart in Reihe — die Spannungsreihe — ordnen, daß jedes in der Reihe vorangehende Glied gegen jedes nachfolgende positiv wird. Es gilt stets die Regel, daß das Material höheren Potentials, also dasjenige, aus dem der Strom in den Elektrolyt übertritt, zerstört wird. Taucht man z. B. zwei verschiedene Metalle, die miteinander in metallisch leitender Verbindung stehen, z. B. untereinander kurzgeschlossen sind, in ein Elektrolyt, z. B. Seewasser, so wird durch den entstehenden galvanischen Strom diejenige der beiden Elektroden, die in der galvanischen Spannungsreihe zur elektropositiven wird — die Anode —, zerstört.

Bei galvanischen Wirkungen auf Kondensatorrohre, herrührend von verschiedenartigen Materialien im Kondensator, sind also zu unterscheiden:

1. solche Materialien, die sich gegenüber dem Rohrmaterial elektronegativ verhalten, so daß also das elektropositive Rohrmaterial zerstört wird,
2. solche, die sich gegenüber dem Rohrmaterial elektropositiv verhalten und somit Schutzströme erzeugen.

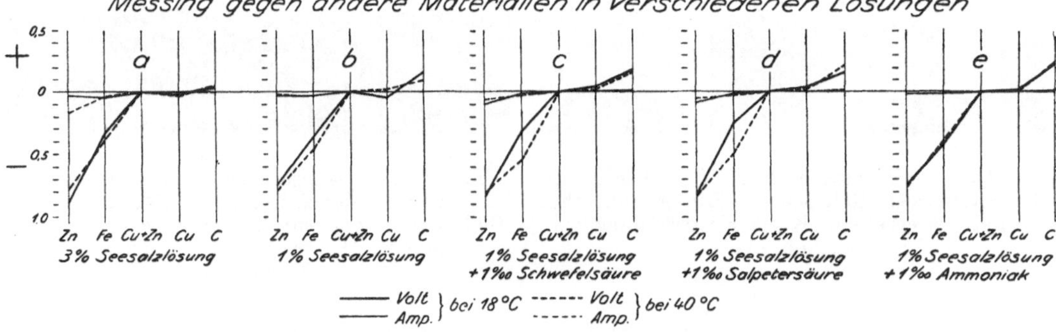

Abb. 240. Spannung und Kurzschlußstromstärke zwischen Messing und anderen Materialien in Seewasser verschiedener Konzentration und Zusammensetzung (verschiedenes Elektrolyt).

Die folgenden Versuche, die auch als Vorversuche für spätere ausführlichere Versuche dienen sollten, geben Aufschluß darüber, welche Materialien gegenüber Messing zu der ersten und welche zu der zweiten Kategorie gehören. Es wurde die Größe der entstehenden Potentialunterschiede und der Stromstärken bei der betreffenden Versuchsanordnung sowie der Einfluß von Temperatur und Zusammensetzung des Wassers als Elektrolyt näher festgestellt. Abb. 224 zeigt die Versuchsanordnung.

Die benutzten Elektroden hatten eine benetzte Fläche von ca. 250 cm² und waren in einem Abstand von 20 mm an einem Stabilitstab befestigt. Die Versuche wurden bei 18° und bei 40° Elektrolyttemperatur durchgeführt.

Die Messung der Spannung erfolgte beim erstmaligen Eintauchen der gereinigten Elektroden mit einem Präzisionsvoltmeter von 300 Ohm Widerstand. Diese Methode gibt für vorliegende Zwecke ausreichend genaue Resultate; ganz einwandfreie Werte hätten mit Hilfe eines Spannungskompensators erzielt werden können. Die Stromstärke wurde nach 30 Sekunden Kurzschlußdauer bestimmt, nachdem sich gezeigt hatte, daß sich nach dieser Zeit für vorliegenden Zweck brauchbare Vergleichswerte ergeben.

Die Versuchsergebnisse sind in Abb. 240 in Kurvenform dargestellt.

Tafel VII.

Verschiedene Messinglegierungen,

geordnet nach ihrer Widerstandsfähigkeit gegen elektrolytische Zerstörungen.

Abb. 241. v = 200.
Rohrmaterial — gezogen.
70 Cu + 30 Zn.

Homogenes Gefüge; α-Mischkristalle. Sehr grobkristallinisches Metall. Gute Widerstandsfähigkeit gegen elektrolytische Zerstörungen.

Abb. 242. v = 200.
Rohrmaterial — gezogen.
70,5 Cu + 28 Zn + 1,5 Sn.

Homogenes Gefüge. α-Mischkristalle. Mittlere Korngröße. Die elektrolytische Zerstörung durch Seewasser geht von den Kristallgrenzflächen aus, als Folge von Potentialunterschieden zwischen den Kristallgrenzflächen und dem Kristallkern.

Abb. 243. v = 200.
Rohrmaterial — gezogen.
70 Cu + 30 Zn.

Homogenes Gefüge. α-Mischkristalle; fein kristallinisches Material. Das Material ist infolge der größeren Anzahl von Kristallgrenzflächen gegen elektrolytische Zerstörungen nicht so widerstandsfähig wie das Material nach Abb. 241.

Tafel VIII.

Verschiedene Messinglegierungen,

geordnet nach ihrer Widerstandsfähigkeit gegen elektrolytische Zerstörungen.

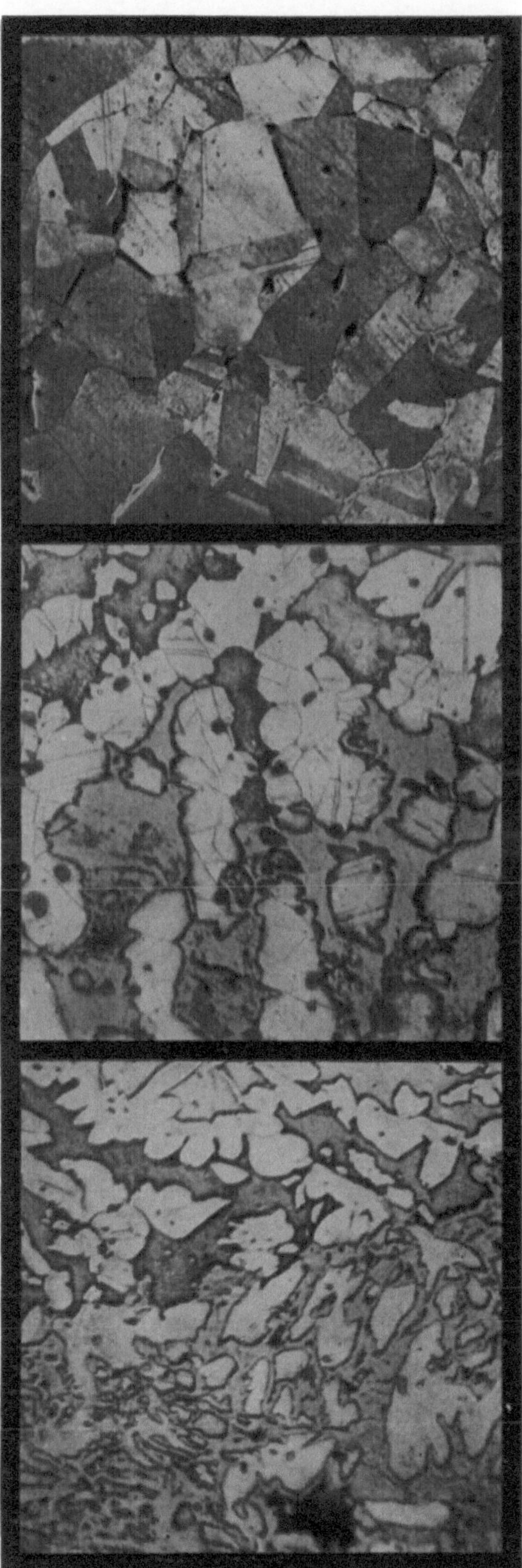

Abb. 244. v = 200.

65 Cu + 35 Zn.

Heterogenes Material. Vorwiegend α-Mischkristalle mit geringen Mengen Eutektoid ($\alpha + \gamma$). Da das Eutektoid infolge des höheren Zinkgehaltes eine höhere Lösungstension besitzt als die α-Mischkristalle, so wird es bei Berührung mit einem Elektrolyt durch den entstehenden galvanischen Strom zwischen Eutektoid—α-Mischkristallen zerstört. Im unteren Teil der Abb. ist eine Zerstörung bereits eingetreten; an Stelle von ($\alpha + \gamma$) Eutektoid ist durch Entzinkung poröses Kupfer getreten, welches mit den übrigen Kristallen nur lose zusammenhängt.

Abb. 245. v = 200.

Stopfbuchsenmaterial — gespritzt.

ca. 61 Cu + 39 Zn.

Heterogenes Gefüge. Heller Bestandteil = α-Mischkristalle. Dunklere braune Grundmasse = ($\alpha + \gamma$) Eutektoid. Letzteres ist im unteren Teil der Abb. durch die elektrochemische Wirkung des α-Bestandteils, der kupferreicher ist, entzinkt.

Abb. 246. v = 200.

Rohrmaterial — gezogen.

ca. 60 Cu + 40 Zn. (Muntzmetall).

Wie Abb. 245. Das Gefüge ist infolge stärkerer mechanischer Bearbeitung feinkörniger. Material teilweise zerstört.

Tafel IX.

Verschiedene Messinglegierungen,

geordnet nach ihrer Widerstandsfähigkeit gegen elektrolytische Zerstörungen.

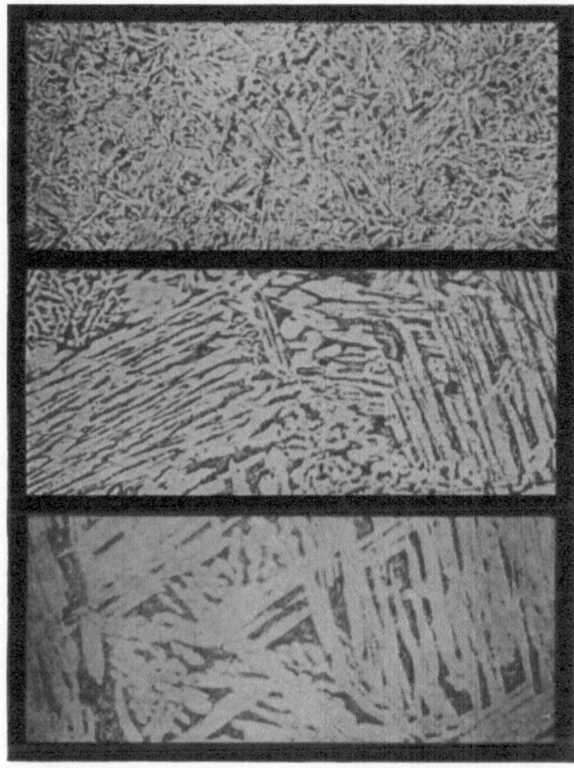

Abb. 247. v = 200.

Abb. 248. v = 200.

Abb. 249. v = 200.

Stopfbuchsenmaterial gespritzt.

ca. 56 Cu + 44 Zn.

Heterogenes Gefüge. α-Mischkristalle und $(\alpha + \gamma)$ Eutektoid. Infolge der großen Feinkörnigkeit und der Heterogenität ist es nach obigem gegen elektrolytische Zerstörungen sehr wenig widerstandsfähig.

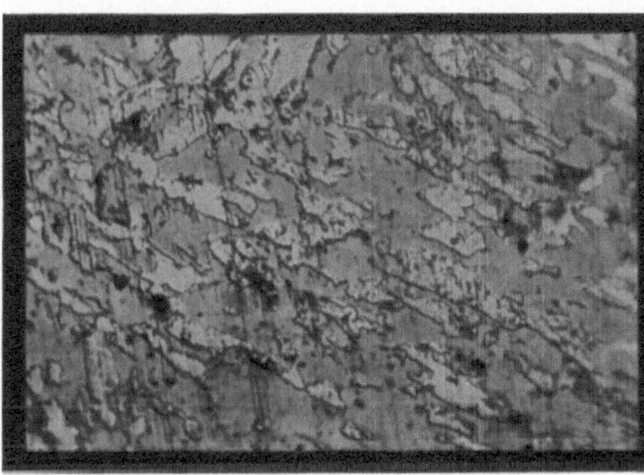

Abb. 250. v = 800.

Elektrolytisch zerstört.

Versuchsergebnisse nach Abb. 240.

Zink und Eisen erzeugen für Messing Schutzströme.

Kupfer wirkt größtenteils in geringem Maße zerstörend.

Kohle hat nach den Kurven b, c, d, e stark zerstörenden Einfluß auf Messing.

Für alle Fälle, in denen Messing Anode ist, gilt folgendes:

3%ige Seesalzlösung, entsprechend der Zusammensetzung des Seewassers auf offenem Meere, hat nach Kurve a geringere zerstörende Wirkung als alle anderen untersuchten Lösungen.

1%ige Seesalzlösung, entsprechend der Konzentration in Binnenmeeren und Häfen, hat stark zerstörenden Einfluß auf Messing (b), besonders wenn sie mit Säuren oder Ammoniak — Verunreinigungen z. B. durch Abwässer — vermischt ist (d).

Folgerung:

In einem Kondensator können also an Messingrohren homogener Legierung durch den galvanischen Einfluß anderer eingebauter Materialien mit Ausnahme von Kupfer Anfressungen überhaupt nicht entstehen, wohl aber an den vom Kühlwasser bespülten Eisenteilen, besonders an den Kondensatorrohrböden, und zwar durch die galvanische Wirkung der Messingrohre (Abb. 239).

Die Anwesenheit von Kohle im Kondensator, z. B. in Form einzelner in die Rohre eingeschwemmter und hier festsitzender Kohleteilchen oder Ruß, kann unter Umständen für die Kondensatormessingrohre sehr nachteilig sein. Voraussetzung für die praktisch schädliche Wirkung der Kohle ist, daß diese Kohleteilchen längere Zeit in gutleitender Verbindung mit dem Messing bleiben und das Messing nicht vorzeitig durch Bildung einer Oxydschicht geschützt wird. Beim losen Aufliegen von Kohleteilchen auf der Oberfläche des Kondensatorrohres bildet sich jedoch, wie Versuche ergaben, schon nach verhältnismäßig kurzer Zeit eine solche schützende Oxydschicht. Für Schiffskondensatoren ist die Tatsache wichtig, daß das Wasser in Häfen und Binnenmeeren — Brackwasser — bedeutend schädlicher ist als dasjenige auf hoher See.

69. Anfressungen an Kondensatorrohren durch Potentialunterschiede engumgrenzter Stellen des einzelnen Rohres. Betriebsresultate.

Außer den galvanischen Strömen, die sich durch das Vorhandensein verschiedenartiger Metalle der verschiedenen Kondensatorteile im Verein mit Salz- bzw. Seewasser bilden, können auch in dem einzelnen Kondensatorrohr selbst örtliche galvanische Ströme kleinster Reichweite entstehen, und zwar als Folge galvanischer Potentialunterschiede innerhalb desselben Materials und ferner auch als Folge eingeschwemmter Fremdkörper, z. B. Kohlestückchen.

Das Vorhandensein von Potentialunterschieden an heterogenem Material, also an solchem Material, das aus zwei oder mehr Gefügebestandteilen zusammengesetzt ist, läßt sich leicht erklären. Bei Messing 60 Cu, 40 Zn (Abb. 244—246), das bekanntlich im stabilen Zustande aus α-Mischkristallen 63,5 Cu, 36,5 Zn und $\alpha + \beta$ Eutektoid 52,5 Cu und 47,5 Zn besteht, wird demnach bei entsprechender Disposition das zinkreichere Eutektoid durch die elektrolytische Wirkung des α-Bestandteiles herausgelöst.

Man verwendet deshalb vorzugsweise eine Legierung 70 Cu, 30 Zn oder 70 Cu, 29 Zn, 1 Sn (genauer 71/28/1 mit Plus-Minus-Toleranz), die aus reinem α Gefüge besteht, also homogen ist (Abb. 241—243).

Mit obigem steht die Tatsache in scheinbarem Widerspruch, daß das sog. Muntzmetall (Abb. 246), eine heterogene Legierung mit 35—45% Zinkgehalt, bei der englischen Marine mit Erfolg als Material für Kondensatorrohre verwendet wird. Hierbei spielen vermutlich anodische oder kathodische Polarisation durch schwerlösliche, schlechtleitende Oxyd- oder Gashäutchen, die sich auf dem einen oder anderen der beiden Gefügebestandteile bilden und somit das Zustandekommen eines Stromes verhindern, eine schützende Rolle. Werden aber durch irgendwelche depolarisierende Beimengungen im Wasser diese Oxydhäutchen gelöst oder in eine leichtlösliche Substanz übergeführt oder von vornherein in ihrer Entstehung durch kräftige Wasserspülung verhindert, so wird naturgemäß das Material schnell zerstört.

Aber auch in metallographisch homogenem Material treten Potentialunterschiede auf. Ihre Ursache sind einerseits Materialfehler chemischer oder mechanischer Art, andererseits rühren die Potentialunterschiede von dem verschiedenen elektrolytischen

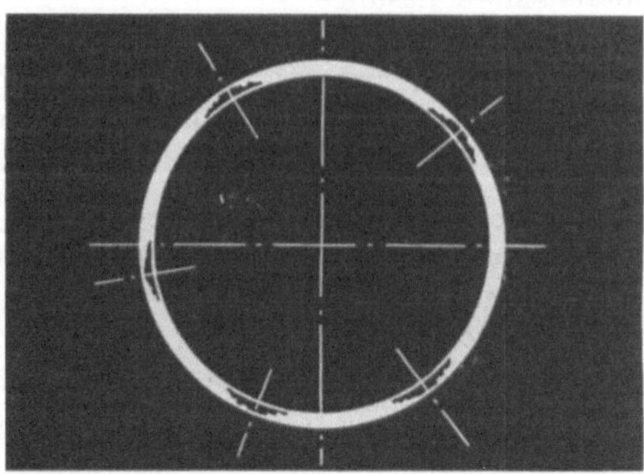

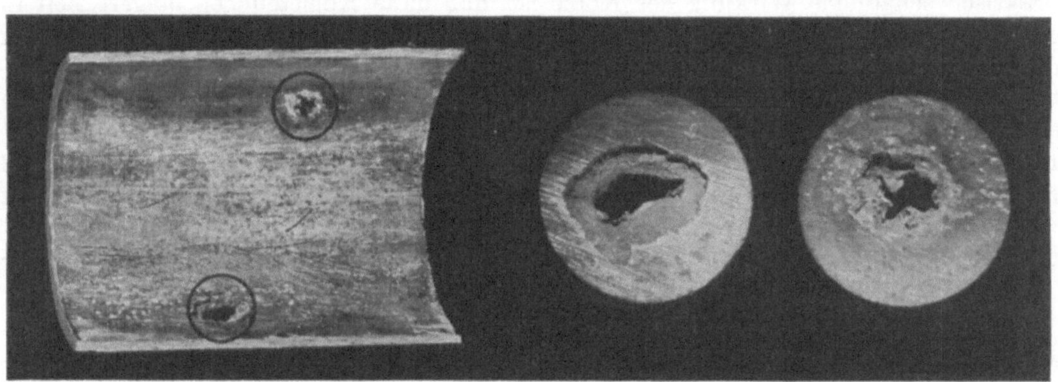

Abb. 251. Durchbrüche infolge örtlicher Entzinkung, am ganzen Umfang und über die ganze Länge des Rohres verteilt. Poröse Kupferpfropfen teilweise erhalten, teilweise herausgefallen. Das charakteristische Merkmal eines durch Entzinkung entstehenden Durchbruches ist sein zerklüftetes Aussehen.

Verhalten der Kristallgrenzflächen gegenüber dem Kristallinnern bzw. den freiliegenden Kristallflächen her[1]).

Stehen solche Fehlerstellen bei Messingrohren in Berührung mit einem Elektrolyt, z. B. Seewasser, so fließt ein elektrischer Strom von dem Punkt höheren zum Punkt niedrigeren Potentials. Dadurch wird an der ersteren Stelle ein Lösen des Messings bewirkt, das Zink bleibt in Lösung, wohingegen das Kupfer, das an sich eine geringere Lösungspannung besitzt, sogleich wieder ausgeschieden wird. Es bildet sich also hier ein winziges kurzgeschlossenes Element (Kupfer-Messing), dessen Strom unbehindert, auch nachdem der auslösende Fehler evtl. verschwunden ist, die den Kupferpartikelchen benachbarten Stellen weiter entzinkt. Durch den Zinkverlust wird das stehengebliebene Kupfer naturgemäß porös, gestattet so dem Kühlwasser, tiefer in das Material einzudringen und gibt ihm dort Gelegenheit zu weiterer Zerstörung, bis die ganze Umgebung der ursprünglich vielleicht verschwindend kleinen Fehlerstelle eine

[1]) Vgl. Abschnitt 70.

Tafel X.

Labor.-Vers. Örtliche galvanische Ströme.

Künstliches Hervorrufen von Anfressungen und Entzinkung an Kondensatorrohren. (Folge von Potentialunterschieden engumgrenzter Stellen.)

Versuchsanordnung Abb. 225.

Versuchsobjekte.

v = 2

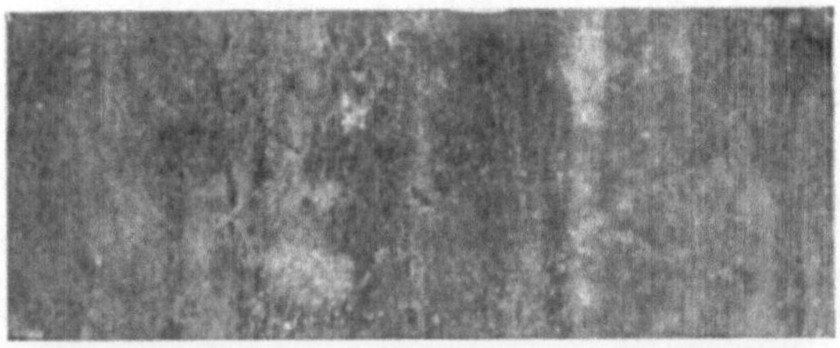

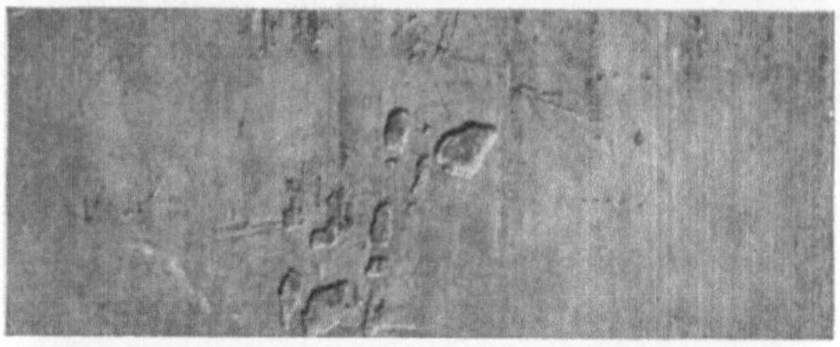

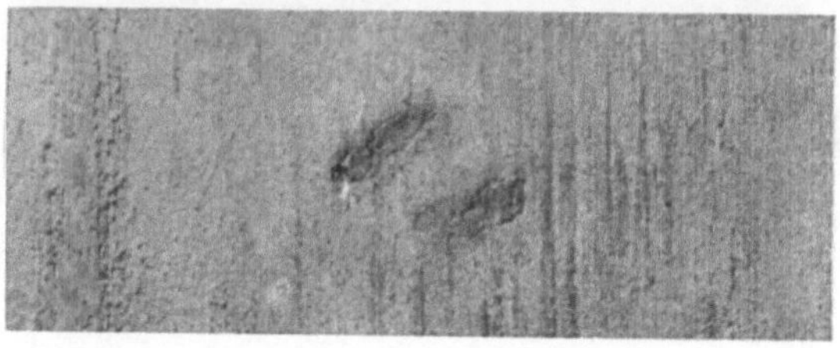

Abb.	Elektrolyt wäßr. Lösung von	Temp. °C	Vers.-Dauer Std.	Gewichtsverlust g/dm²	Ergebnis Bemerkungen
252	3% Seesalz	45	1000	0,05	Die Oberfläche des Objektes ist unversehrt.
253	1% Seesalz	45	1000	0,18	Die Oberfläche des Objektes ist nahezu unversehrt.
254	1% Seesalz Durchblasen von Sauerstoff	18	1000	0,35	wie vor.
255	1% Seesalz 0,1% Salpetersäure	45	1000	4,4	Allgemeine Korrosion vorzugsweise an der Berührungsstelle zwischen Luft und Elektrolyt. Örtliche Korrosion an vorher unscheinbaren mechan. Eindrücken.
256	1% Seesalz 0,1% Salpetersäure Durchblasen von Kohlendioxyd	45	1000	5,4	Befund wie vor, doch in ausgeprägterem Maße.
257	1% Seesalz 0,1% Schwefelsäure	45	800	7,3	Allgemeine Korrosion von Entzinkung. Durch Materialfehler örtliche Entzinkung.

Tafel XI.

Labor.-Vers. Örtliche galvanische Ströme.

Künstliches Hervorrufen von Anfressungen und Entzinkung an Kondensatorrohren. (Durch Kohle.)

Versuchsanordnung Abb. 226.

Versuchsobjekte.

v = 2

Abb.	Elektrolyt wäßr. Lösung von	Temp. °C	Vers.-Dauer Std.	Gewichtsverlust g/dm²	Ergebnis Bemerkungen
 258	3% Seesalz	45	800	4,4	Allgemeine Korrosion.
259	1% Seesalz 0,1% Schwefelsäure	45	800	7,0	Starke allgemeine und örtliche Korrosion.
 260	1% Seesalz 0,2% Salpetersäure	45	800	6,9	Starke allgemeine Korrosion.
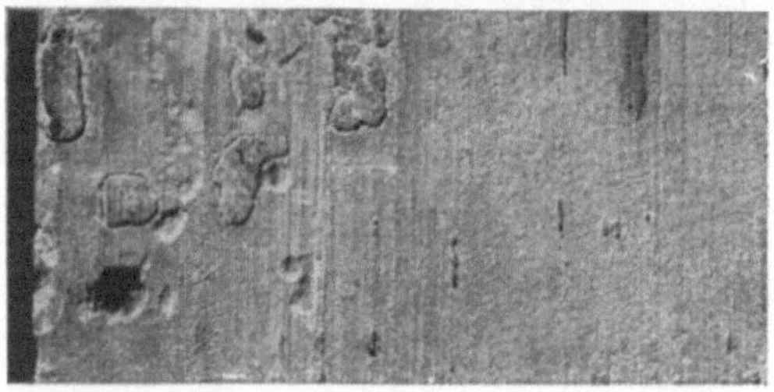 261	1% Seesalz 0,1% Salpetersäure	45	800	7,5	Allgemeine Korrosion. Auf der der Kohle zugewandten Seite starke allgemeine und örtliche Entzinkung. Durchbrüche.
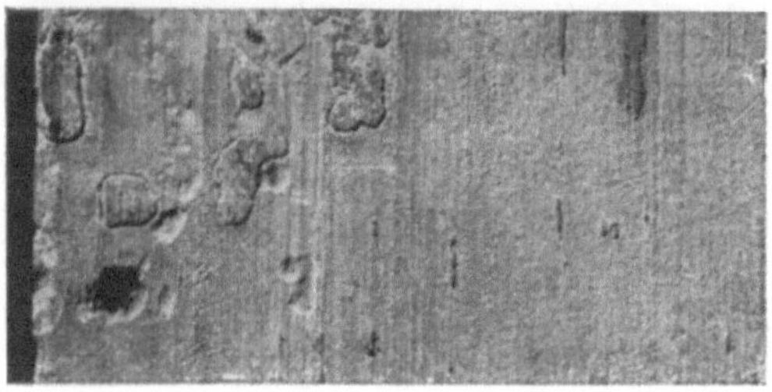 262	1% Seesalz 0,05% Salpetersäure	45	800	7,7	Allgemeine Korrosion. Ausgeprägt örtliche Entzinkung; mehrere punktförmige, mit porösen Kupferpfropfen ausgefüllte Durchbrüche.

Wucherung aus porösem Kupfer darstellt. Entsprechend dem geringen mechanischen Zusammenhang des porösen Kupfers wird dieses früher oder später ganz oder teilweise durch das Kühlwasser herausgespült; es entsteht eine Durchbruchstelle.

Betriebsobjekte mit solchen durch örtliche galvanische Ströme hervorgerufenen Anfressungen in verschiedenem Zustand der Entwicklung zeigt die Abb. 251.

Gewisse Bestandteile des Kühlwassers oder auch in die Rohre eingeschwemmte gewisse Fremdkörper können eine die Zerstörung auslösende oder sie beschleunigende Wirkung ausüben; auch die Temperatur hat einen nicht unwesentlichen Einfluß auf diese Zerstörungserscheinungen.

70. Künstliches Hervorrufen von Anfressungen durch örtliche Ströme.

Das Verhalten von Seewasser verschiedener Konzentration und die Einwirkung gewisser Beimengungen auf Kondensator-Messingrohre 70 Cu, 29 Zn, 1 Sn wurde in den Versuchen gemäß Tafel X beobachtet. Auch hier zeigt sich die verhältnismäßig geringe Korrosionsaktivität von 3%iger reiner Seesalzlösung gegenüber allen anderen zu den Untersuchungen benutzten Lösungen. Spuren von Ammoniak, gelöstem Sauerstoff, Salpetersäure und Salpetersäure nebst gelöstem Kohlendioxyd in 1%igem Seewasser scheinen auf das untersuchte Material hauptsächlich rein chemische Wirkung zu haben, hingegen tritt bei Seewasser mit einem Gehalt an Schwefelsäure (Abb. 257) neben rein chemischer Wirkung auch elektrolytischer Einfluß zutage. Das untersuchte Objekt wies an einigen Punkten örtliche Entzinkung auf — poröse Kupferpflöcke in Vertiefungen der Bleche (Abb. 257) —, deren Ursache allem Anschein nach durch mechanischen Einfluß eingetretene Materialfehler waren.

Die Wirkung des Schwefelsäuregehaltes liegt vermutlich darin, daß gerade dieser Zusatz von Schwefelsäure die bei anderen Lösungen sich bildenden Oxydhäutchen, die das Entstehen örtlicher galvanischer Ströme verhindern, auflöst, wodurch sich bei entsprechender Disposition des Materials die zerstörenden örtlichen Ströme bilden.

Um Aufschluß über die primäre Ursache der örtlichen Anfressungen zu erhalten, wurden verschiedene Objekte sofort nach Sichtbarwerden der Anfressungen, also möglichst bevor die auslösende Ursache verschwinden konnte, metallographisch untersucht, und es gelang auch in einer ganzen Anzahl von Fällen, in unmittelbarer Umgebung solcher winziger punktförmiger Anfressungen Materialfehler nachzuweisen.

Abb. 266 zeigt den Schnitt durch eine bereits nach einer Versuchsdauer von nur 24 Stunden durch einen kupferroten Fleck erkennbare Anfressung. Die den Materialfehler kennzeichnenden Kristalle sind auf der Oberfläche durch ihre Struktur von gesunden Kristallen deutlich unterschieden.

Abb. 270 ist eine ebenfalls nach kurzer Zeit durch einen kupferroten Fleck deutlich sichtbar gewordene Anfressung, von der die Aufnahme jedoch erst gemacht wurde, nachdem das Elektrolyt 800 Stunden eingewirkt hatte. Der primäre Anlaß ist bereits verschwunden. Dafür hat sich durch Entzinkung ein umfangreicher Kupferpfropfen gebildet, durch den sekundär die begonnene Zerstörung des Materials an der betreffenden Stelle fortgesetzt wird.

Bei Betrachtung der Abb. 268 und 270 fällt auf, daß die Entzinkung von den Kristallgrenzflächen der einzelnen Kristalle ausgeht, diesen Grenzflächen folgt und sich nach und nach ganz oder teilweise der eingeschlossenen und benachbarten Kristalle bemächtigt. Diese Erscheinung ist auf die geschilderten Potentialunterschiede zwischen den Kristallgrenzflächen und dem Kristallinnern zurückzuführen.

Daß ein grobkristallinisches Material sich gegen elektrolytische Einflüsse besser verhält als ein feinkörniges, hartes, zeigt folgender Versuch:

Ein Streifen sehr feinkörniges, von einem Kondensator herrührendes Messingblech 70 Cu, 28 Zn, 2 Sn (Abb. 263) wurde durch einstündiges Glühen im Heräus-Ofen bei 700° C in sehr grobkörniges Material (Abb. 264) umgewandelt. Dieser grobkristallinische Streifen wurde nun nach Abbeizen der Oberfläche mit einem gleichgroßen und ebenfalls abgebeizten feinkörnigen Streifen des Ausgangsmaterials in angesäuerte Kochsalzlösung gebracht und über ein 100-ohmiges Millivoltmeter kurzgeschlossen. Es zeigte sich ein Potentialunterschied zwischen beiden Materialien von etwa 1—1,5 Millivolt, und zwar war das grobkristallinische Material positiv, das feinkristallinische negativ elektrisch. Es floß im Elektrolyt also ein galvanischer Strom vom feinkörnigen zum grobkörnigen Material, der das feinkörnige in Lösung brachte. Dieser Zustand blieb während der ganzen Beobachtungszeit (100 Stunden) erhalten. Da die chemische Zusammensetzung beider Elektroden die gleiche war, konnte der entstandene Strom nur eine Folge der verschiedenen mechanischen Eigenschaften sein, und zwar kommt hier die bei beiden Proben verschiedene Anzahl der Kristallgrenzgebiete in Betracht, die ja bekanntlich härter sind als die Kristallkerne.

Abb. 263—264. Material vor und nach dem Glühen.

Die oben erwähnten Materialfehler bestehen entweder in örtlicher ungleichmäßiger Zusammensetzung, in Verunreinigungen, Seigerungen, oder die Fehler sind durch rein mechanische Einflüsse entstanden. Durch einen mechanischen Eindruck entstehen bekanntlich im Gefüge des Materials die sogen. Translationsstreifen, von denen ein einzelnes Kristall sehr viele aufweisen kann (Abb. 265). Faßt man nun jeden dieser Streifen als neu entstandene Korngrenze und das zwischen den Streifen liegende Material nicht als Teil des betreffenden Kristalls, sondern als neu entstandene Kristalle auf, so läßt sich nach obigem die örtliche Entzinkung als Folge örtlicher mechanischer Eindrücke erklären. Man kommt dabei zu dem Schluß, daß für Kondensatorrohre Material mit möglichst wenig Korngrenzen, also ein grobkörniges Material vom elektrochemischen Standpunkt dem feinkörnigen Material mit Rücksicht auf die allgemeine Korrosion oder Entzinkung vorzuziehen ist. Um schädliche Einflüsse von mechanischen Eindrücken zu vermeiden, ist auf sehr sorgfältiges Einbauen zu achten. Die Gefahren einer örtlichen Entzinkung durch Materialfehler chemischer Art bleiben dabei naturgemäß bestehen.

Auch das Überziehen der Rohre mit einer homogenen Metallschicht durch Verzinnen ist zum Schutze gegen Anfressungen von Vorteil; ein sicherer Schutz ist jedoch nur so lange gewährleistet, als dieser Überzug an keiner Stelle eine Unterbrechung aufweist.

71. Künstliches Hervorrufen von Anfressungen durch Fremdkörper.

Durch das Kühlwasser können unter Umständen Ruß-, Koks- oder Kohlestückchen in den Kondensator eingeschwemmt werden und sich irgendwo an den Kondensatorrohren festsetzen; Kohle hat nun nach Abb. 240 gegenüber Messing negatives Potential, sie übt also auf messingene Kondensatorrohre eine zerstörende Wirkung aus. Die

Tafel XII.

Versuchsobjekte mit Anfressungen durch örtliche galvanische Ströme.

Entzinkung durch Materialfehler. **Entzinkung durch den Einfluß von Kohle.**

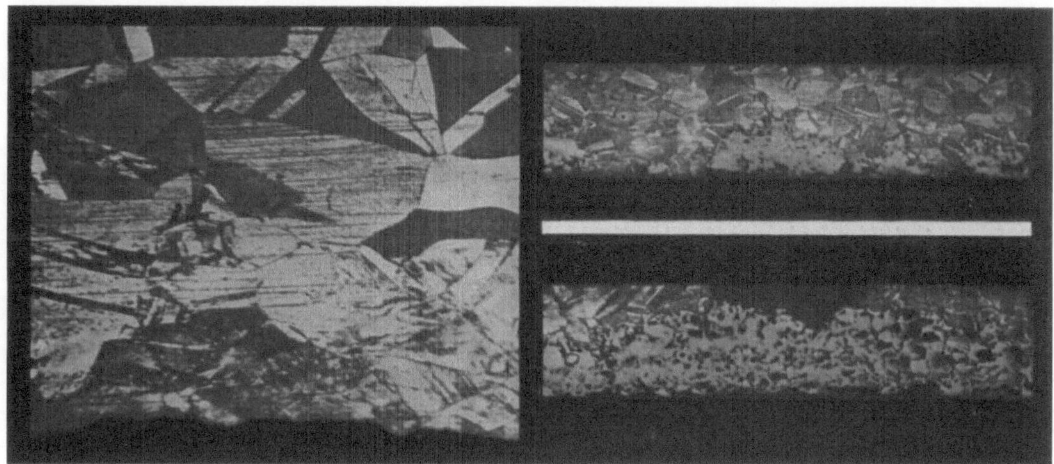

Abb. 265. v = 100. Abb. 268—269. v = 20.

Abb. 266—267. v = 200. Abb. 270—271. v = 200.

Tafel XIII.

Die verschiedenen Stadien der Entstehung von Anfressungen durch örtliche galvanische Ströme.

Betriebsobjekte. **Versuchsobjekte.**

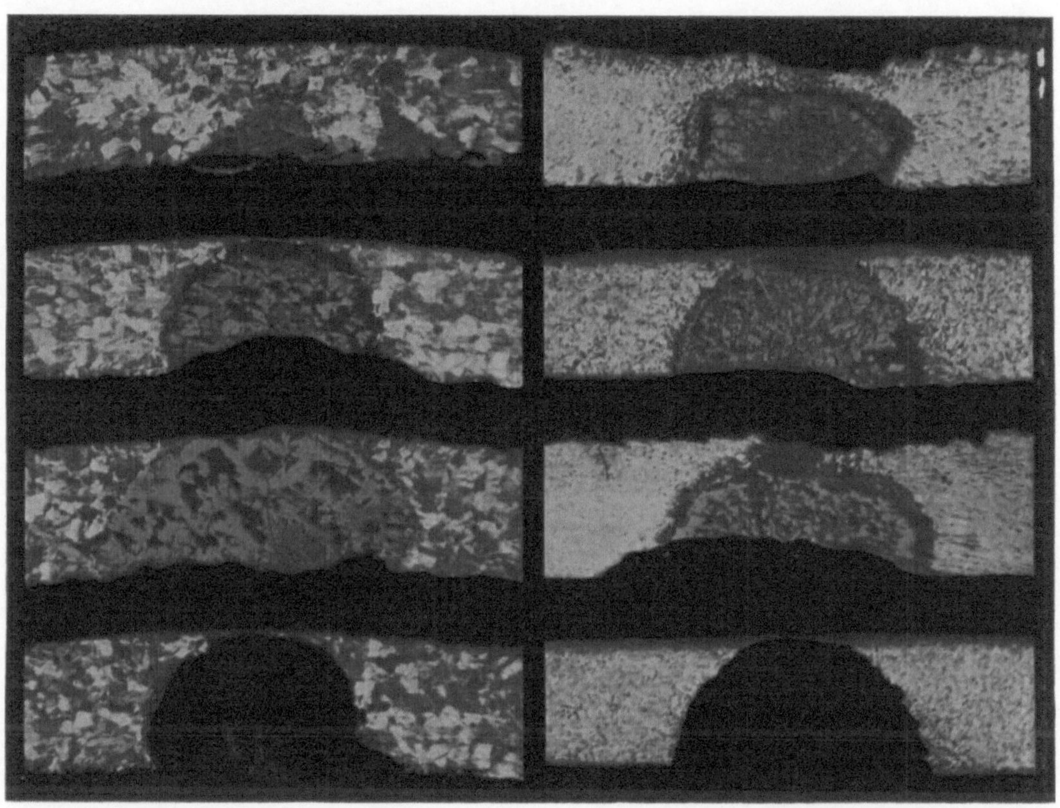

Abb. 272—275. v = 20. Abb. 277—280. v = 20.

Abb. 276. v = 200. Abb. 281. v = 200.

Tabelle Tafel XI über vorgenommene Versuche soll zeigen, welche Erscheinungen die galvanische Einwirkung von Kohle auf Messingblech hervorruft. Das zu untersuchende Rohrmaterial wurde dabei nach Abb. 226 in Verbindung mit einer Elementenkohle als kurzgeschlossenes galvanisches Element in Seewasser eingehängt. Auch hier gelangte Seewasser verschiedener Konzentration und verschiedener Zusammensetzung zur Anwendung und es wurde in Übereinstimmung mit den vorangegangenen Versuchen (Abschnitt 68) die 3%ige Seesalzlösung — ohne Schwefelsäure oder Salpetersäure — als die am wenigsten schädliche von allen anderen angewandten Lösungen erkannt (Abb. 258).

1%ige Seesalzlösung mit einem Zusatz von 0,1% Schwefelsäure (Abb. 259) bzw. 0,2% Salpetersäure (Abb. 260) ergab außer starker allgemein lösender Wirkung durch die Kohle keine bemerkenswerten Erscheinungen. Ein geringerer Zusatz von Salpetersäure, und zwar ein solcher von 0,1% hatte jedoch starke Entzinkung auf der der Kohle zugewandten Seite des Bleches zur Folge (Abb. 261). Das Versuchsobjekt war nach 800stündiger Versuchsdauer an einigen Stellen über die ganze Dicke des Bleches entzinkt (Abb. 268—271) und derart brüchig, daß es schon bei leichtem Biegen durchbrach, und zwar infolge des zwischen den einzelnen Messingkristallen lagernden und die Kohäsion derselben stark vermindernden porösen Kupfernetzes (Abb. 270). Aus diesen Versuchen ist zu folgern, daß Kohlepartikelchen gelegentlich auf die von inneren galvanischen Strömen beeinflußten Stellen von Messingblech — Kondensatorrohre — stark entzinkende Wirkung ausüben können.

Geringer Salpetersäuregehalt — 0,05% — ergab nach Abb. 262 besonders bemerkenswerte Resultate. An Stelle der allgemeinen Entzinkung war hier ausgesprochen örtliche Entzinkung mit mehreren scharf begrenzten Durchbrüchen eingetreten (Abb. 277—281).

Ein Vergleich der Abb. 277—281 mit den Abb. 272—276 zeigt die vollkommene Identität der Versuchsobjekte mit Durchbrüchen, wie sie an Kondensatorrohren im Betrieb beobachtet wurden. Die in den Durchbrüchen sitzenden Kupferpfropfen lassen sich hier wie dort leicht herausdrücken und sind auch des öfteren bereits ohne absichtliche mechanische Wirkung herausgefallen. Die örtlichen Entzinkungen sind vorzugsweise an solchen Stellen aufgetreten, wo beim Aufbiegen und Bearbeiten der Rohrprobe unscheinbare mechanische Verletzungen und Eindrücke im Material entstanden waren. Der galvanische Strom: Messing-Kohle hat somit verstärkend auf diese örtlichen Fehler im Material eingewirkt; die Wirkung der örtlichen Fehler kam dadurch in verhältnismäßig kurzer Zeit zum Vorschein.

In den Abb. 278 u. f. hat der Kupferpfropfen eine vom Gefüge des Messings abweichende selbständige Gefügestruktur. Daraus folgt, daß seine Bildung eine Sekundärerscheinung ist; sowohl das Kupfer als auch das Zink waren durch den elektrolytischen Prozeß in Lösung gegangen, das Kupfer aber schied sich in Form von Kristallen sofort wieder an Teilchen niedrigeren Potentials aus. Dies ist ein Beweis, daß der Durchbruch durch einen elektrolytischen Vorgang erzeugt wurde, denn bei einem rein chemischen Herauslösen des Zinks wäre das zurückgebliebene Kupfer in Staubform vorhanden, bzw. es wäre jeweils in der Entstehung fortgespült worden. Vgl. auch den gleichen Lösungsvorgang in dem Betriebsobjekt (Abb. 276).

72. Anfressungen durch rein chemische Einflüsse.

Die Anfressungen durch rein chemische Einflüsse sind in gewissem Sinne stetige Begleiter der Anfressungen durch elektrische Ströme, seien es nun Fremdströme oder galvanische Ströme; meist treten ihre Wirkungen hinter letzteren stark zurück, so daß sie keiner besonderen Aufmerksamkeit bedürfen. Überhaupt können die verschiedenen Ursachen: Fremdstrom, galvanischer Strom und chemischer Einfluß zu gleicher Zeit einwirken und unter Umständen gleichen Anteil an dem Hervorrufen von Anfressungen haben, doch wird meist die eine oder die andere Ursache vorwiegen. Ein Fremdstrom geringer Stärke kann die Wirkung etwaiger galvanischer Ströme verstärken oder auch aufheben; chemische Verunreinigungen des Kühlwassers wirken fördernd auf die Entstehung von Anfressungen durch Fremdströme und durch galvanische Ströme. Ist jedoch der chemische Einfluß vorwiegend, so ergeben sich Anfressungen, die sich von solchen aus anderer Ursache durch ihren Charakter unterscheiden lassen. Sie sind daran zu erkennen, daß sie sich über die vom Wasser bespülte ganze Rohroberfläche mehr oder weniger gleichmäßig ausbreiten; das Material wird von der Wasserseite aus entweder gleichmäßig abgetragen oder auch nur entzinkt, bis schließlich nur noch eine dünne Messinghaut übrig bleibt, die, wenn Entzinkung vorliegt, das schwammige Kupfer trägt, selbst aber so spröde ist, daß sie leicht zerbröckelt (Abb. 282).

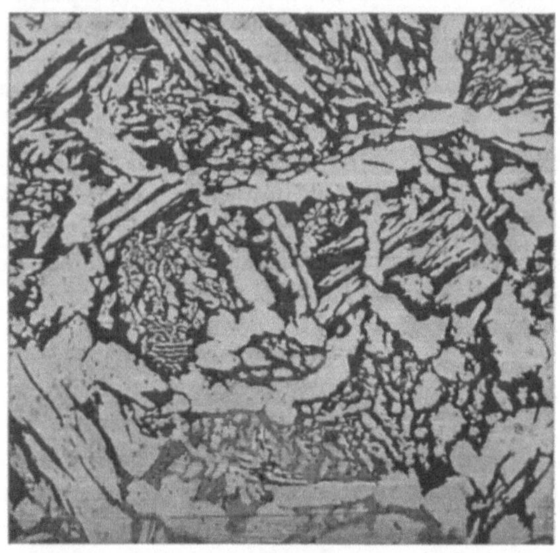

Abb. 282. Durch chemischen Einfluß vollständig zerstörtes Material. v = 100.
Der dunkle Gefügebestandteil besteht aus porösen Oxyden; der helle Bestandteil ist stehengebliebenes Messing.

Das zurückgebliebene Kupfer weist nicht, wie bei rein galvanischen Anfressungen, ein kristallinisches Gefüge auf, sondern es ist sehr fein verteilt als schwammiges Kupfer vorhanden. Außerdem fehlen meist Ablagerungen von Oxyd, wie sie bei Anfressungen durch galvanischen und besonders durch Fremdstrom vorkommen, die Oxyde werden vielmehr im allgemeinen durch die chemische Wirkung in leichtlösliche Bestandteile umgewandelt und weggeschwemmt.

Diese Erscheinungen treten besonders bei stark ammoniak- bzw. schwefelsäurehaltigem Kühlwasser ein.

73. Schutz gegen Anfressungen an Kondensatorrohren durch Schutzplatten verschiedenen Materials.

Die einfachste Art eines galvanischen Schutzes ist in Abb. 283 dargestellt. Sowohl in der hinteren als auch in der vorderen Wasserkammer wird eine Anzahl Schutzplatten — Zink, Eisen oder Aluminium — in gutleitende Verbindung mit dem jeweiligen Rohrboden gebracht. Die Wirkungsweise zeigt das Schema Abb. 288b, bei Anordnung der Platten nur auf einer Seite Abb. 288a. Der Strom tritt aus der Schutzplatte aus und durch das Wasser in das zu schützende Material, also in den Rohrboden, in die Stopfbuchsen und in die Rohrenden ein. Entsprechend den mit der Entfernung zunehmenden Widerständen werden die Messingteile, die der Schutzplatte am nächsten liegen, am stärksten geschützt. Im übrigen werden in erster Linie alle diejenigen Teile geschützt, die mit der Schutzplatte in gutleitender Verbindung stehen. Sollen z. B. auch die Kondensatorhauben geschützt werden, so müssen auch diese mit der Schutzplatte in gutleitende Verbindung gebracht werden. Im allgemeinen ist es aber nicht erforderlich, diese Hauben zu schützen, da sie einfach mit einem geeigneten Anstrich versehen werden können und außerdem ihre Entfernung bis zu den Körpern anderen Materials für die in Frage kommenden Ströme niedriger Spannung reichlich groß ist. Die Einrichtung hat sich zum Schutze von schmiedeeisernen Rohrböden bewährt. Um den Schutzstrom möglichst auf die Rohre zu konzentrieren, empfiehlt es sich, auch die Rohrböden zwischen den Rohrenden mit einem Farbanstrich zu versehen (s. Abb. 239).

Die Schutzplatte wird durch ihre schützende Tätigkeit aufgezehrt. Je schneller dies geschieht um so mehr war ihre Anwesenheit nötig. Hört die Aufzehrung des Schutzplattenmaterials trotz Benutzung leitenden Wassers auf, so ist das der Beweis für einen Fehler in der Schutzplattenanordnung oder ein Zeichen für die Untätigkeit des Schutzmaterials infolge Bestehens eines nichtleitenden Überzuges von Oxyd.

Beim Auftreten von Fremdstrom ist die Wirkung von Schutzplatten dieser gleichen Anordnung folgendermaßen zu erklären: Aus der Umgebung, etwa aus anschließenden Rohrleitungen, tritt der Fremdstrom in die Rohrböden und in das Kühlrohrsystem ein. Die Schutzplatten, leitend mit dem gefährdeten Rohrboden verbunden, haben

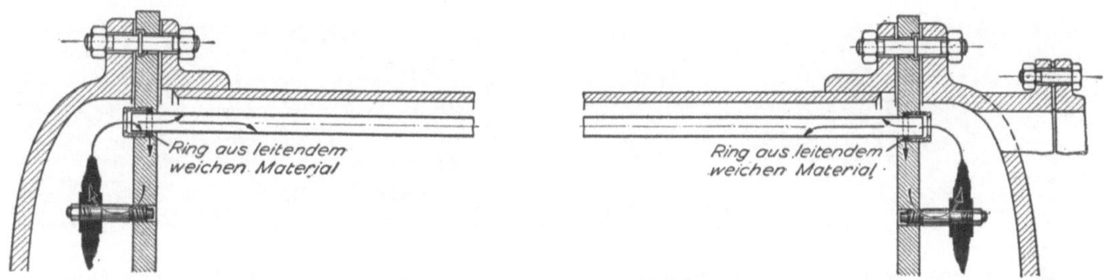

Abb. 283. Schutz gegen Kondensatorrohranfressungen durch eingebaute Schutzplatten aus „unedlerem“ Material als das Rohrmaterial.

dann die Aufgabe, den Strom in das Kühlwasser abzuführen, oder besser gesagt, das Austreten des Stromes aus der Oberfläche der Messingrohre und des Rohrbodens durch Entgegensenden eines Schutzstromes zu verhindern. Die Schutzplatte wird hierbei zerstört, während Rohre und Rohrboden keine Anfressungen erleiden. Diese absaugende Wirkung von Zinkschutzplatten genügt für Fremdströme geringer Stromstärken. Bei diesen zeigen sich Anfressungen vor dem Einbau von Schutzplatten zumeist nur an dem einen Ende der Rohre, und zwar an demjenigen Ende, welches dem Fremdstrom den bequemsten Weg in das Grundwasser, als der Stelle des verfügbaren niedrigsten Potentials, bietet. Erfahrungsgemäß genügen in solchen Fällen die Schutzplatten an nur diesem einen Rohrboden, evtl. an nur einer Stelle derselben. Bei großen Stromstärken muß entsprechend Abb. 290 ein Ablenken — populär gesprochen Absaugen — des eingedrungenen Fremdstromes aus den Rohrböden an ihre Stelle treten und ein Speisen durch isoliert eingebaute Verteilplatten vom positiven Pol der Schutzdynamo her erfolgen.

Folgende Versuche sollen über die Wirkung von Schutzplatten Aufschluß geben.

74. Versuche über die Schutzwirkung von Eisen- und Zinkplatten gegen Anfressungen an Kondensatorrohren aus Messing.

Bei den Versuchen Tafel XI wurden allgemeine und örtliche Anfressungen und Entzinkungen künstlich hervorgerufen. Die folgenden Versuche sollen bei gleicher Anordnung wie dort, jedoch unter Anwendung von Schutzelektroden aus Zink bzw. Eisen die effektive Schutzwirkung dieser Materialien veranschaulichen. Es wurden diejenigen Lösungen als Elektrolyte benutzt, die bei den Versuchen zur Erzeugung von Anfressungen und Entzinkung (Tafel XI) die ausgeprägtesten Resultate ergeben hatten.

Die Versuchsanordnung zur Feststellung der Wirkung einer Schutzeinrichtung gegen örtliche Ströme als Folge von inneren Materialverschiedenheiten ist in Abb. 227 schematisch dargestellt. Das Versuchsobjekt — Messingblech 70 Cu, 29 Zn, 1 Sn —

Tafel XIV.

Labor.-Versuche über Schutzplatten.

Schutzwirkung von Zink und Eisen gegen Anfressungen und Entzinkung an Messingrohren.

Versuchsanordnung	Material der Schutzelektrode	Elektrolyt-Lösung von	Temp. °C	Ergebnis nach einer Versuchsdauer von 800 Stunden
nach Abb. 227.	Zink	1% Seesalz 0,1% Schwefelsäure	18	Die Zinkschutzplatte ist vollständig aufgezehrt; das Messingblech ist vollständig unversehrt. Abb. 285.

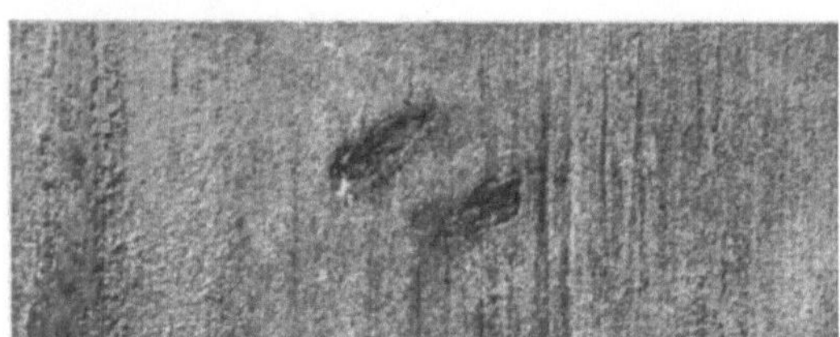

Abb. 284. Das Messingblech nach 800 Stunden ohne Schutz v = 2 Abb. 285. Das Messingblech nach 800 Stunden mit Schutz v = 2
bei sonst gleichen Versuchsbedingungen.

Versuchsanordnung	Material der Schutzelektrode	Elektrolyt-Lösung von	Temp. °C	Ergebnis nach einer Versuchsdauer von 800 Stunden
nach Abb. 227.	Zink	1% Seesalz 0,1% Schwefelsäure	45	Abgesehen von dem rapideren Verlauf der Aufzehrung des Zinks ergab dieser Versuch dasselbe wie der vorige.
nach Abb. 227.	Flußeisen	1% Seesalz 0,1% Schwefelsäure	{18 45}	Das Eisen ist mit dicker Rostschicht bedeckt; das Messing ist vollständig unversehrt.
nach Abb. 227.	Gußeisen	1% Seesalz 0,1% Schwefelsäure	{18 45}	Im wesentlichen dieselben Resultate wie bei Anwendung von Flußeisen, doch ist das Gußeisen stärker angegriffen als das Flußeisen.
nach Abb. 228.	Zink	1% Seesalz 0,1% Salpetersäure	45	Bildung einer dicken Oxydschicht auf den Zinkplatten, welche jedoch die Schutzwirkung nicht verhindert. Das Messing blieb vollständig unversehrt. Abb. 287.

Abb. 286. ohne Schutz v = 2 Abb. 287. mit Schutz v = 2
bei sonst gleichen Versuchsbedingungen.

war mit einem ihm gegenüberstehenden Zink- bzw. Eisenblech kurzgeschlossen. Der Strom floß vom Zink zum Messing, das Messing zeigte keine Zerstörungen. Die Versuchsanordnung mit vorgesehenen Schutzplatten gegen örtliche Ströme als Folge von angeschwemmten elektronegativen Fremdkörpern (Kohle) zeigt Abb. 228. Das Versuchsobjekt ist in Abb. 228 im Gegensatz zu Abb. 226 mit drei Zinkschutzplättchen versehen, die mittels Eisennieten und Zinkblechmanschetten gut leitend mit dem Messing verbunden sind. In allen Fällen (Tafel XIV) blieb das Messingblech vollständig unversehrt, solange es in gutleitendem Kontakt mit dem Schutzmaterial war. Eine schädliche Wirkung durch die von der Schutzplatte — Zink bzw. Eisen — herrührenden Oxyde trat nicht ein.

Die Versuche ergeben somit, daß zwar mit Hilfe von Schutzplatten aus Eisen oder besser aus Zink ein effektiver Schutz sowohl gegen durch Materialverschiedenheit oder Fremdkörper auftretende galvanische Ströme — örtliche Entzinkung und Korrosion —, als auch gegen rein chemische Einflüsse — allgemeine Entzinkung und Korrosion erreicht werden kann; es fehlen aber noch jegliche systematisch vorgenommene Versuche, wie weit die Reichweite einer solchen Schutzplatte, ausgehend von ihrer Fläche im Sinne der Plattengröße, geht, bzw. wie weit die von den Platten ausgehende Reichweite im Sinne der zu schützenden Länge des Körpers ist.

75. Schutz gegen galvanische Anfressungen nach dem Verfahren Harris-Anderson.

Das Kühlwasser bietet dem von der Schutzplatte ausgehenden galvanischen Strom im Vergleich zu den Kondensatorrohren einen ganz enormen Widerstand, der auch dann noch verhältnismäßig groß ist, wenn das Wasser durch Beimengung von Salzen und Säuren oder durch höhere Temperatur besser leitend wird. Der Widerstand der

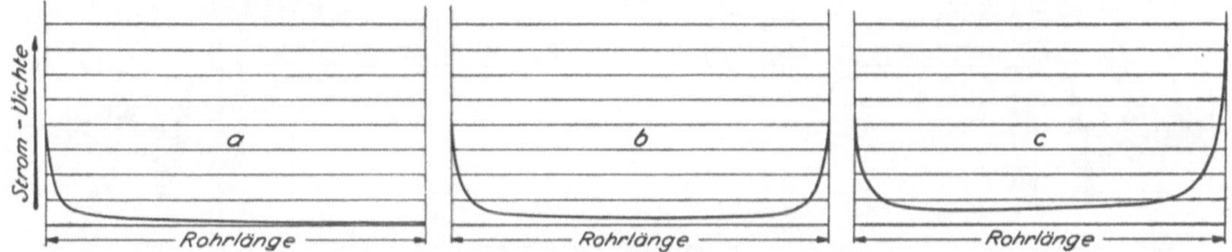

Abb. 288a, b, c. Sinngemäße Verteilung des Schutzstromes über die Rohrlänge.

Flüssigkeitssäule in einem messingenen Kondensatorrohr von 27 mm lichte Weite und mit einer Wandstärke von 0,04 d ist bei $1^0/_0$iger Seesalzlösung von 18^0 C mehrere hunderttausendmal größer als der Widerstand des Rohres selbst. Bei 45^0 sinkt dieser

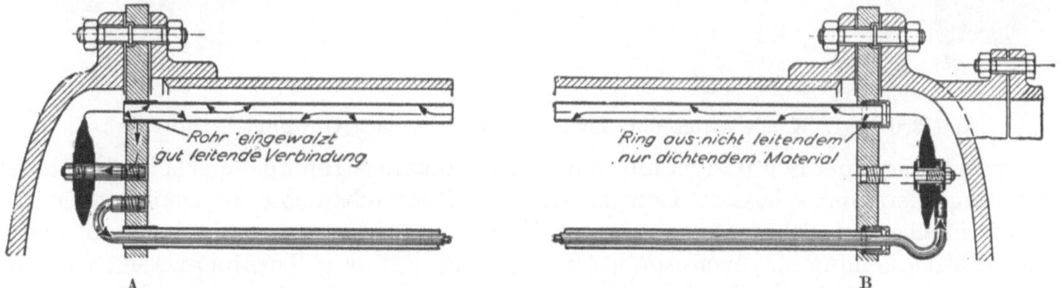

Abb. 289. Kondensatorschutz durch Zinkplatten nach Harris-Anderson.

Wert auf etwa die Hälfte. Demzufolge ist die schützende Stromdichte an dem Rohrende, das der Schutzplatte zugekehrt ist, verhältnismäßig hoch, wogegen sie in den weiter entfernt liegenden Teilen entsprechend dem größeren Widerstand, den der Schutzstrom bis dorthin erfährt, nur noch gering und unter Umständen nicht mehr ausreichend ist. In Abb. 288b ist dargestellt, wie sich die Schutzstromdichte auf die ganze Länge des Rohres verteilt, wenn die Schutzplatten nach Abb. 283 angeordnet sind. Dabei ist vorausgesetzt, daß das Rohr auf der ganzen Länge eine metallisch reine Innenfläche hat.

In dem Bestreben, den Schutzstrom gleichmäßiger auf die ganze Länge der Rohre zu verteilen, ist die Ausbildung eines Schutzes nach Abb. 289 entstanden.

Wie beim vorhergehenden Verfahren werden in beiden Endräumen des Kondensators Schutzplatten angebracht, doch werden beide Serien von Platten nur mit dem einen Rohrboden metallisch leitend verbunden. Die Schutzplatten am Boden A werden in diesen unmittelbar leitend eingesetzt, die Schutzplatten am Boden B aber werden durch Kabel gleichfalls mit dem Boden A leitend verbunden, während sie gegen den Boden B isoliert sind. Außerdem ist erforderlich, daß die Kondensatorrohre selbst mit demjenigen Rohrboden, mit dem die Schutzplatten leitend verbunden sind (A), eine vorzüglich leitende Verbindung haben, wogegen sie im Boden B möglichst isoliert eingelagert sind. Es wird hierbei eine Stromverteilung etwa nach Abb. 288c erreicht.

76. Schutz gegen galvanische Anfressungen durch Hilfsstrom nach Geppert-Cumberland und durch Saugdynamo nach Kapp.

Der Schutzstrom von galvanischen Elementen: Schutzplatte und entsprechender Kondensatorteil, ist nur von geringer Kraft. Erheblich wirksamer ist zum Schutze gegen Fremdströme als auch in gewissem Umfang gegen innere galvanische Ströme

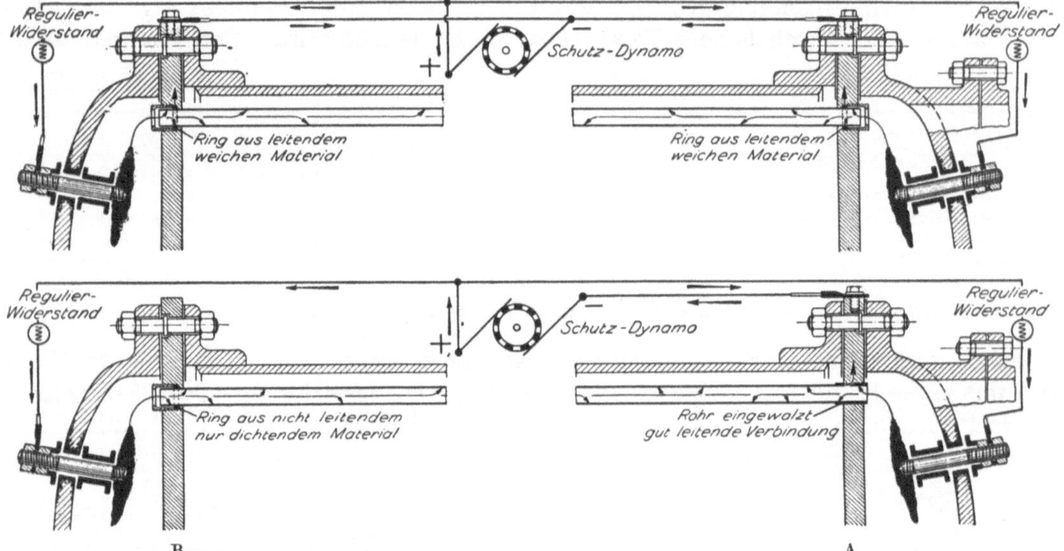

Abb. 290—291. Kondensatorschutz durch Schutzstrom nach Geppert-Cumberland.

die Anwendung einer Schutzdynamo; eine solche äußere Stromquelle erheblich höherer Spannung bietet eine bessere Gewähr für das Bestreichen der zu schützenden gesamten Fläche mit Schutzstrom. Dieses Verfahren wurde erstmalig bekannt durch eine Veröffentlichung im „Iron Age", Auszug in der Z. f. d. g. Turbinenwesen, Heft 31, S. 454, 1906[1]) und durch eine von Geppert in der Stadt Karlsruhe erfolgte Anwendung zum Schutz gegen Anfressungen der Gas- und Wasserleitungsrohre (Abb. 221).

An beiden Enden des Kondensators werden hierbei Platten beliebigen Materials, die sowohl von den Deckeln als auch von den Rohrböden isoliert sind, in die Wasserkammern eingebaut und diese mit dem positiven Pol der Hilfsstromquelle, der Schutzdynamo,

[1]) 1911 von Cumberland zum Patent angemeldet.

verbunden. Der Schutzstrom tritt aus diesen Platten durch das Wasser auf die zu schützenden Metallteile über, und zwar namentlich nach allen denjenigen Körpern, die in gutleitender Verbindung mit dem Minuspol der Hilfsstromquelle stehen (Abb. 290). Bei dieser Anordnung — Zuführungsplatten an beiden Seiten des Kondensators und Ableitung von beiden Rohrböden des Kondensators — werden allerdings auch wieder die Enden der Kondensatorrohre den weitaus größten Teil des Stromes aufnehmen. Die Verteilung des Schutzstromes für diese Anordnung ist in Abb. 288b charakterisiert.

Das gleiche, was für den verbesserten Plattenschutz Harris-Anderson gilt, ist auch für die Anwendung eines Schutzstromes mit besonderer Dynamomaschine maßgebend. Es ergibt sich hierbei eine Anordnung nach Abb. 291, bei der sich die Stromdichte nach c der Abb. 288 verteilt. Bei dieser Anordnung müssen die Rohre in derjenigen Rohrwand, durch die der Schutzstrom abgeleitet wird, wie beim Schutzver-

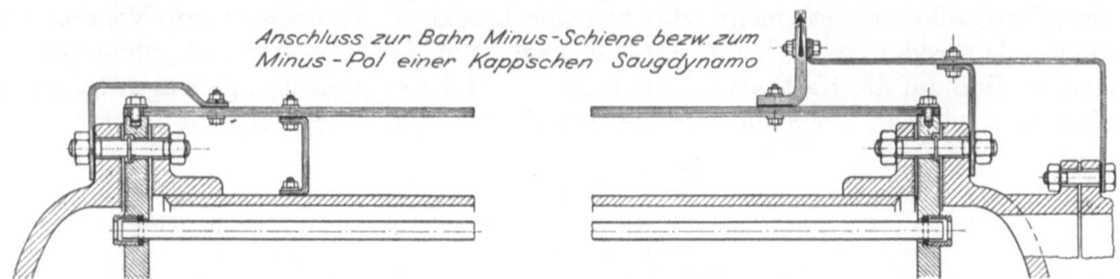

Abb. 292. Kondensatorschutz durch Absaugen von Strom an allen Kondensatorteilen. Der Schutzstrom tritt unter Vermittlung von versenkten Erdplatten in die gesamte Kondensationsanlage ein.

fahren Harris-Anderson guten Kontakt haben, weshalb es sich empfiehlt, die Rohre in der den Strom ableitenden Rohrwand A einzuwalzen, dagegen in der Rohrwand B zweckmäßig mit einer nichtleitenden Weichdichtung einzusetzen.

In der gleichen Weise, wie bei den Anfressungen durch Fremdstrom die Körper an den Stellen des Stromaustritts aus den Rohren in das Wasser zerstört werden und ein Schutz angestrebt wird durch die Verbindung dieser Stellen mit der Bahnminusschiene oder mit dem Minuspol einer vorhandenen Gleichstromdynamo, hat Kapp bei solchen Zerstörungen durch innere galvanische Ströme den Stromaustritt durch ein ordnungsgemäßes Absaugen des Stromes unschädlich zu machen versucht (Abb. 292). Es werden hierbei die zu schützenden Körper mit dem Minuspol einer Gleichstromdynamo, einer Saugdynamo, leitend verbunden. Der Pluspol der Maschine wird mit einer Anzahl von geerdeten Platten verbunden, die in gewissem Sinn die Tätigkeit der Schutzplatten im Kondensator übernehmen, und von denen aus ein Strom die Kondensationsanlage durchfließt. Wie dort von einem Rohrboden (Abb. 291) wird hier von beiden Rohrböden (Abb. 292) der Strom nach der Stelle niedrigsten Potentials hin abgesaugt. Es soll dadurch erreicht werden, daß sowohl Fremdströme wie auch galvanische Ströme nicht mehr aus den Wandungen der Messingrohre in das Kühlwasser austreten.

77. Betriebserfahrungen.

Die in der Einleitung (Abschnitt 62) erörterten punktförmigen Rohranfressungen treten in elektrischen Zentralen manchmal ganz plötzlich auf und zwar meist nur an einem der seit längerer oder kürzerer Zeit in Betrieb befindlichen Oberflächenkondensatoren bzw. Ölkühlern, während die daneben ebenfalls seit vielen Jahren in Betrieb befindlichen Kondensatoren und Ölkühler unversehrt bleiben, trotzdem für sämtliche Kondensatoren und Ölkühler der betreffenden Zentrale das gleiche Kühlwasser zur Verwendung kommt. Sehr häufig verschwinden diese Anfressungen dann wieder ebenso plötzlich, wie sie gekommen sind, ohne daß es gelingt, die eigentliche Ursache der Anfressungen zu ermitteln. Zuweilen werden einzelne Rohre über die ganze Länge mehr oder weniger gleichmäßig angefressen, wobei die angefressenen Stellen stets metallisch glänzend aussehen. Solche Anfressungen über die ganze Rohrlänge kommen speziell in den elektrischen Zentralen der elektrochemischen Industrie vor, wobei sich dann sehr häufig gleichzeitig auch ähnliche Zerstörungen an den Kondensationspumpen zeigen. Es ist naheliegend, daß als Ursache dieser Anfressungen regelmäßig fehlerhaftes Material oder unsachgemäße Herstellung vermutet wird, oder es wird der Fehler in der Beschaffenheit des zur Verwendung kommenden Kühlwassers gesucht; auch hier gelingt es nicht, einen Beweis für das verschiedenartige Verhalten der in Betracht kommenden Materialien zu finden.

Ganz eigenartig ist hierbei, daß alle diese Anfressungen in den verschiedenen elektrischen Zentralen stets genau gleiches Aussehen zeigen, einerlei, ob reines Kühlwasser aus einem Fluß oder Brunnen, rückgekühltes Wasser oder salzhaltiges Meerwasser bzw. schmutziges, mehr oder weniger brackiges Kühlwasser zur Verwendung kommt. Außerdem ist auch die Art der Legierung des Rohrmaterials ohne wesentlichen Einfluß auf die Haltbarkeit der Rohre; z. B. ist es praktisch gleichgültig, ob die Rohre aus den nachstehenden verschiedenartigen Legierungen hergestellt sind:

60 Cu	40 Zn	
70 Cu	30 Zn	
70 Cu	29 Zn	1 Sn
98 Cu	$1^1/_2$ Sn	
$99^1/_2$ Cu		

Es hat sich sogar gezeigt, daß die hochprozentigen Kupferlegierungen oder reines Elektrolytkupfer hinsichtlich der Rohranfressungen noch empfindlicher waren als Messing.

Auch hat sich gezeigt, daß es auf die Haltbarkeit der Rohre ohne Einfluß ist, ob dieselben verzinnt oder unverzinnt ausgeführt werden. Durch Auswechseln der Rohre und Verwendung einer anderen Legierung konnte kaum jemals eine Besserung erzielt werden.

Es ist auch schon vorgekommen, daß an den Kühlwasserleitungen einer elektrischen Zentrale ähnliche Zerstörungserscheinungen auftreten wie an den aus verschiedenartigen Messinglegierungen oder aus reinem Kupfer hergestellten Kondensatorrohren.

Über einen derartigen Fall wurde u. a. aus einer elektrischen Zentrale in Australien berichtet. Danach wurde die Kühlwasserleitung an ein und derselben Stelle stets immer wieder in genau gleicher Weise zerstört, trotzdem für die Kühlwasserrohre alle möglichen in Betracht kommenden Metalle verwendet wurden und auch in dem betreffenden Kühlwasser nach den wiederholt vorgenommenen chemischen Untersuchungen keinerlei schädliche Bestandteile festgestellt werden konnten. Es handelte sich hier somit um ähnliche Zerstörungen, wie sie auch an einzelnen Stellen der Gas- und Wasserleitungsnetze durch vagabundierende Ströme gelegentlich verursacht wurden.

Eigenartig ist es ferner, daß in elektrischen Zentralen, welche für die Kühlung der Kondensatoren und Ölkühler Flußwasser oder auch süßes rückgekühltes, vollständig salz- und säurefreies Wasser verwenden, bei den Turbodynamos mit direktgekuppelter Erregermaschine Anfressungen verhältnismäßig häufiger an den Ölkühler- als an den Kondensatorrohren vorkommen.

In solchen Fällen ist es durch eingehende Untersuchungen bisher stets gelungen, den Nachweis von Fremdströmen zu erbringen, nach deren Beseitigung die Anfressungen mit einem Schlag aufgehört haben und zwar wurde in der Regel gefunden, daß durch Verschmutzung eines Bürstenbolzens der Erregermaschine ein Erdschluß im Erregerstromkreis verursacht wurde, welcher aufhörte, nachdem die Erregermaschine gereinigt und dadurch die Überbrückung des Bürstenbolzens durch Kupfer- bzw. Kohlenstaub beseitigt worden war. Auch bei Anfressungen an den Kondensatorrohren konnte meistens der Nachweis erbracht werden, daß Fremdströme vorhanden waren, die ihren Weg durch den Kondensator nahmen. Derartige Fremd ströme können z. B. von irgendeinem Gleichstromaggregat oder einer Batterie, in Straßenbahnzentralen vor allem aber von fehlerhafter Bahnrückleitung herrühren, so daß die Ströme gezwungen sind, ihren Weg zur Bahnminusschiene durch die Erde zu suchen. Als wirksamstes Mittel gegen derartige Anfressungen empfiehlt es sich stets, für Beseitigung der Fremdströme Sorge zu tragen, da die verschiedenartigen Schutzvorrichtungen immer nur ein Notbehelf sind und in vielen Fällen den gehegten Erwartungen nicht entsprechen.

Insbesondere hat sich gezeigt, daß Zinkschutzplatten in der Regel nur gegen galvanische Anfressungen wirksam sind, dagegen selten oder nur wenig beim Vorhandensein von Fremdströmen. Manchmal ist durch die Herstellung einer gutleitenden Verbindung zwischen den zu schützenden Teilen des Kondensators mit der Bahnminusschiene oder auch Anschluß an den Minuspol einer Akkumulatorenbatterie eine Besserung erzielt worden.

Auch mit den verschiedenen elektrolytischen Schutzverfahren haben sich nur sehr selten gute Resultate erzielen lassen, da es schwierig ist, den Schutzstrom gleichmäßig so zu verteilen, daß das Rohr auf seiner ganzen Länge Kathode wird. Die Erfahrung hat gezeigt, daß die Reichweite des Schutzstromes meist nur sehr gering ist und sich vom Rohrboden aus kaum auf mehr als etwa 1 m Rohrlänge erstreckt.

In neuerer Zeit werden auch Kondensatorrohre aus Monelmetall oder aus etwa 85% Kupfer und etwa 15% Nickelgehalt in den Handel gebracht, die nach den seitherigen Erfahrungen gegenüber den punktförmigen Anfressungen besonders widerstandsfähig sind; diese größere Widerstandsfähigkeit dürfte wahrscheinlich vor allem auf die geringere elektrische Leitfähigkeit infolge des hohen Nickelgehaltes zurückzuführen sein.

X. Lager für Turbinen.

78. Die Lauflager. Versuchsgebiete und Aufgaben der Versuche.

Die Entwicklung des Turbinenbaues erforderte in neuester Zeit die Anwendung noch höherer Zapfengeschwindigkeiten, als sie im Jahre 1903 gelegentlich des Baues des AEG-Schnellbahnwagens[1]) festgestellt wurden. Für die Schleuderproben von Dynamorotoren kommen heute Zapfengeschwindigkeiten in den Lauflagern bis zu rund etwa 60 m/sek bei spezifischen Flächendrücken bis etwa 9 kg/cm² zur Anwendung. Obschon diese hohe Zapfengeschwindigkeit „nur" für die kurze Dauer der Schleuderprobe in Frage kommt, so fordert sie doch volle Beachtung, da ein Versagen der Lager oder der Lagerschmierung wegen der Unmöglichkeit, die umlaufenden gewaltigen Massen rasch abzubremsen, den ganzen Rotor völlig unverwendbar machen könnte.

Aus diesen Gründen mußten den Hauptproben langwierige Versuchsreihen vorangehen; es galt die Grenze der Betriebssicherheit bzw. den bis zum Gefahrpunkt verbleibenden Sicherheitsgrad bei den gewählten Betriebsverhältnissen bis zu Zapfengeschwindigkeiten von 60 m/sek und mittleren Flächendrücken von 20 kg/cm² festzustellen, und zwar auch für den Fall des Eintretens von Zufälligkeiten, wie sie beispielsweise während des Anfahrens und Abstellens der Turbinen vorkommen können. Ferner waren für gegebene Belastung und Umlaufzahl bei dem üblichen Verhältnis von $d : l = 1 : 2$ die Bauart und die sonstigen Daten des hinsichtlich Reibungsarbeit günstigsten Lagers und die Betriebsverhältnisse in demselben zu ermitteln. Letztere Frage ist für den Konstrukteur, soweit sie den Betrieb an sich betrifft, immerhin leicht zu beantworten; sie wurde auch bereits 1902 durch die Arbeit „Die Reibungsverhältnisse in Lagern mit hoher Umlaufsgeschwindigkeit"[2]) eingehend erörtert. Die Materialfrage wurde damals nur soweit berührt, als Reibungskoeffizient oder Reibungsarbeit sich als praktisch unabhängig von der Wahl des Materials erwies; eine Notwendigkeit, an die Grenze der örtlich zulässigen Temperatur oder an eine eingehende Untersuchung des Einflusses der Ölmenge heranzugehen, bestand bei den damals behandelten Zapfengeschwindigkeiten und Lagerbelastungen nicht. Bekannt war, daß die Reibungsarbeit in einem Lager bei hoher Temperatur geringer ist als bei niedriger Temperatur.

Zum Erkennen der Grenzen, bis zu denen im Hinblick auf die erforderliche Sicherheit des Betriebes gegangen werden konnte, mußten die höchsten örtlichen Beanspruchungen des Materials klargelegt werden, d. h. die örtlichen Temperaturen im Zusammenhang mit den über die ganze Fläche der Lagerschalen außerordentlich verschiedenen örtlichen Drücken; aus diesen Werten in Gemeinschaft mit den über die Druckfläche fließenden Ölmengen ergibt sich ein Urteil über die Höhe der flüssigen

---

[1]) Lasche, O. High-Speed Railway-Car of the AEG.International Congress, Glasgow. Paper read on Sept. 4, 1901.

[2]) Lasche, O. Die Reibungsverhältnisse in Lagern mit hoher Umfangsgeschwindigkeit. Z. V. d. I. 1902.

bzw. nur halbflüssigen Reibung und der damit verbundenen Zerstörung oder Abnutzung der Laufflächen.

Die bisherigen Veröffentlichungen über Versuche an Lagerschalen erstreckten sich auf die in Abb. 293 dargestellten Gebiete. Ferner sind in den letzten Jahren einige bemerkenswerte, vorwiegend mathematische Abhandlungen[1]) erschienen, die indessen dem verantwortlichen Konstrukteur noch nicht hinreichend Mittel an die Hand geben, um die bei extrem großen und schnellaufenden Lagerzapfen zu erwartenden Erscheinungen im voraus festlegen und die entsprechenden Maßnahmen danach treffen zu können. Insbesondere schien es unsicher, ob nicht etwa bei diesen anormal großen Lagerzapfen und großen Geschwindigkeiten die Dicke der Ölschicht[2]) an der engsten Stelle zwischen Zapfen und Lager so verringert werde, daß die Betriebssicherheit möglicherweise ernstlich gefährdet erschien.

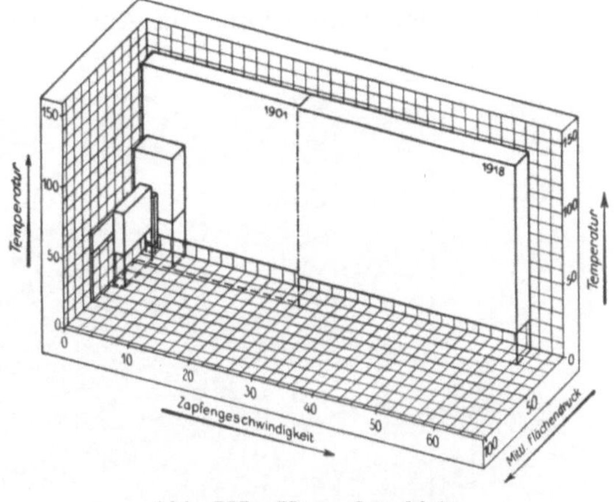

Abb. 293. Versuchsgebiete.

79. Die Versuchseinrichtungen für Lauflager.

Die Versuchsreihen zur Feststellung der Reibungsarbeit bzw. der Reibungskoeffizienten, des Einflusses der Ölmenge und der Öltemperatur, sowie des Spiels zwischen Welle und Schale bei den verschiedenen Flächendrücken und bis hinauf zu Geschwindigkeiten von 60 m/sek wurden mittels Meßwelle sowie kalorimetrischen Messungen

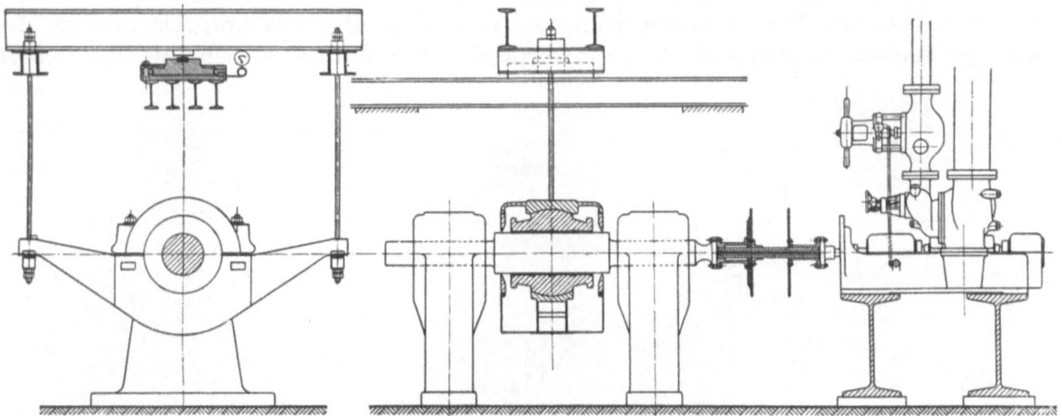

Abb. 294. Versuchseinrichtung 1918.

durchgeführt. Da bereits die kleinen Abweichungen in der Werkstättenausführung der Lagerschale von größtem Einfluß sind, mußten für die Versuchsarbeiten sog. „Versuchslager“ mit kleinen Abmessungen ausscheiden und Lager normaler Bauart

[1]) Gümbel, Das Problem der Lagerreibung. Vortrag, gehalten am 1. 4. 14 vor dem Berliner Bez.-Ver. deutscher Ingenieure. — Die Flüssigkeitsschubkraftmaschine. Zeitschr. f. d. gesamte Turbinenwesen 1914. — Über geschmierte Arbeitsräder. Zeitschr. f. d. gesamte Turbinenwesen 1916. — Weitere Beiträge zum Problem geschmierter Flächen. Monatsbl. d. Berliner Bez.-Ver. deutscher Ingenieure 1916. — Einfluß der Schmierung auf die Konstruktion. Jahrb. Schiffsbaut. Ges. 1917. — Duffing: Z. ang. Math. Mech., August 1924.

[2]) Über die zahlenmäßige Untersuchung der Filmbildung des Schmiermittels in einem Lager mittels einer neuen optischen Methode siehe Vieweg: Maschinenbau-Betrieb. Jg. 1922/23.

von 200 mm Bohrung und 400 mm Länge von einer 10000 kW-Turbodynamo gewählt werden, wie sie in der grundsätzlichen Ausführung nach Abb. 304 seit den Jahren 1911 bis 12 in vielen Hunderten von Ausführungen mit n = 3000 in Betrieb sind.

Abb. 295. Versuchseinrichtung 1918.

Der Aufbau der Versuchseinrichtung geht aus den Abb. 294 und 295 hervor. Die jeweilige Flächenbelastung des Lagers wurde durch eine hydraulische Meßdose einge-

Abb. 296. Versuchseinrichtung 1901.

stellt und abgelesen. Hierdurch war die Lagerung der Versuchswelle in zwei Hilfslagern erforderlich, welcher Mangel jedoch wegen noch weit größerer Mängel jeder anderen möglichen Anordnung in Kauf genommen werden mußte. Abb. 296 zeigt im Vergleich hierzu in Wiederholung eine der Versuchseinrichtungen vom Jahre 1901, bei der die Belastung des Versuchslagers durch das Eigengewicht der Versuchswelle erzielt wurde; für jede andere Belastung des Lagers ist dann jedoch eine andere Welle erforderlich, und zudem war man an die außerordentlich große umlaufende Masse mit ihren gefährlichen Zufälligkeiten gebunden.

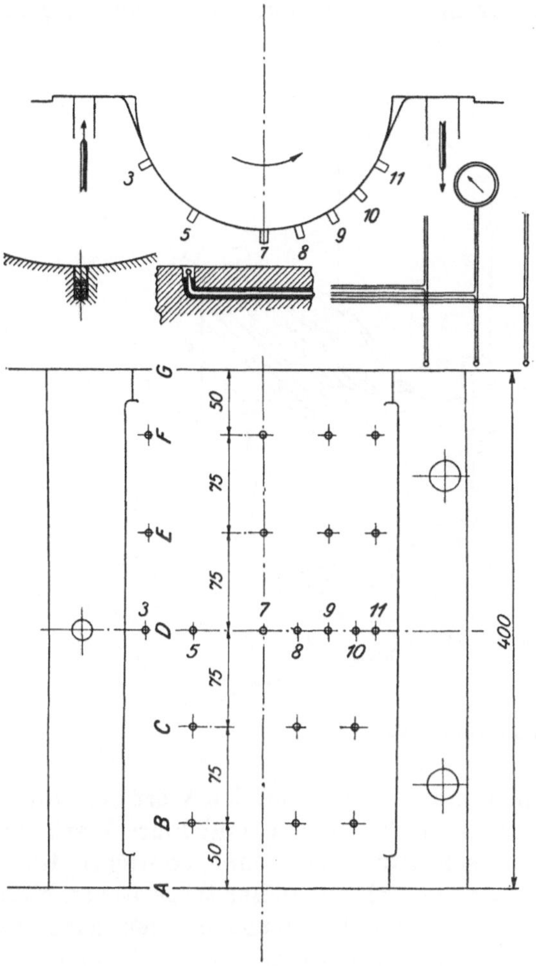

Für die vorliegenden Versuchsreihen waren zur Erzielung von Zapfengeschwindigkeiten bis zu 60 m/sek Umlaufzahlen der Versuchswelle bis zu 6000 p. Min. erforderlich. Zum Antrieb wurde eine direkt gekuppelte Dampfturbine gewählt (Abb. 294 und 295). Der Turbinenantrieb ist für die bis an die Grenze des Zulässigen geführten Erprobungen infolge des nahezu masselosen Antriebes besonders zweckmäßig, da hier bei einem Ansteigen des Widerstandes dank der fest eingestellten Dampfzufuhr das sofortige Abfallen der Umlaufzahl bzw. der volle Stillstand der Versuchswelle eintritt. So wurden auch bei absichtlicher Verwendung ungeeigneten Materials und bei absichtlich herbeigeführtem Ölmangel ernstere Beschädigungen der Versuchswelle vermieden; eine solche wohlbegründete Verwendung ungeeigneten Materials der Lauffläche (Gußeisen) machte sich z. B. bei den Messungen der örtlichen Drücke erforderlich, da der übliche Weißmetallausguß sich für das Messen der örtlichen Öldrücke wegen der bestehenden Undichtheiten zwischen Weißmetall und Gußeisen als unverwendbar erwies.

Abb. 297. Die Anordnung der Meßstellen.

Zum Messen des Drehmomentes der Versuchswelle wurde ein Amsler-Torsionsindikator mit Stäben für 10 bzw. 20 mkg Drehmoment verwendet. Die Meßwelle zeigte bei der gewählten Anordnung die Summe der Reibungsarbeit des Versuchslagers und der beiden Hilfslager an. Da die Temperatur der Hilfslager bei allen Versuchsreihen gleich hoch gehalten wurde, war dieser Teil der Reibungsarbeit leicht mit genügender Genauigkeit meßbar; auch war sie einmalig beim Lauf ohne das Versuchslager mittels Meßwelle ermittelt worden. Ferner wurde dauernd die Erwärmung und die Menge des durchfließenden Öles der beiden Hilfslager abgelesen (Abb. 330) und die Reibungsarbeit aus diesen kalorimetrischen Ablesungen festgestellt.

80. Einrichtungen für die örtlichen Temperatur- und Druckmessungen der Lauflager.

Über den Verlauf der örtlichen Temperaturen in den Lagerschalen mit Schmiernuten gaben die Versuche vom Jahre 1902[1]) einen gewissen Aufschluß. Die heute gegebenen Versuchsreihen über den Verlauf der Temperaturen über die gesamte Lauffläche an Lagerschalen ohne Schmiernuten wurden erforderlich, um im Zusammenhang mit der experimentellen Festlegung der örtlichen Drücke die örtlichen Betriebsverhältnisse

[1]) O. Lasche: Die Reibungsverhältnisse in Lagern mit hoher Umfangsgeschwindigkeit. Z. V. d. I. 1902.

rechnerischem Wege zu lösen, erbrachten kaum ein Erkennen der gegenseitigen Verhältnisse in der Lauffläche, außerdem konnten sie durchaus keinen Maßstab für die tatsächlich auftretenden Drücke und Temperaturen, mit denen der Konstrukteur etwas anfangen kann, geben. Es sind eben für die rein rechnerische Behandlung der

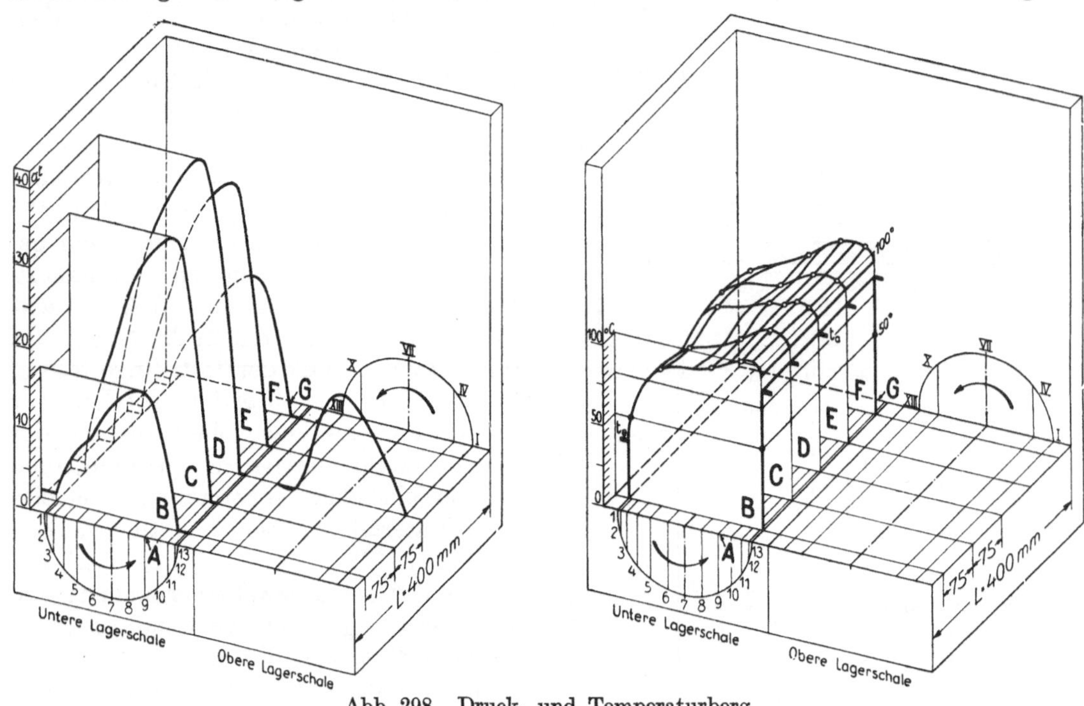

Abb. 298. Druck- und Temperaturberg.

Frage mehrere „Annahmen“ nicht zu umgehen und diese machen den Wert der ganzen Rechnung hinfällig. So dankbar der Konstrukteur die knappe und klare mathematische Form anerkennt, so wichtig ist es, daß er sich von dieser trügerischen Klarheit fernhält, solange die der mathematischen Behandlung vorausgehenden physikalischen Annahmen auf gewagter Grundlage stehen. Für den verantwortlichen Konstrukteur bedeutet diese Art „Klarheit“ aber eine große Gefahr. Die Praxis fragt nicht, wo der Fehler gemacht wurde, genug, wenn sich das Resultat als falsch ergibt.

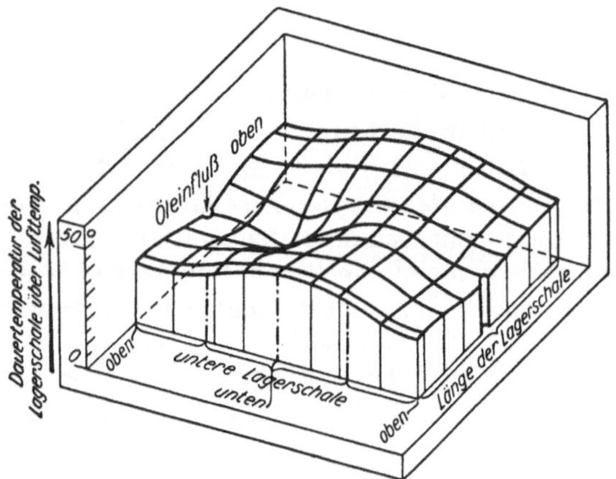

Abb. 299. Temperaturberg. Versuche vom Jahre 1902.

Bei den in Rede stehenden Versuchen wurden die örtlichen Messungen durchgeführt an einem Lager von 200 mm Bohrung und 400 mm Länge der Lagerschale (Abb. 304), und zwar wurde die Schale entsprechend der heutigen Gepflogenheit zunächst auf größeren Durchmesser ausgebohrt, als der Durchmesser des Zapfens ist, so daß der Zapfen, streng genommen, nur in einer Linie aufliegt (Auflageform II, Abb. 306); der Unterschied in den Durchmessern betrug einmal $\sigma = 0{,}20$ und ein andermal $\sigma = 0{,}34$ mm. Abb. 297 zeigt die An-
für das Laufmaterial (Druck und Temperatur) festzustellen. Die Bestrebungen, das Problem der örtlichen Auflagedrücke bzw. der örtlichen Öldrücke in Lauflagern auf

ordnung der Thermoelemente und die Anordnung eines der Röhrchen für die Fortleitung des Druckes zu den zugehörigen Manometern.

Eine Übersicht über die durchgeführten Versuchsreihen geben nachstehende Tabellen. Die eingetragenen Zahlen verweisen auf die bezüglichen Abbildungsnummern der aus den Ablesungen zusammengestellten Schaulinien. Der Verlauf der Temperaturen gestattet, in den Wiedergaben auf die Zahlen in der oberen Schalenhälfte zu verzichten, hingegen lassen schon die plastischen Bilder der örtlichen Drücke und Temperaturen (Abb. 298) erkennen, daß nennenswerte Drücke in der oberen Lagerschale auftreten, die unter gewissen Verhältnissen sehr hohe Werte annehmen. Für die Messungen wurden die Schalenhälften der Länge nach in 7 Ebenen geteilt. A und G sind die beiden äußeren Stirnebenen, mit D ist die mittlere Ebene bezeichnet; die meisten Ablesungen wurden außer in D noch für die je 150 mm von der Mitte entfernten Ebenen B bzw. F wiedergegeben. In der Umfangsrichtung wurden die Drücke in der unteren Hälfte in 13 Punkten gemessen, bezeichnet mit 1—13 und in der oberen Hälfte entsprechend bezeichnet mit I—XIII.

81. Konstruktion der Lagerschalen und Schmiermittelverteilung.

Die Entwicklung der Konstruktion der Lagerschalen von Dampfturbodynamos zeigen Abb. 300—304. Während noch im Jahre 1903 einfache Ringschmierung (Abb. 300) bei wassergekühlter Lagerschale genügte, wurde dieselbe bereits 1905 durch Preßschmierung unter einstweiliger Beibehaltung der Wasserkühlung (Abb. 301) ersetzt. Die Nachteile der wassergekühlten Lagerschale in der Betriebsführung führten im Jahre 1907 zu einer Oberflächenkühlung der Schale mittels Öls (Abb. 302), derart, daß das kalte Öl zuerst die rippenförmig

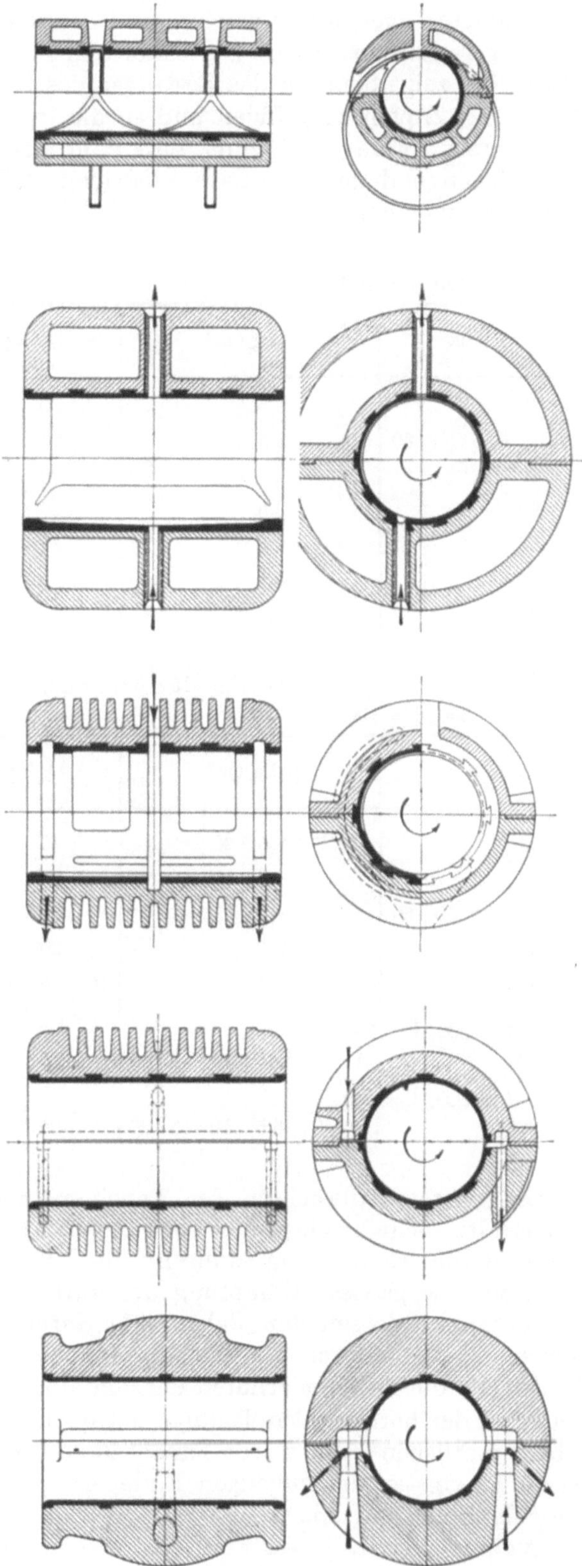

Abb. 300—304. Die Entwicklung der Bauart von Lagerschalen.

ausgebildete Lagerschale umspülte und danach als Schmiermittel durch die Lauffläche der Lagerschale strömte. Die Anordnung der Öltaschen bzw. der „Schmiernuten“ (Abb. 302) zeigt deutlich das Bestreben des Konstrukteurs, möglichst viel Öl zwischen Welle und Zapfen zu bringen und so die durch die Reibungsarbeit erzeugte Wärme abzuführen. Eine Abnutzung der Laufflächen war bei den reichlich bemessenen Tragflächen und den spezifisch niedrigen Belastungen selbst im Laufe vieler Jahre nicht festzustellen.

Tabelle der örtlichen Temperaturmessungen.

d = 200, l = 400 Lagerspiel σ = 0,34 mm

v m/sek					p kg/cm²						Q_e kg/min					t_e °C			Öl-zuführung		Auf-lage	Abb.
	30						6,5					20					35		β		I II	319
				60			6,5					20					35		β		I II	320
	30									20		20					35		β		I II	321
	30						6,5					20				20			β	γ	II	322
	30						6,5					20						60	β	γ	II	323
	30						6,5				10						35		β	γ	II	324
	30						6,5								50		35		β	γ	II	325

Tabelle der örtlichen Druckmessungen.

d = 200, l = 400 Lagerspiel σ = 0,34 mm

v m/sek					p kg/cm²						Q_e kg/min					t_e °C			Öl-zuführung		Auf-lage	Abb.
	30					3	6,5	20				20					35			γ	I II	313
	30				1	3	6,5	10	15	20		20					35		β	γ	II	314
20	30	40	50	60			6,5					20					35		β		II	315
	30						6,5					20				20		47	β		II	316
	30						6,5				10	20	30	40	50		35		β		II	317
d = 200, l = 300																						
	30				1	3	6,5	10	15	20		15					35		β		II	318
d = 200, l = 400																Lagerspiel σ = 0,20 mm						
	30				1	3	6,5	10	15	20		20					35		β		II	328

Das weitere Anwachsen der Turbineneinheiten und die in gleichem Maße sich steigernden Schwierigkeiten in der Ausbalancierung der Dynamorotoren, sowie die durch deren Erwärmung während des Betriebes etwa entstehenden Unbalancen machten eine gewisse Dämpfung der auftretenden Schwingungen notwendig. Diese Forderung wurde seit dem Jahre 1911 durch eine Lagerschale (Abb. 303) erfüllt, die sowohl in der unteren als auch in der oberen Hälfte keinerlei Unterbrechung der Lauffläche durch Schmiernuten enthielt und den Öleinlauf sowie Ölablauf zu beiden Seiten in der horizontalen Teilfuge hatte. Die Wärmeabführung durch das die Lagerschale umfließende Öl wurde zunächst beibehalten, aber bereits vom Jahre 1912 ab wurde zugunsten der kugeligen Einlagerung der Schale im Lagerbock (Abb. 304) auf diese Kühlung verzichtet.

Während die Lagerausführungen in den Jahren 1903—1911 erstrebten, die durch die Reibungsarbeit erzeugte Wärme aus der Lagerschale oder aus dem Lagerkörper durch Bestreichen einer möglichst großen Oberfläche abzuführen, führten die Versuche mit Zapfengeschwindigkeiten bis zu 60 m/sek dazu (Übergang von der Ausführungsart α—β zu Ausführung γ, Abb. 305), die erzeugte Wärme durch verhältnismäßig große Mengen Spülöls von dem Zapfen des Lagers wegzuführen. Dabei umspült das Öl jeweils den gesamten Umfang des Zapfens und nur ein größerer oder kleinerer Teil der ganzen Menge wird von der Welle selbsttätig über die Druckfläche der Unterschale als eigentliches Schmiermittel mitgenommen. Bei richtig angeord-

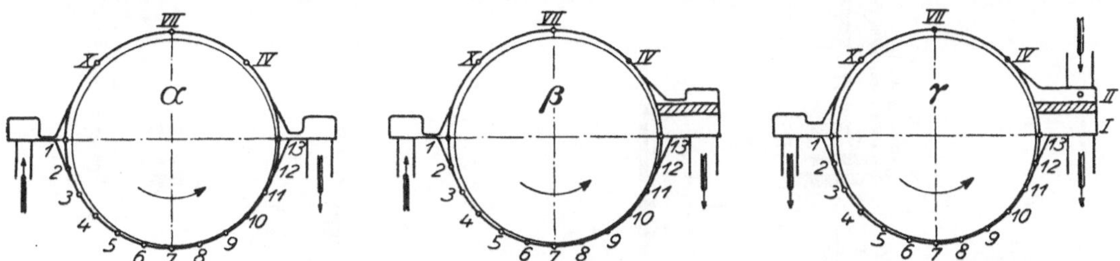

Abb. 305. Die verschiedenen Stellen für den Öleintritt.

netem Ablauf wird dann von dieser erwärmten Ölmenge nur ein kleiner Bruchteil durch die Welle wieder in die Oberschale mitgenommen und so von neuem in den Kreislauf eingeführt.

Die Steigerung der Zapfengeschwindigkeit erforderte neben dem Studium der Wärmeabführung die Feststellung der noch zulässigen kleinsten Ölmenge herunter bis zur Grenze der unbedingten Betriebssicherheit der Lager gegen Heißlaufen und

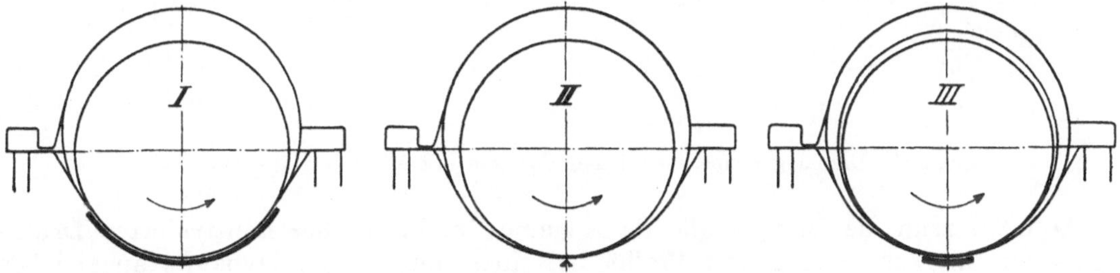

Abb. 306. Die verschiedenen Arten des Auflagers.

gegen das „Schmieren des Metalls“. Dieser Sicherheitsgrad zur Vermeidung der unmittelbaren Berührung von Zapfen und Lauffläche infolge Wegquetschens des Schmiermittels verlangt eben noch eine gewisse Zähflüssigkeit des Öles, gestattet also nur eine gewisse höchstzulässige Temperatur in der Lauffläche, ein gewisses Ableiben von dem Lager geringster Reibungsarbeit. Hierbei ergab sich, daß die die tragende Fläche zwischen Schale und Zapfen durchfließende Ölmenge durch die Zapfengeschwindigkeit, durch die spezifische Flächenbelastung und die Zähflüssigkeit des Öles, in gewissem Maße auch durch den Öldruck im Zulauf sowie durch das radiale Spiel im Lager gegeben ist, ferner, daß diese tragende Ölmenge bzw. die Dicke der Ölschicht bei gegebener Schalenlänge und gegebener Temperatur des tragenden Öles auch noch durch die Breite der tragenden Linie bzw. der tragenden Fläche (im Sinne der Drehrichtung Auflageform I, II, III, Abb. 306) beeinflußt ist.

82. Die Konstruktion der Drucklager.

Jedes Anfahren der Maschinen ohne vorherigen genügenden Öldurchfluß[1]) durch die Laufflächen bedeutet eine große Gefahr; dies gilt genau so gut für die Lauflager

[1]) Auszug aus den AEG-Betriebsvorschriften für Turbodynamos:
Die Dampfölpumpe ist schon vor Inbetriebsetzung der Turbine zu betätigen und muß so lange laufen, bis aus allen Lagern ein starker Ölstrom zurückfließt. Sie darf erst stillgesetzt werden, wenn die Hauptölpumpe genügend Öl schafft.

wie für die Drucklager. Eine äußerst kurzzeitige Berührung des Materials bei dazwischen fehlender Ölschicht macht die Flächen rauh und führt gar leicht — insbesondere Montags früh! — zu ernsten Anständen.

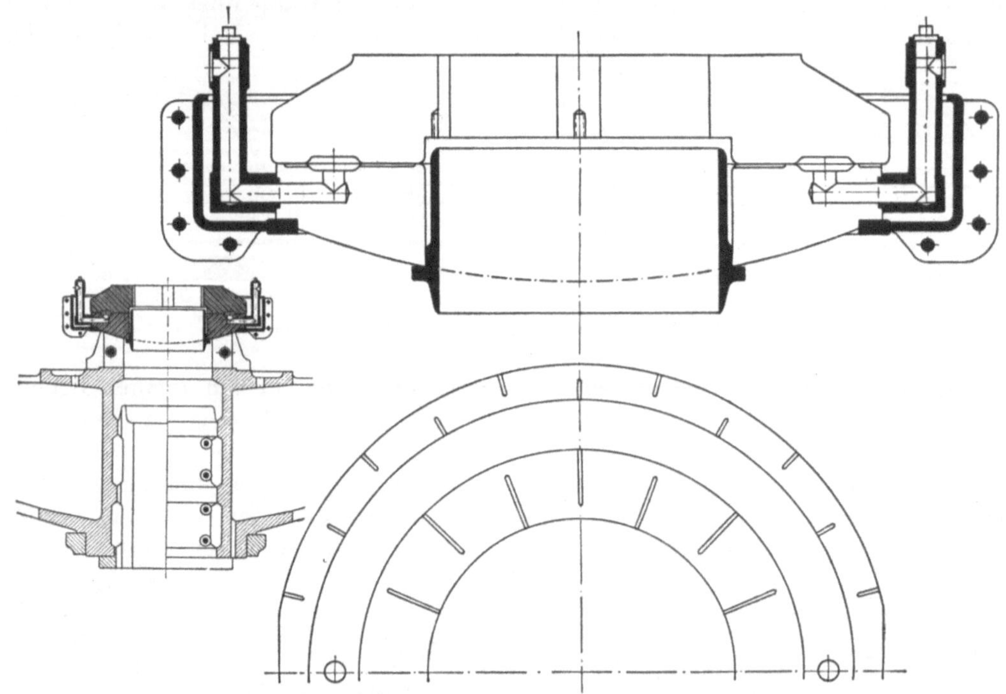

Abb. 307. Drucklager einer vertikalen Dynamo mit Wasserturbinenantrieb.

Abb. 307 zeigt die schulgemäße Bauart eines im Jahre 1898 konstruierten Drucklagers für die Verwendung von Preßöl bei einer senkrechten Dynamo, angetrieben durch Wasserturbine. Das Gewicht des Wasserturbinen- und des Dynamorotors

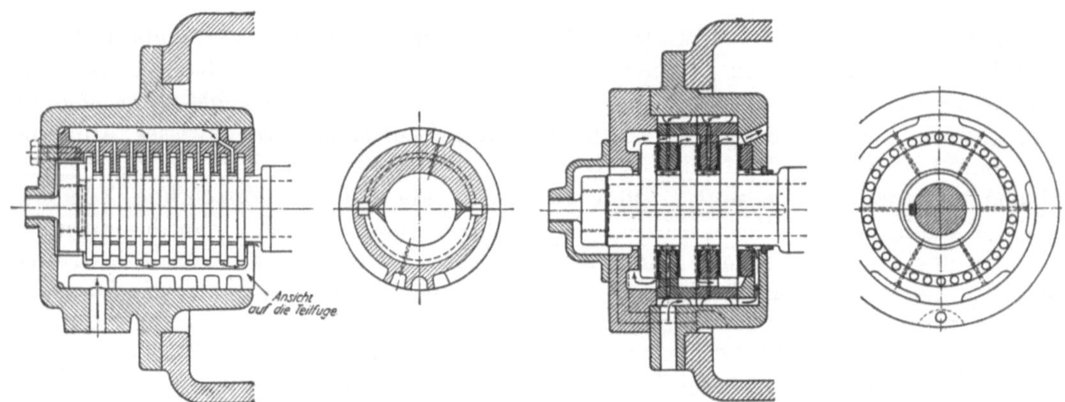

Abb. 308. Mehrkränziges Führungslager (Kammlager). Abb. 309. Scheibenlager.

(55 tons) wird hier bereits vor dem Anfahren durch das Drucköl angehoben und die Laufflächen werden durch das hinzuströmende Öl voll entlastet; die breit ausgebildeten Laufflächen dienen also mehr dazu, den Öldurchtritt kräftig zu drosseln und sollen sowohl an Öldruck wie an Ölmenge sparen helfen.

Die horizontale Anordnung der Wellen der Freistrahldampfturbinen mit an sich geringem axialen Schub bietet eine erhebliche Vereinfachung der Betriebsbedingungen für Drucklager (Abb. 308), indem hier der axiale Druck erst mit zunehmender Belastung, also allmählich anwächst. Noch anders verhält sich die Belastung bei den Drucklagern der Propellerturbinen (Abb. 309)[1]), bei denen mit ansteigender Belastung der Schub des Propellers auf das Lager anwächst und dieser Schub nur zum Teil durch den gegen die Trommel der Niederdruckturbine wirkenden Dampfdruck aufgenommen wird. Dieses Scheibendrucklager wurde erstmalig im Jahre 1904 für die

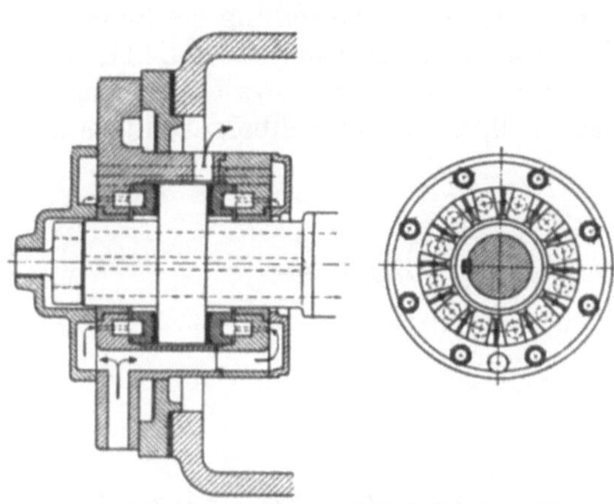

Abb. 310. Klotzlager (Michell-Lager).

Abb. 311. Klotzlager nach dem Einlaufen.

AEG-Schiffsturbinen des Dampfers „Kaiser“ und 1908 für den Kreuzer „Mainz“ gebaut. Ein ähnlich ansteigender axialer Schub kann auch bei Freistrahlturbinen durch teilweises Zuwachsen der Beschaufelung durch Kesselschlamm auftreten. In allen diesen Fällen ist im Augenblick des Anfahrens eine nennenswerte Belastung der

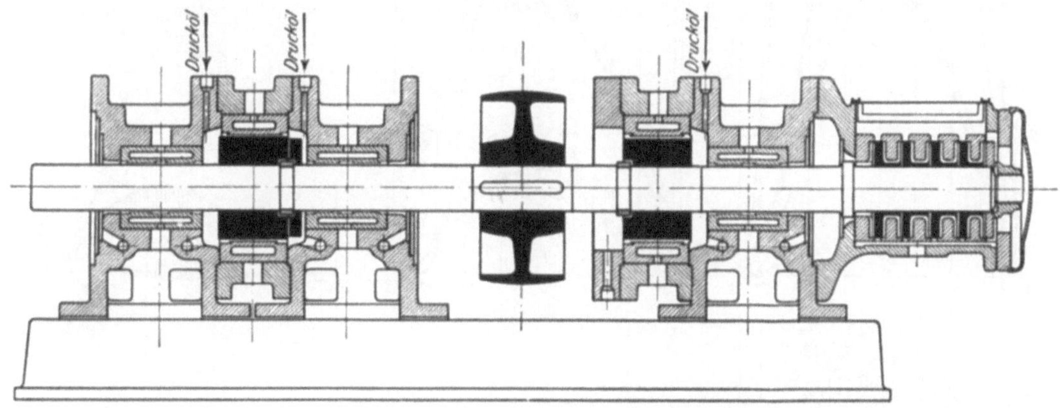

Abb. 312. Versuchsstand für Drucklager.

Laufflächen noch nicht vorhanden, weshalb sich durch das den Laufflächen frei zufließende Öl die erforderliche Ölschicht mit ihren verschiedenen örtlichen Drücken einstellen kann. Anders liegen die Verhältnisse bei plötzlich auftretenden Betriebsunregelmäßigkeiten, insbesondere bei Wasserschlägen, wegen der damit verbundenen harten, stoßweisen Belastung. Durch diese harten Schläge kann leicht die schützende Ölschicht von der Lauffläche völlig verdrängt werden, so daß sich die trockenen Flächen kurzzeitig gegenseitig unmittelbar berühren. Die Vorzüge der Klotzdruck-

[1]) Z. V. d. I. 1906, S. 1355. Drucklager Dampfer Kaiser:
Erstmalige Ausführung eines Schiffsdrucklagers mit vollen Scheiben statt mit Bügeln.

lager (Abb. 310 und 311) gegenüber den Scheibenlagern sind heute allseitig anerkannt. An den in Betrieb befindlichen Lagern haben sich Anstände bis heute nicht ergeben.

Abb. 312 zeigt den im Jahre 1904 gelegentlich des Baues der Drucklager für die ersten AEG-Schiffsturbinen hergerichteten Versuchsstand, mit dem inzwischen außer den Versuchsreihen für Scheibenlager auch solche mit Klotzdrucklagern ausgeführt wurden (Abb. 311).

83. Die örtlichen Drücke in den Lauflagern.

Die Versuchsreihen wurden in erster Linie an der normalen Versuchslagerschale 200 × 400 mm durchgeführt. Es sind die Ergebnisse der Druckverteilung der Schmierflüssigkeit der beiden Auflageformen I und II, der beiden Ölzuführungsarten β und γ, sowie des Lagerspiels von 0,34 gegen 0,20 mm gegenübergestellt; auch

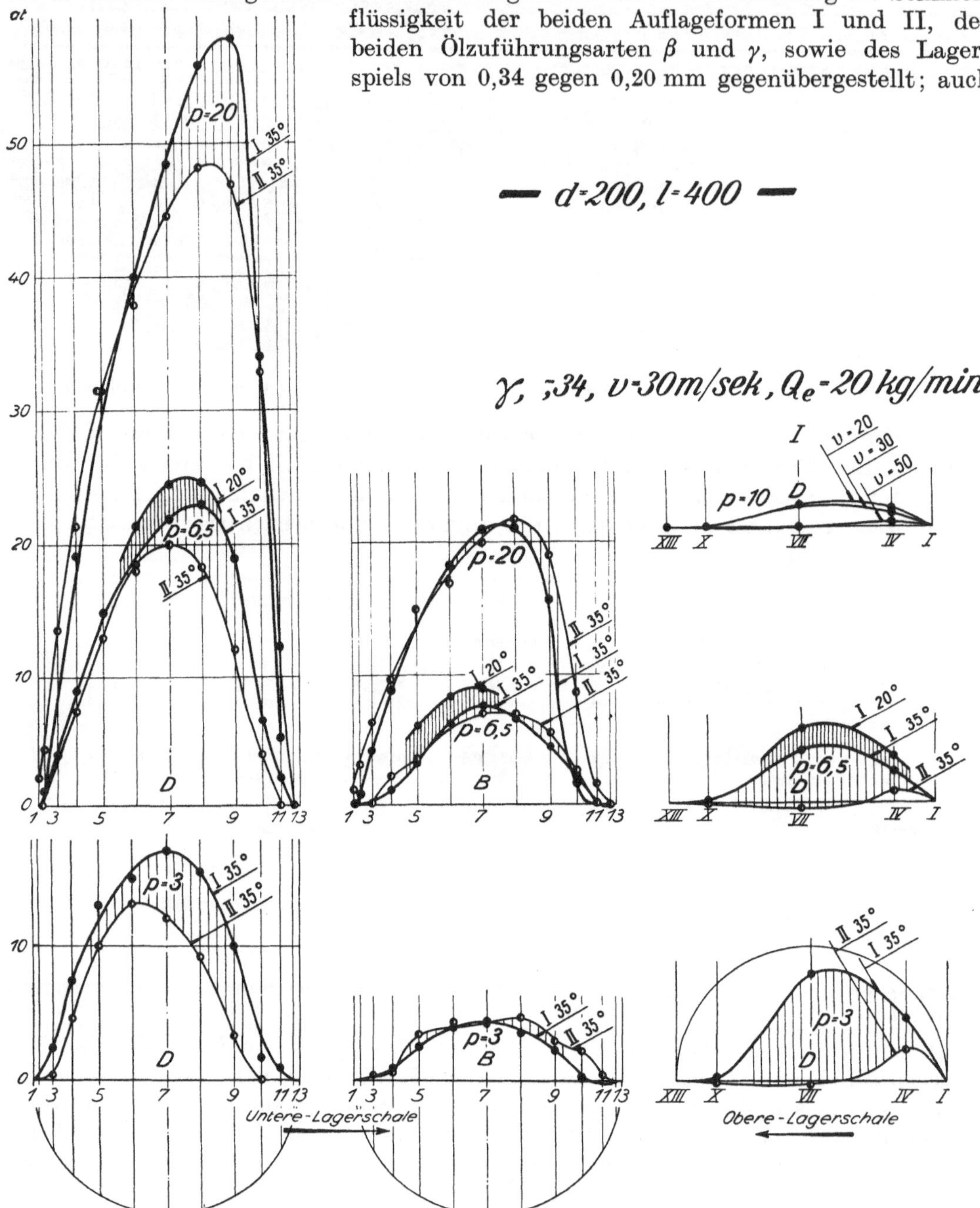

Abb. 313. Die örtlichen Drücke in Abhängigkeit vom mittleren Flächendruck. Vergleich: Auflage I gegen II.

wurde der Einfluß der Zapfengeschwindigkeit, der Öltemperatur und der Ölmenge auf den örtlichen Druck festgestellt.

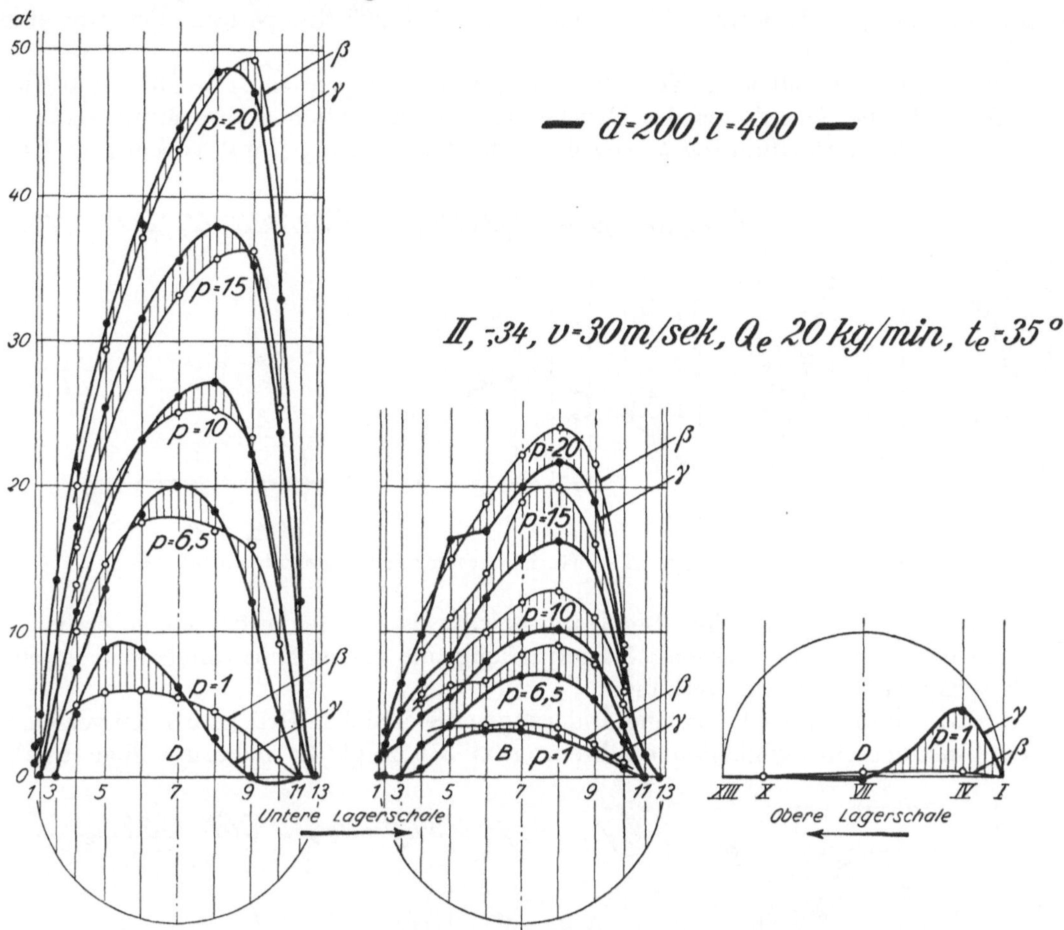

Abb. 314. Die örtlichen Drücke in Abhängigkeit vom mittleren Flächendruck. Vergleich: Ölzufluß β gegen γ.

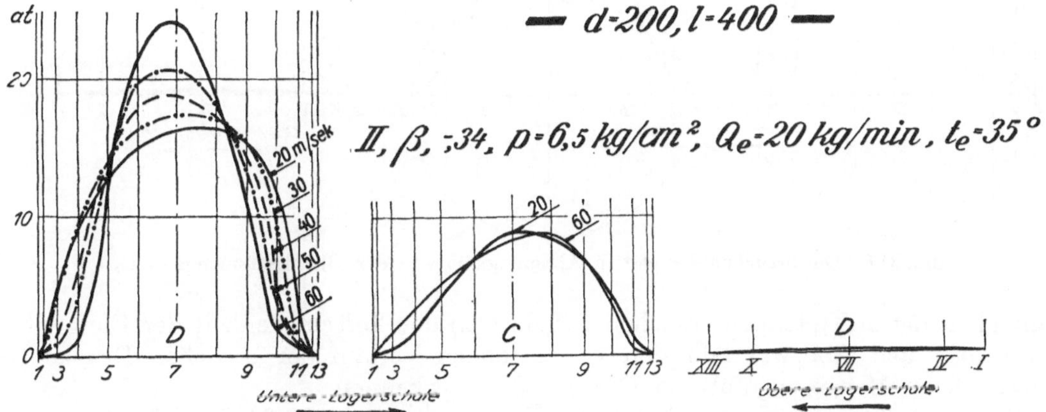

Abb. 315. Die örtlichen Drücke in Abhängigkeit von der Zapfengeschwindigkeit.

Abb. 313 zeigt die örtlichen Drücke bei den verschiedenen Belastungen des Lagers von p = 20, 6,5 und 3 kg/cm² bei den mittleren Betriebsverhältnissen: einer Zapfengeschwindigkeit v = 30 m/sek, einer dem Lager minutlich zugeführten Ölmenge Q_e = 20 kg und einer Temperatur des zugeführten Öles $t_e = 35^0$ C. Durch weite vertikale Schraffur ist als Fläche herausgehoben der Unterschied in den örtlichen Drücken I und II, und durch enge Schraffur ist mit der Linie von dem Auflager I bei 35° C verbunden ein jeweils kurzer Linienzug von I bei 20° Temperatur des eintreten den Öles.

Für die gleichen mittleren Verhältnisse und Belastungen von p = 20 bis 1 kg/cm² zeigt Abb. 314 die Schaulinien des Druckes für den Eintritt des Öles unmittelbar in die untere Schale, Ölzuführung β, sowie für die Ölzuführung γ mit vorherigem Um-

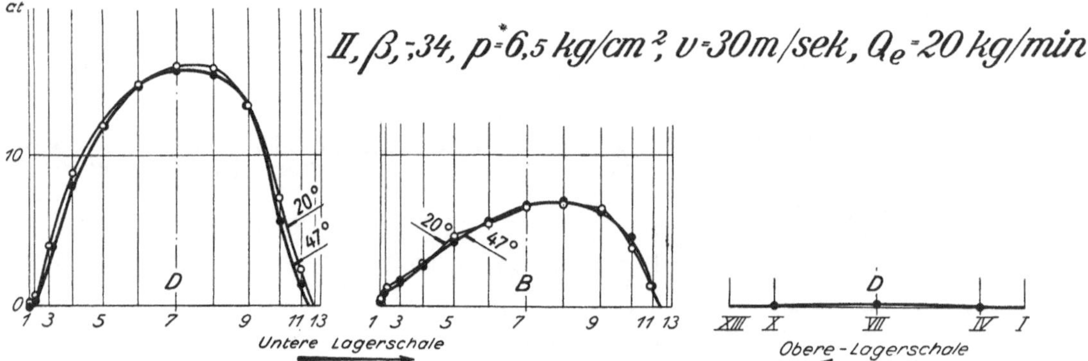

Abb. 316. Die örtlichen Drücke in Abhängigkeit von der Öleintrittstemperatur = t_e.

spülen der oberen Zapfenhälfte. Der Unterschied zwischen den auftretenden örtlichen Drücken bei Ausführung β gegen γ ist geringfügig; die beiden Schaulinien sind jeweils durch senkrechte Schraffur verbunden.

Abb. 315 veranschaulicht, welche Änderungen die örtlichen Drücke bei den verschiedenen Umlaufgeschwindigkeiten erfahren. Abb. 316 zeigt die nahezu völlige Unab-

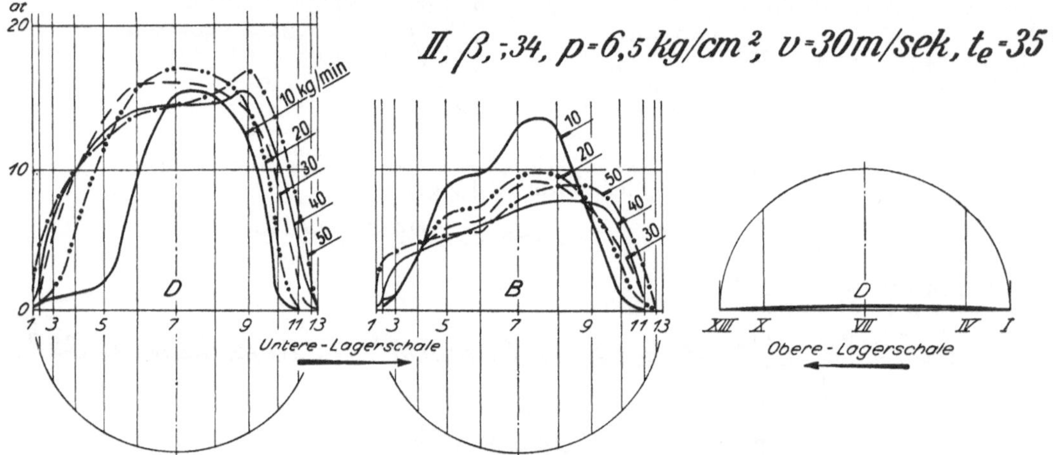

Abb. 317. Die örtlichen Drücke in Abhängigkeit von der Öleintrittsmenge = Q_e.

hängigkeit der auftretenden örtlichen Drücke von der Verschiedenheit der Öleintrittstemperatur und Abb. 317 läßt den verschiedenen Verlauf der örtlichen Drücke bei verschiedener Menge zugeführten Öles — Q_e — erkennen.

Von besonderem Interesse sind beim Übergang von $\sigma = 0{,}34$ Spiel im Lager auf das enge Spiel von nur $\sigma = 0{,}20$ die Schaulinien des Druckverlaufes in der oberen Schalenhälfte. Auch in der unteren Schale sind bei niedriger Belastung p = 1 oder p = 3 die Drücke bis $\sigma = 0{,}20$ erheblich höher als beim üblichen Spiel $\sigma = 0{,}34$ mm. Bei p = 6,5 sind die Drücke einander nahezu gleich, wogegen bei Belastung p = 15 und p = 20 die örtlichen Drücke in der mittleren Ebene des Lagers bis $\sigma = 0{,}20$

nennenswert hinter denen bei $\sigma = 0{,}34$ Spiel zurückbleiben (vgl. Abschnitt 85, Abb. 328). Über den Einfluß des Verhältnisses der Lagerschalenlänge zur Bohrung auf die örtlichen Drücke gibt Abb. 318 Auskunft.

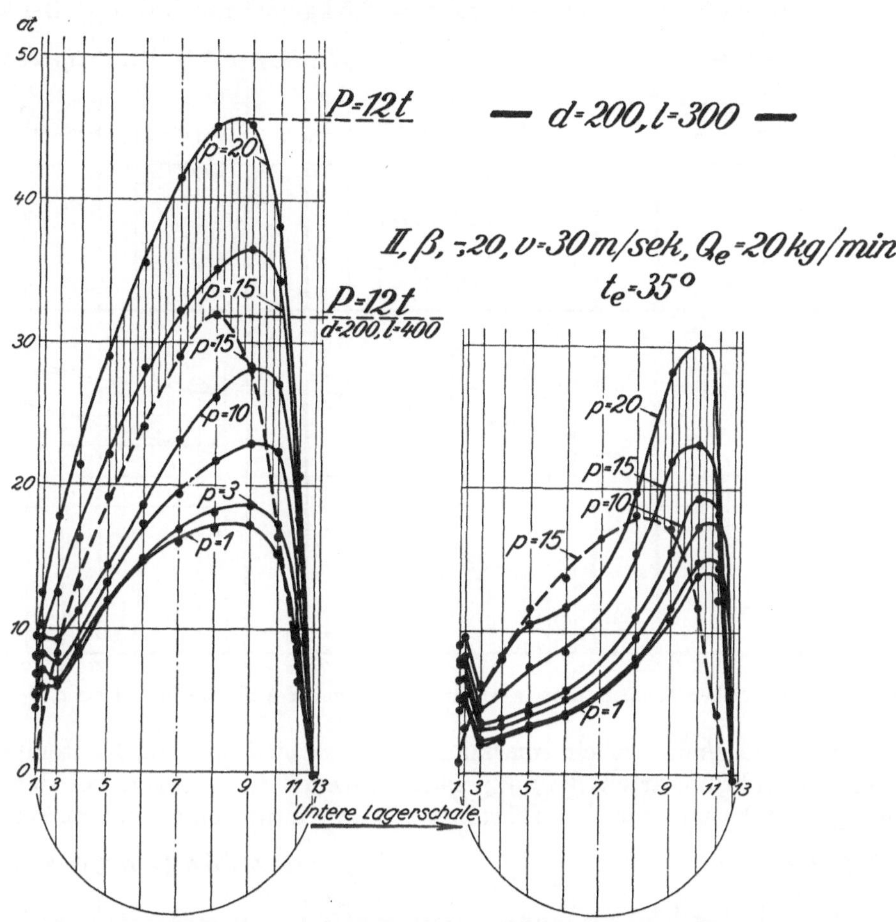

Abb. 318. Die örtlichen Drücke in Abhängigkeit vom mittleren Flächendruck bei einem Verhältnis von Bohrung zur Länge der Lagerschale wie 2 : 3 statt 1 : 2.

84. Die örtlichen Temperaturen in den Lauflagern.

Die Messungen der örtlichen Temperaturen beschränken sich auf die untere Schalenhälfte, und die Schaulinien ergeben durchgehends ein stetiges Ansteigen der Temperatur vom Eintritt des Öles in die Schale bis zum Ölaustritt. Wie bei den Druckmessungen, sind auch bei den Temperaturmessungen einander gegenübergestellt die Öltemperaturen der beiden Auflageformen I und II, die beiden Ölzuführungsarten β und γ, sowie die Ölintrittstemperatur von 20^0 gegenüber 60^0; auch wurde die Ölmenge variiert $Q_e = 10$ kg/min und $Q_e = 50$ kg/min.

In Abb. 319 und 320 ist der Verlauf der örtlichen Temperaturen bei Auflage I und II (Abb. 306), bei $p = 6{,}5$ kg/cm², $v = 30$ und 60 m/sek einander gegenübergestellt. Durchgehends zeigt sich Auflageform II als günstiger; bei $v = 60$ m (Abb. 320) ist mit einem p von 6,5 kg/cm² bereits ein erheblicher Vorteil von Auflage II gegen I ersichtlich. Für $p = 20$ kg/cm² waren die Messungen für Auflageform I nur bei $v = 30$ m/sek durchführbar (Abb. 321); für $v = 60$ m/sek ist überhaupt nur noch Auflage II anwendbar.

Abb. 322 und 323 zeigen den Verlauf der Temperaturen jeweils für die beiden Arten des Öleinlaufs sowohl bei einer Öleintrittstemperatur von 20^0 C als auch von

60^0 C. Während bei kaltem Öl bei der Ölzuführung γ, also über die obere Zapfenhälfte hinweg, namentlich infolge der größeren Reibungsarbeit in der Oberschale eine erheblich größere Erwärmung besteht, sind bei 60^0 eintretendem Öl beide Zuführungsarten bereits bei v = 30 m/sek und p = 6,5 kg/cm² gleichwertig. Bei kleinster

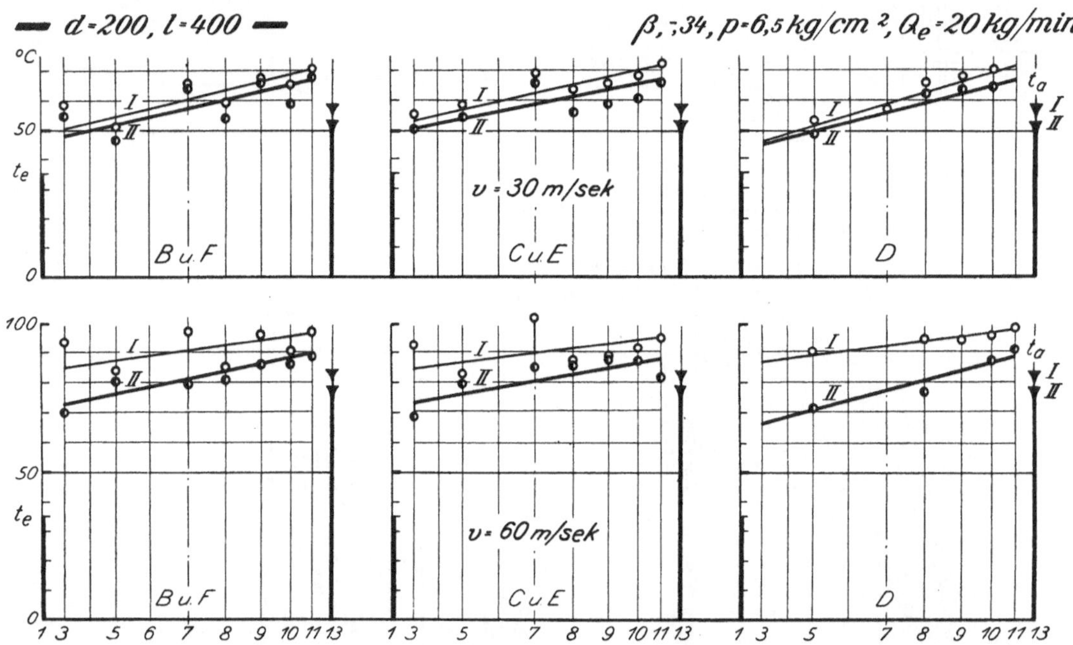

Abb. 319—320. Die örtlichen Temperaturen in Abhängigkeit von der Auflage I und II bei p = 6,5 kg/cm².

Ölmenge Q_e = 10 kg/min ist ein merklicher Unterschied in den Endtemperaturen der beiden Ölzuführungsarten β und γ nicht vorhanden, wogegen bei der größten Ölmenge Q_e = 50 kg/min die Ölzuführungsart γ wiederum eine nennenswert höhere

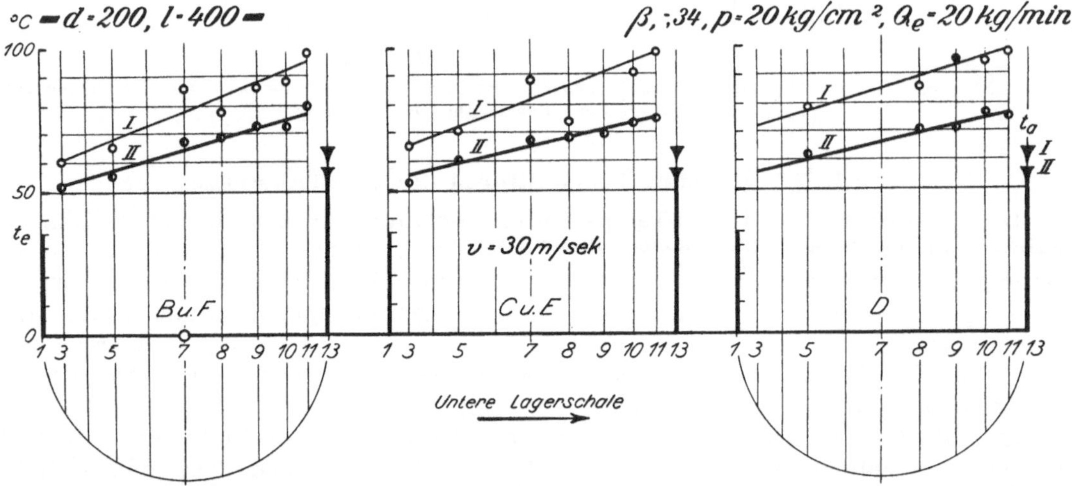

Abb. 321. Die örtlichen Temperaturen in Abhängigkeit von der Auflage I und II bei p = 20 kg/cm².

Erwärmung (Abb. 324 und 325) ergibt. Es ist eben die Kühlung der jeweils oberen Zapfenhälfte nur erst bei v = > 40 m/sek erforderlich, ebenso wie erst bei diesen hohen Geschwindigkeiten die großen Ölmengen erforderlich sind; weiterhin wird noch gezeigt (Abb. 339), welche Ölmengen für einen größeren als zulässig erkannten bzw. erwünschten Temperaturanstieg insbesondere bei der modernen Auflageform II erforderlich sind; größere Mengen Öls vermehren die Reibungsarbeit ohne zu nutzen, ebenso wie eine niedrigere Eintrittstemperatur des Öls als etwa 35° C die Reibungsarbeit nutzlos vermehrt.

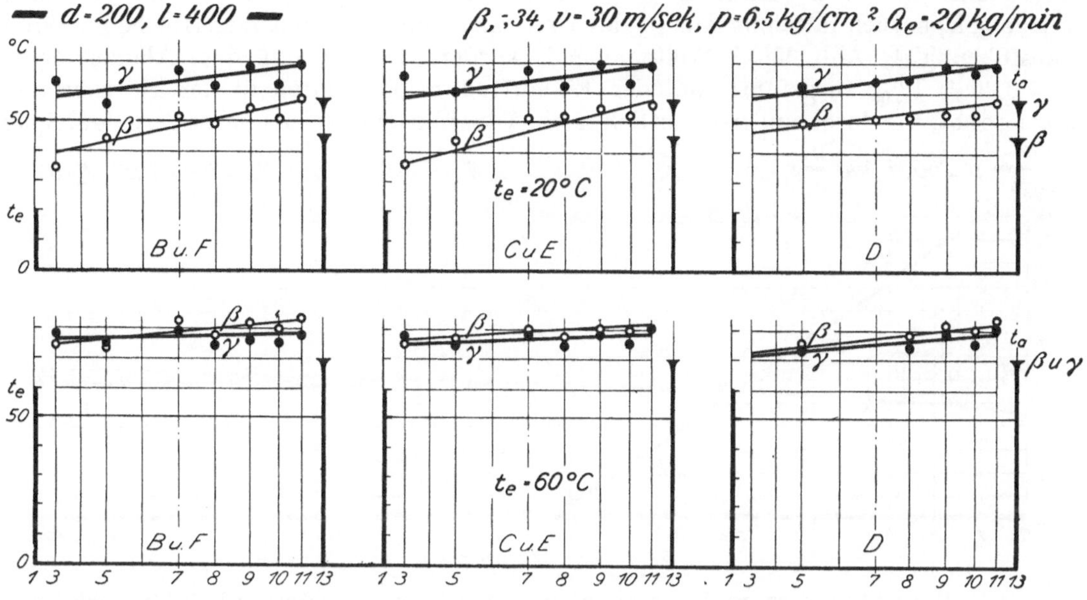

Abb. 322—323. Die örtlichen Temperaturen in Abhängigkeit von der Öleintrittstemperatur. Öleintritt β und γ.

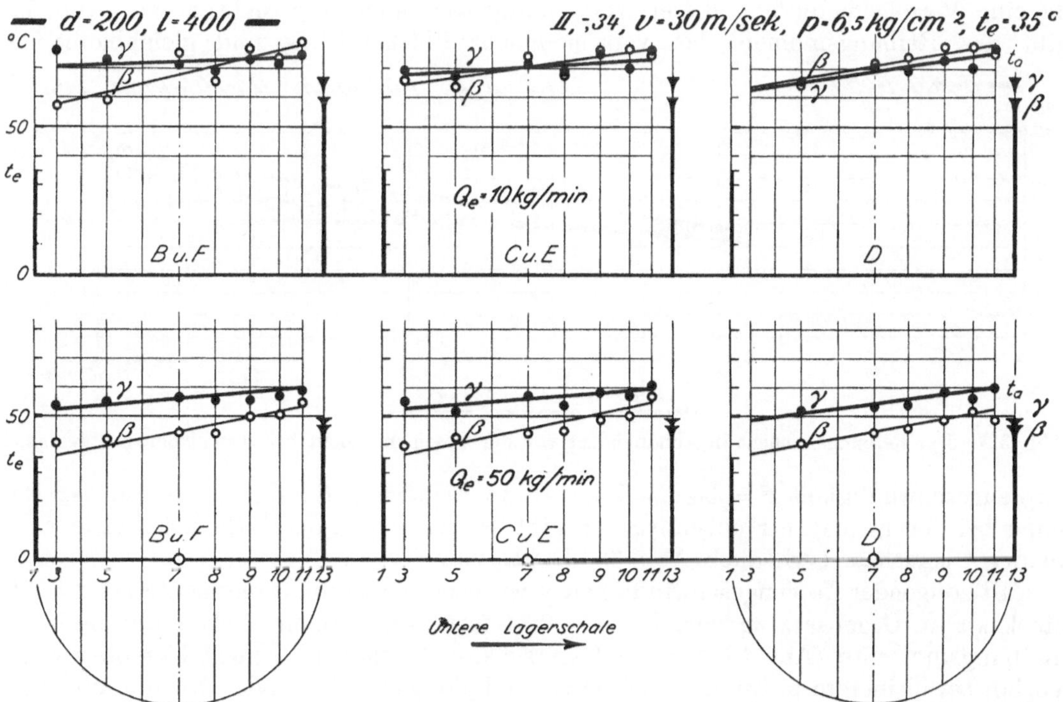

Abb. 324—325. Die örtlichen Temperaturen in Abhängigkeit von der Öleintrittsmenge.

85. Das Lagerspiel und die Reibungsarbeit.

Alle Versuchsreihen wurden, soweit nicht anders angegeben, mit einer um $\sigma = 0{,}34$ größeren Bohrung des Lagers gegenüber dem Durchmesser der Welle gefahren, d. h. mit einem Spiel von nahezu $2^0/_{00}$ (Ausführung II, Abb. 306). Nur zum Vergleich wurde gelegentlich mit einer auf $^1/_3$ des Umfanges aufgeschabten Lagerfläche gefahren (Ausführung I, Abb. 306). Weitergehend wurden Schalen mit dem kleinen Spiel $\sigma = 0{,}20 = 1^0/_{00}$ ausgeführt und der Einlauf zu beiden Seiten in der Horizontalen angeordnet, um durch außerordentlich reiche Ölzuführung bei möglichst geringem Spiel

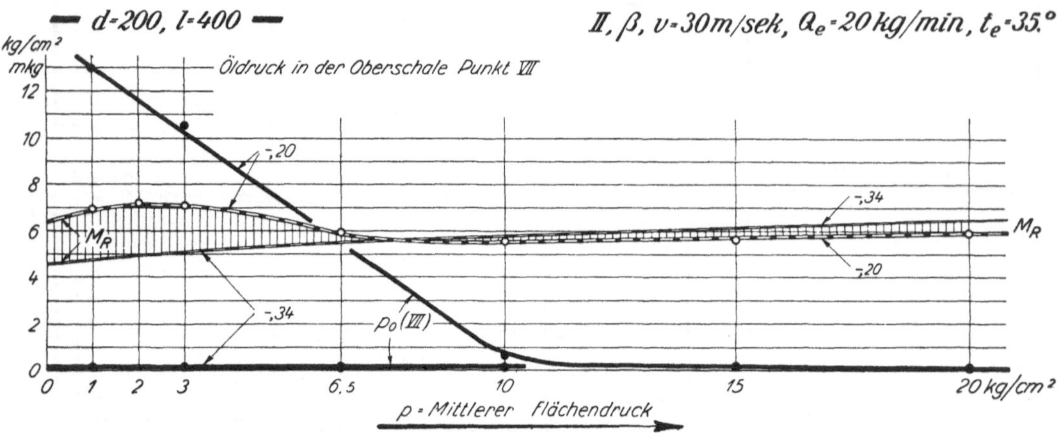

Abb. 326. Das Reibungsmoment in Abhängigkeit vom mittleren Flächendruck bei verschiedenem Lagerspiel.

eine äußerst starke dämpfende Wirkung zu erzielen. Gegeben sind zum Vergleich die Schaulinien der an dem Versuchslager d = 200 mm Durchmesser und l = 400 mm Länge aufgenommenen Reibungsmomente, jedoch nicht jene der Reibungskoeffizienten, da eine Verallgemeinerung dieser Vergleichsgrößen nicht beabsichtigt ist. Abb. 326 gibt das Reibungsmoment bei verschiedenem Flächendruck und gleichbleibender

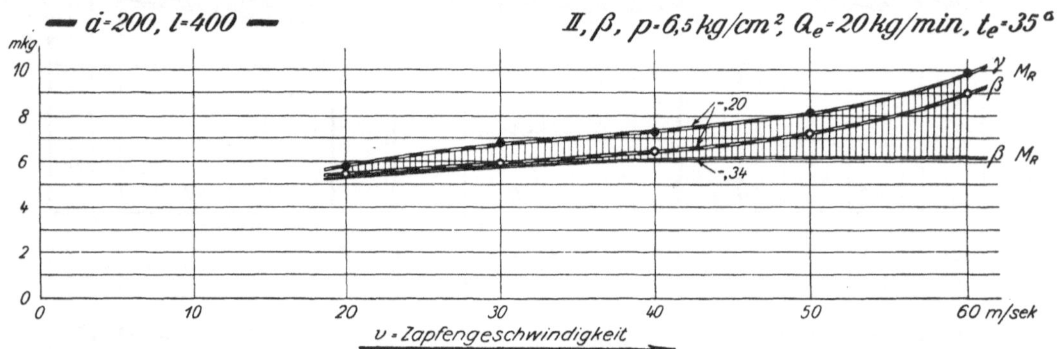

Abb. 327. Das Reibungsmoment in Abhängigkeit von der Geschwindigkeit bei verschiedenem Lagerspiel.

Zapfengeschwindigkeit v = 30 m/sek an. Eine Erklärung für das Ansteigen der Reibung bei den niedrigen Flächendrücken gibt das Ansteigen des örtlichen Öldruckes p_0 in der Oberschale (vgl. auch Abb. 328 D VII usw.).

Mit steigender Zapfengeschwindigkeit v wachsen die Reibungsmomente bei $\sigma = 0{,}20$ stark an im Gegensatz zu dem bei $\sigma = 0{,}34$ fast horizontalen Verlauf der Linie der Reibungsmomente (Abb. 327); enge Lagerschalen bringen also auch hier ebenso wie vorhin bei kleinerem p, bei größerer Geschwindigkeit nur Nachteile. Noch ungünstiger wird die Größe der Reibung, sofern bei $\sigma = 0{,}20$ das frische Öl in Form γ vor dem Eintritt in die Tragfläche über die obere Zapfenhälfte hinübergeleitet wird.

Abb. 328 bringt für das Spiel von $\sigma = 0{,}20$ mm und für p = 1 bis p = 20 kg/cm² den Verlauf der auftretenden örtlichen Drücke. Bei hohem mittleren Flächendruck halten sich zwar in der Mittelebene D des Lagers die höchsten örtlichen Drücke nied-

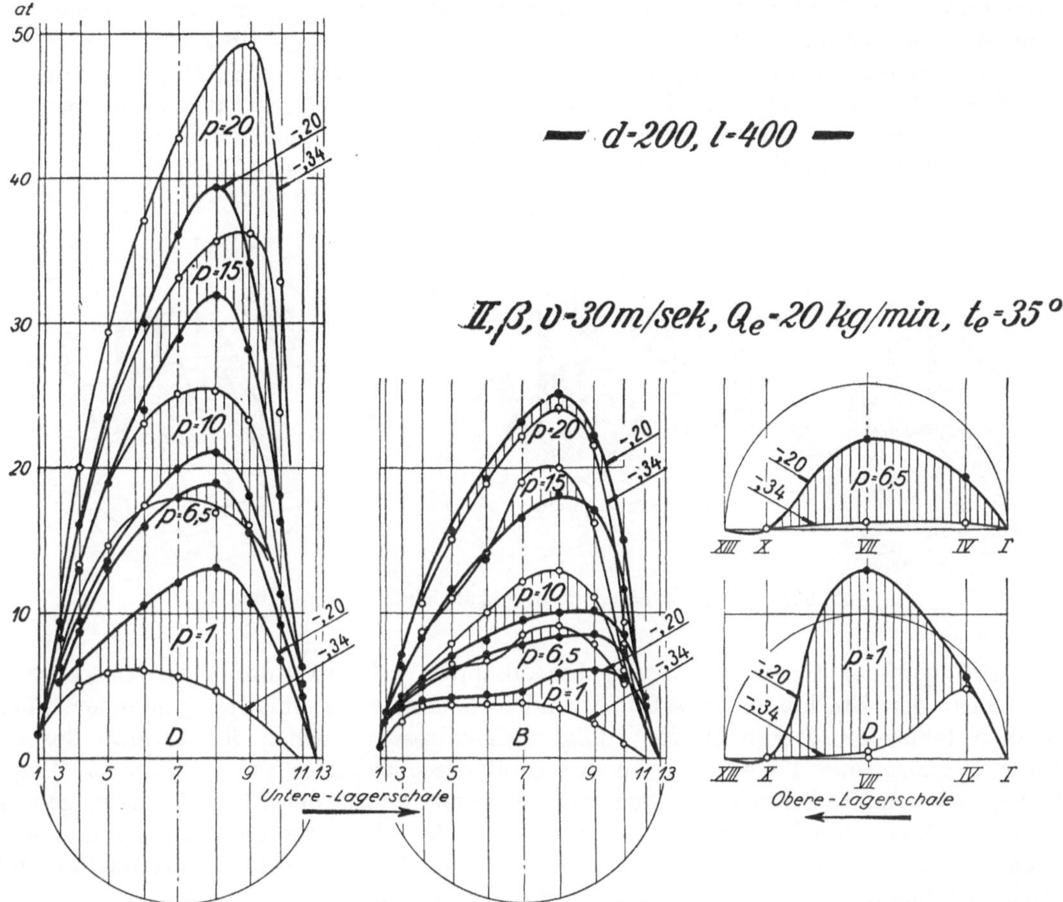

Abb. 328. Die örtlichen Drücke in Abhängigkeit vom mittleren Flächendruck bei verschiedenem Lagerspiel.

riger als bei $\sigma = 0{,}34$, hingegen zeigen sich die örtlichen Drücke bei p = 1 sowohl in der Unterschale (Punkt D 7) als ganz besonders in der Oberschale (Punkt D VII) außerordentlich hoch und geben so wiederum eine Erklärung für die hohen Werte der Reibung bei geringem Flächendruck.

86. Reibungsmoment = M_R und Reibungsarbeit = A_R.

Anschließend an die Mitteilungen über den Verlauf der örtlichen Flächendrücke und der örtlichen Temperaturen innerhalb der Lauflager seien die summarischen Zahlen und die aus ihnen errechneten bezüglichen Mittelwerte gegeben. Abb. 329 wiederholt die Versuchsreihen vom Jahre 1902[1]) und zeigt in den drei Kurvenkörpern die gegenseitige Einflußnahme der spezifischen Flächendrücke, der Öleintrittstemperatur und der Laufgeschwindigkeiten. Der seinerzeit gegebene Text sei auszugsweise wiederholt:

„Bei allen Versuchsanordnungen wurden die Ergebnisse abgelesen als Gesamtwerte des Reibungsmomentes $M_R = P \cdot r \cdot \mu$ oder als Gesamtwert der Reibungsarbeit

[1]) O. Lasche: Die Reibungsverhältnisse in Lagern mit hoher Umfangsgeschwindigkeit. Z. V. d. I. 1902.

$A_R = P \cdot v \cdot \mu = p \cdot l \cdot d \cdot v \cdot \mu$, summarisch gemessen am ganzen Zapfenumfang und an der ganzen Zapfenlänge. Bei der Umrechnung von der gesamten Umfangskraft schon auf diejenige Reibung, welche auf die Einheit der Schalenbreite, d. h. auf einen Ringstreifen von 1 cm Breite wirkt, kommen Ungenauigkeiten und willkürliche Annahmen in die Rechnung. Ungleich größere Ungenauigkeiten, ja direkte Widersprüche bringt die übliche Umrechnung der am ganzen Umfang wirkenden Reibung auf die spezifische Reibungskraft oder Reibungsarbeit pro Flächeneinheit der Zapfenprojektion; dieses Umrechnen ist für vergleichende Rechnungen vielleicht unerläßlich; gültig und brauchbar kann ein so gewaltsames Einkleiden in eine Formel aber natürlich nur

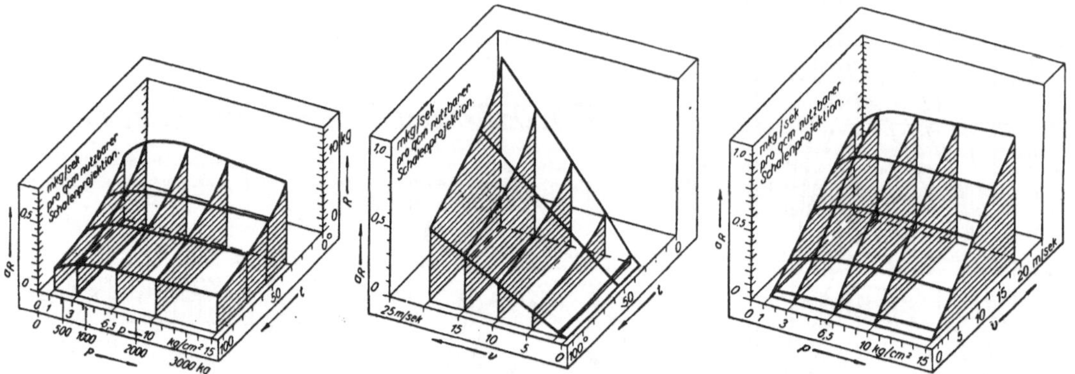

Abb. 329. Die Reibungsarbeit in Abhängigkeit von p, v und t.

innerhalb gewisser Grenzen und nur für einander nahverwandte Verhältnisse sein. Hier wird der Einfluß einer satt passenden oberen Schalenhälfte gegenüber einer gänzlich fehlenden oberen Hälfte völlig vernachlässigt, ebenso der Einfluß des zu satten Passens einer Lagerschale an den Stellen rechtwinklig zur eigentlichen Tragfläche, insbesondere bei geteilten Schalen, oder andererseits der Einfluß von zu großer Bohrung. Weiterhin besteht die mathematische Annahme des gleichmäßigen, satten Tragens auf der ganzen Länge des Zapfens, ohne daß vielleicht Konstruktion und Werkstatt hierauf genügend Rücksicht genommen haben."

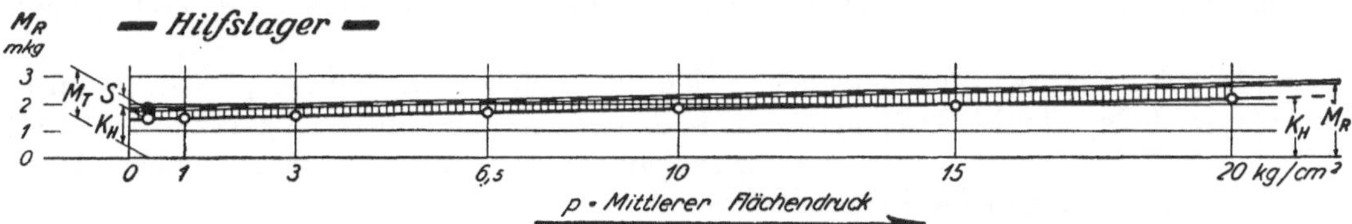

Abb. 330. Die Feststellung des Reibungsmomentes der Hilfslager.

Wie in Abschnitt 79 gesagt, wurde bei den nachstehenden Versuchsreihen die Reibungsarbeit des Versuchslagers aus der Erwärmung des Öles unter Hinzurechnung der durch getrennte Versuche festgestellten Werte der Ausstrahlung ermittelt. Die Reibungskraft bzw. das Reibungsmoment wurde durch Ablesungen an einer Torsionswelle gefunden, nachdem die entsprechenden Werte für die beiden Hilfslager vorher getrennt festgestellt waren (Abb. 330). Die nach den beiden Verfahren ermittelten Reihen von Ergebnissen stimmten gut überein, die Unterschiede beider kamen selten in die Größenordnung von einigen Prozenten.

Die Werte des Reibungsmomentes M_R (Abb. 331—334) beziehen sich auf die benutzten Versuchslager d = 200 mm, l = 400 mm = 1 : 2; Zapfenmaterial SM-Stahl, Lauffläche der Schale aus Weißmetall. Diese Werte sind zwecks allgemeinerer Verwendbarkeit in den Abb. 335—338 auf den Reibungskoeffizienten $\mu = \frac{M_R}{P \cdot r}$ umgerechnet und in Vergleich gebracht zu den Reibungskoeffizienten der Versuche vom Jahre 1902 (siehe auch die nachstehende Tabelle).

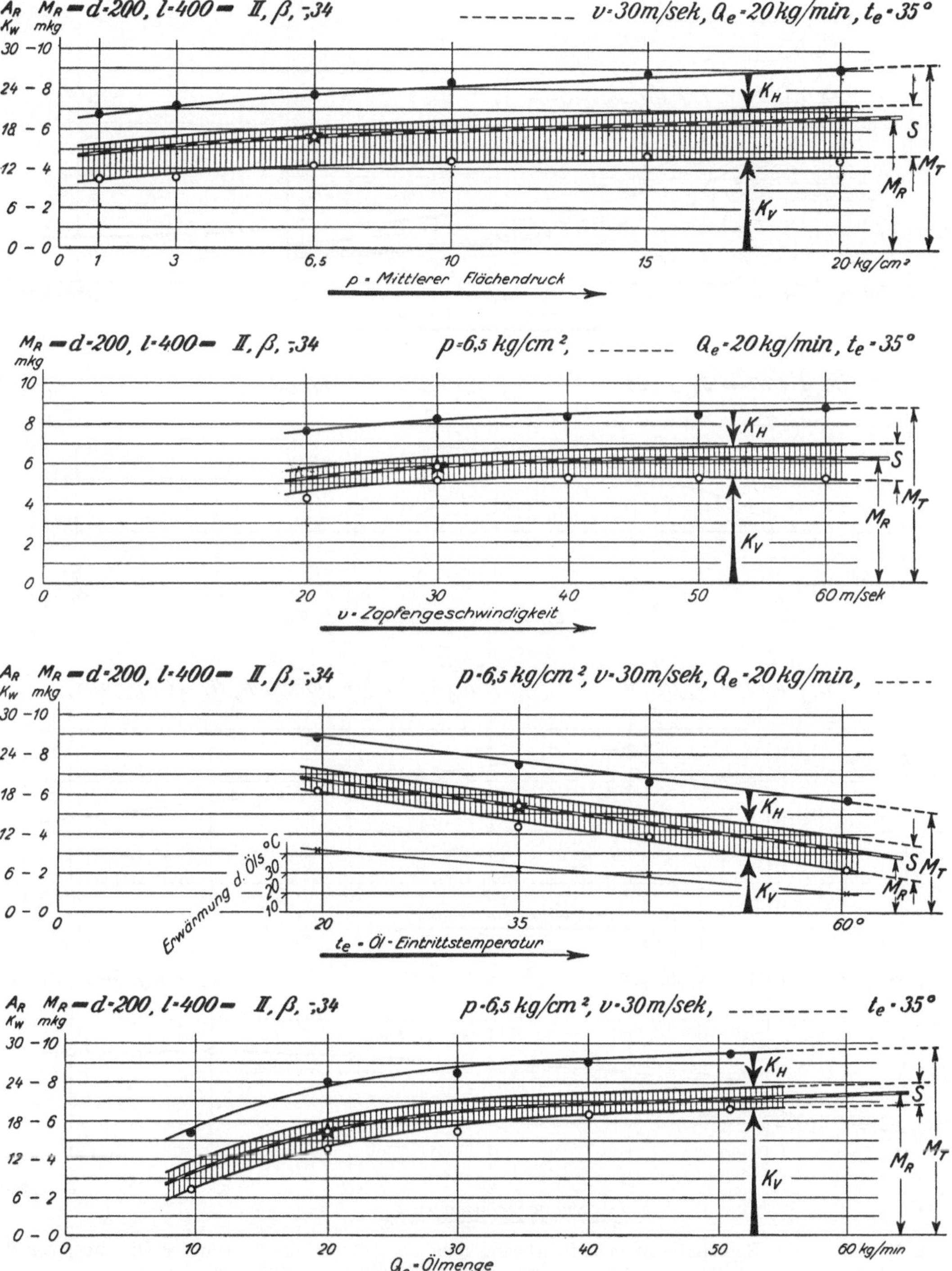

Abb. 331—334. Das Reibungsmoment in Abhängigkeit vom Flächendruck, von der Zapfengeschwindigkeit, von der Öleintrittstemperatur und von der Öleintrittsmenge.

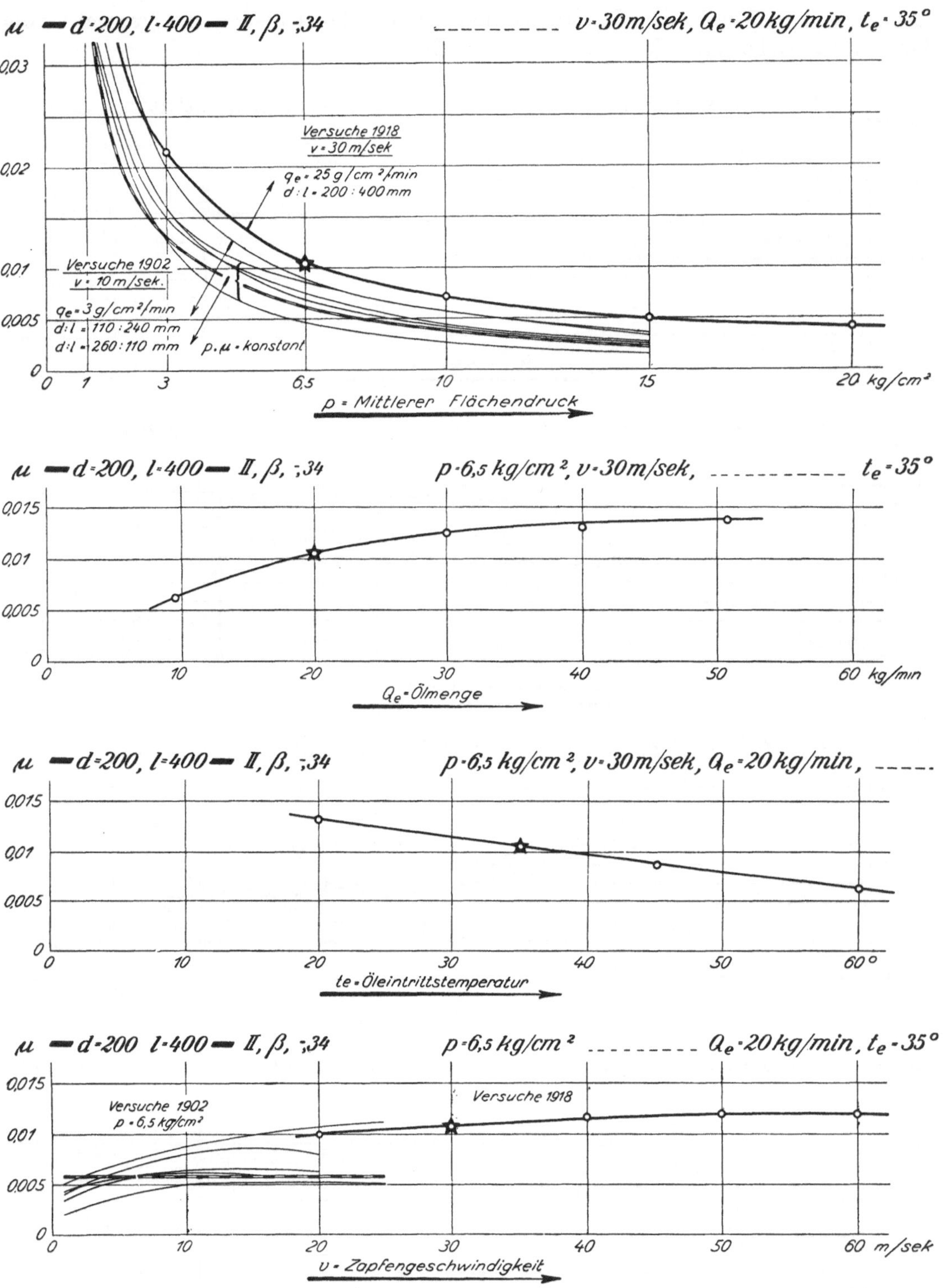

Abb. 335—338. Der Reibungskoeffizient in Abhängigkeit vom Flächendruck, von der Ölmenge, von der Öleintrittstemperatur und von der Zapfengeschwindigkeit.

Nr.[1])	Lagerabmessungen Dmr. mm	Länge mm	Zapfenmaterial	Schalenmaterial
I	110	240	Stahl	Weißmetallegierung
II	260	110	Nickelstahl	„
III	260	110	„	Quecksilberlegierung
IV	260	110	„	Bronze
V	260	110	Flußeisen	Weißmetallegierung

Öl in allen Fällen Imperial 0.

Der Versuchswert M_R, A_R bzw. μ für die Hauptversuchsdaten: mittlerer Flächendruck pro cm² $p = 6,5$, Temperatur des eintretenden Öles $t_e = 35^0$ C und Zapfengeschwindigkeit $v = 30$ m/sek ist in allen Abbildungen durch den gleichen Stern hervorgehoben.

Der in den Schaulinien Abb. 335 ausgesprochene große Unterschied zwischen den Versuchen 1902 und 1918 ist in der Verwendung stark verschiedener spezifischer Ölmengen, Schalen mit und ohne Schmiernuten, sowie in dem anderen Verhältnis von Lagerdurchmesser zur Lagerlänge begründet. Die Werte 1918 sind bei einer dem

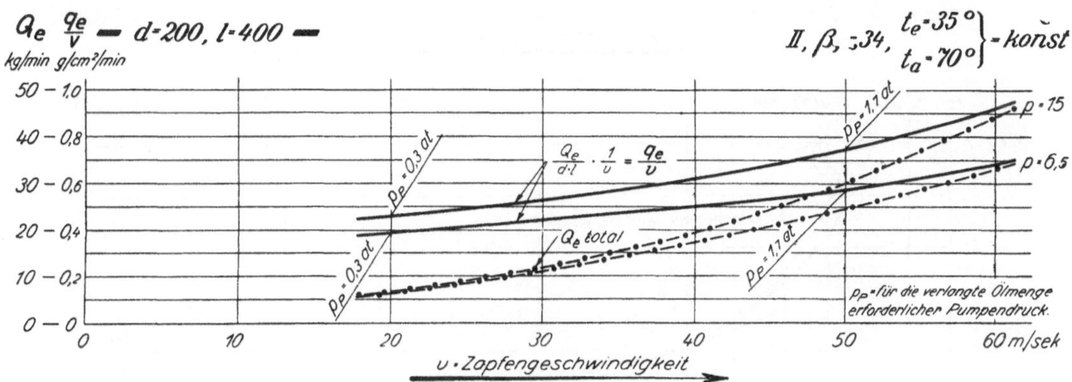

Abb. 339. Die spezifische Öleintrittsmenge pro m Laufgeschwindigkeit.

Lager zugeführten Ölmenge $Q_e = 20$ kg/min ermittelt, wobei dieser Wert Q einem spezifischen Wert q der Ölmenge pro cm² Zapfenprojektion von 25 g und reduziert auf 1 m/sek Zapfengeschwindigkeit $\frac{q_e}{v} = 0,9$ g/min entspricht; diesem steht ein $\frac{q_e}{v}$ im Jahre 1902 von nur 0,3 g/min gegenüber. $\frac{q_e}{v} = 0,9$ g/min (1918), mit Rücksicht auf $v = 60$ m/sek gewählt und zunächst auch für andere Versuche beibehalten, ist für $v = 30$ m/sek ein reichlicher Wert, die Ölmenge könnte wohl auch auf $\frac{q_e}{v} = 0,5$ g/min vermindert werden, $q_e = 3,0$ g/min bzw. $\frac{q_e}{v} = 0,3$ (1902) war für $v = 10$ m/sek genügend. Abb. 339 gibt auf Grund der Messungen an dem Versuchslager 200 × 400 bei $t_e = 35^0$ C, $t_a = 70^0$ C einen Einblick in die Abhängigkeit der erforderlichen Ölmenge von der Geschwindigkeit des Zapfens bei verschiedenen Auflagedrücken, jeweils reduziert auf 1 m der in Frage kommenden Laufgeschwindigkeit; pro m Geschwindigkeit steigt die benötigte Ölmenge $\frac{q_e}{v}$ von $v = 20$ bis $v = 60$ m/sek auf etwa den doppelten Wert an, total also im Verhältnis von $q_e = 20$ auf 120 g/min.

[1]) Lasche: Die Reibungsverhältnisse in Lagern mit hoher Umfangsgeschwindigkeit. Z. V. d. I. 1902.

87. Der Reibungskoeffizient μ.

Die vorliegenden Versuchsreihen, ausgeführt an in der Hauptsache nur einer einzigen Lagerschale, sind für die restlose Erkennung des Verlaufes von μ in Abhängigkeit sowohl vom spezifischen Flächendruck als auch von der Geschwindigkeit nicht aus-

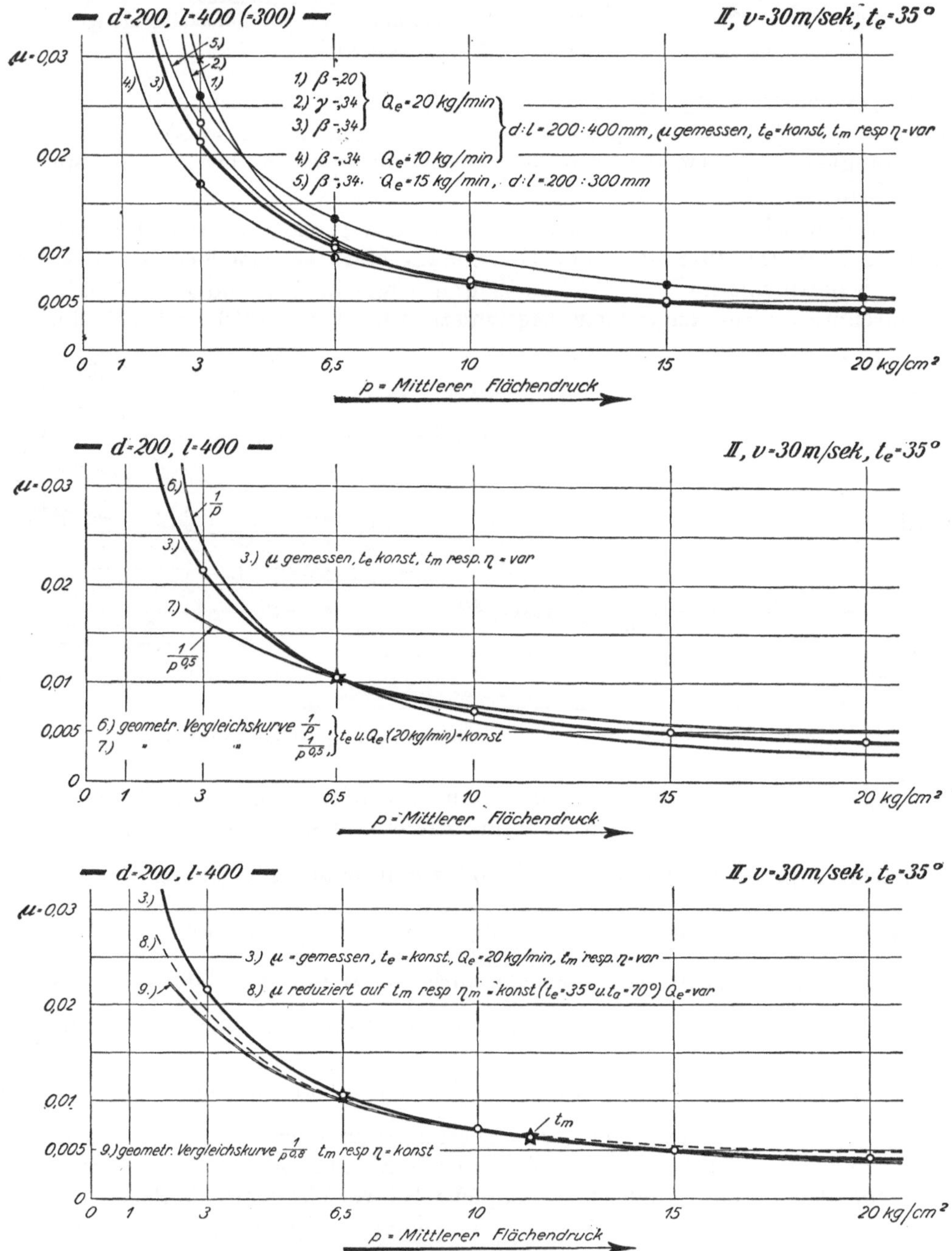

Abb. 340—342. Die mathematische Vergleichslinie für den Reibungskoeffizienten bei verschiedenem spezifischem Flächendruck.

reichend. In Abb. 340 sind trotzdem die Versuchsergebnisse zur Feststellung des Reibungskoeffizienten in Abhängigkeit vom mittleren Flächendruck gegeben. Es sind bei der Auflage II gegenübergestellt die beiden Ölzuführungsarten β und γ, verschiedenes Lagerspiel $\sigma = 0{,}34$ und $\sigma = 0{,}20$ mm, verschiedene Öleintrittsmengen 20 und 10 kg/min und schließlich noch ein verschiedenes Verhältnis von $d:l = 2:4$ und $2:3$. Die Abweichungen der so festgestellten einzelnen Reibungskoeffizienten sind bei sonst jeweils gleichen Verhältnissen zum Teil recht erheblich.

Obschon der Voraussetzungen gerade genug waren, sei nunmehr doch in Abb. 341 versucht, für die wichtigste der Linien, für die bei konstanter Öleintrittstemperatur

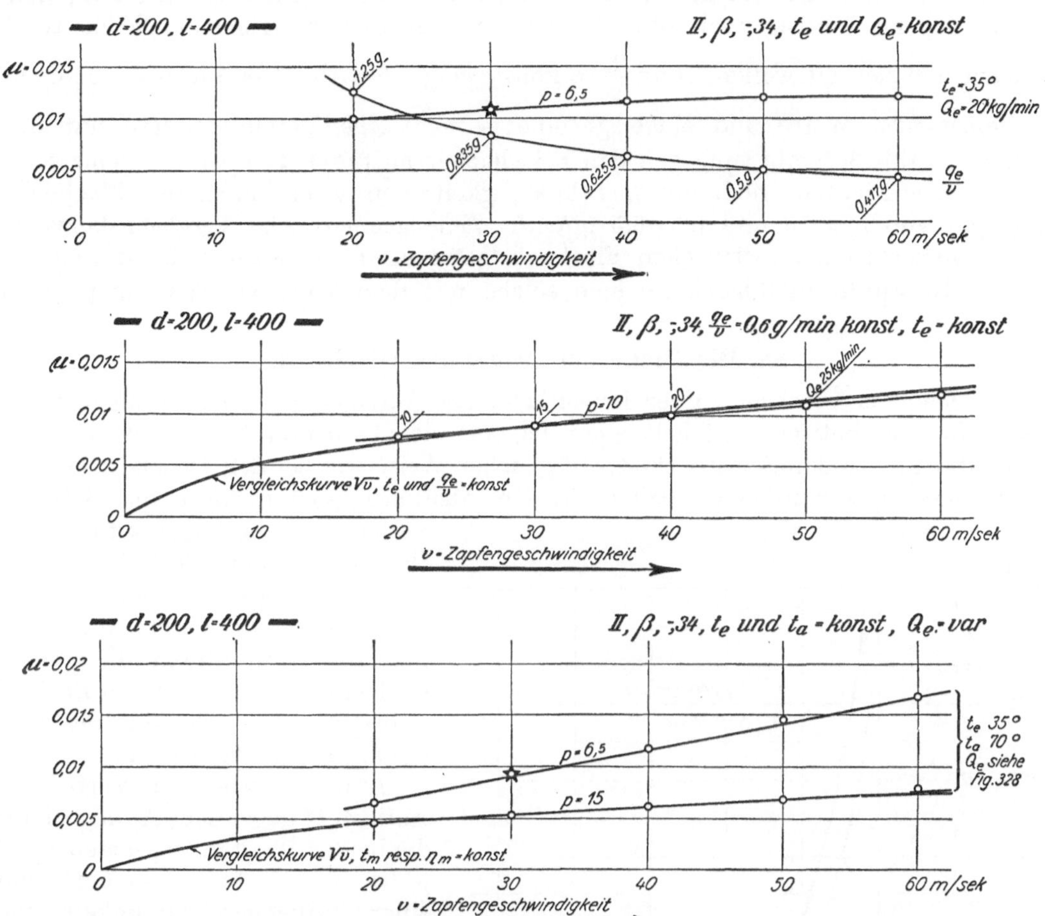

Abb. 343—345. Die mathematische Vergleichslinie für den Reibungskoeffizienten bei verschiedener Zapfengeschwindigkeit.

$t_e = 35^0$ C gemessene μ-Kurve, eine Annäherungslinie mit einfachem Formelausdruck zu finden. Durch den Wert von $p = 6{,}5$ kg/cm² sind zwei geometrische Vergleichskurven gelegt, welche einmal der Bedingung $\frac{1}{p}$ und das andere Mal $\frac{1}{p^{0,5}}$ entsprechen. Abb. 342 gibt die gleiche μ-Kurve 3.) und außerdem als Kurve 8.) die auf gleichbleibende mittlere Temperatur, also den Schubmodul des Öles $\eta_m =$ konst. reduzierte μ-Kurve. Durch den mittleren Wert t_m resp. η_m ist eine geometrische Vergleichskurve gelegt, die annähernd der gemessenen Kurve gleichlaufend ist und dem Wert $\frac{1}{p^{0,8}}$ entspricht. Der Reibungskoeffizient ändert sich etwa umgekehrt proportional zu $p^{0,8}$. Innerhalb der Grenzen $p = 3$ bis 20 kg dürfte nach Abb. 341 das einfache Gesetz $\frac{1}{p}$ für die Änderung der Reibungskoeffizienten eine genügende Annäherung sein. Dies würde heißen, daß die Reibung unabhängig von der totalen Belastung des Lagers ist. Die Abbildung gilt für 30 m Zapfengeschwindigkeit, jedoch kann wohl das Gesetz auch für kleinere und größere Geschwindigkeiten als giltig betrachtet werden und zwar so lange, als eben die Reibung noch flüssig ist.

Die Abhängigkeit des Reibungskoeffizienten von v bei $p = 6{,}5\ kg/cm^2$ zeigt Abb. 343 bei konstanter Eintrittstemperatur und gleicher Ölmenge mit nahezu horizontalem Verlauf. Der Vergleich hat aber kein großes praktisches Interesse, denn es wäre verfehlt, für Lager mit 20 und mit 60 m Laufgeschwindigkeit die gleiche totale Ölmenge nehmen zu wollen. Für $\frac{q_e}{v} =$ konst. zeigt die Abb. 344 für $p = 10\ kg/cm^2$ die gemessenen Werte und eingelegt eine geometrische Vergleichskurve mit dem Wert $\sqrt{v}$. Abb. 345 gibt hingegen den bei gleicher mittlerer Temperatur gemessenen Reibungskoeffizienten wiederum in Abhängigkeit von v bei mittleren Flächenbelastungen von $p = 15$ und $p = 6{,}5\ kg/cm^2$. Eine geometrische Vergleichskurve ist für die verschiedenen spezifischen Flächenbelastungen gemeinsam nicht anwendbar; für $p = 15$ würde zufälligerweise eine solche mit dem Wert von $\sqrt{v}$ entsprechen.

88. Die Dicke der tragenden Ölschicht.

Die Dicke der Ölschicht in der Druckfläche des Auflagers ist der ausschlaggebende Faktor für die Betriebssicherheit eines Lagers; sie allein ergibt für schnellaufende Zapfen die Grenze der Belastbarkeit. In gleicher Weise wie bei den Druck- und Temperaturmessungen wurden die verschiedenen Ausführungsarten sowie die Betriebsverhältnisse der Lager auf den Einfluß untersucht, den sie auf die Dicke der Ölschicht nehmen.

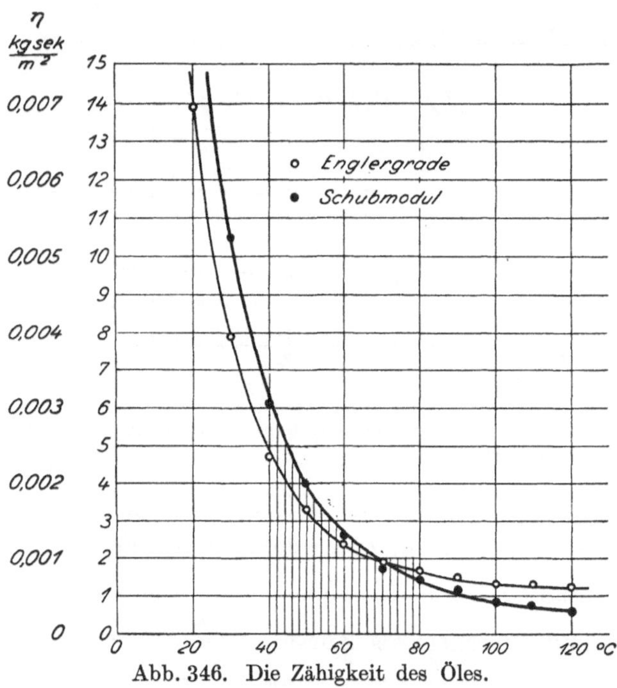

Abb. 346. Die Zähigkeit des Öles.

Die Dicke der Ölschicht ist nach der Menge des durch die Druckfläche fließenden Öles unter Berücksichtigung der Zähigkeit des Öles (Abb. 346) zu beurteilen.

Abb. 347 zeigt den Vorteil der Auflage II gegenüber Auflage I für die beiden Ölzuführungsarten β und γ bei $p = 1$ bis $20\ kg/cm^2$ und einer Zapfengeschwindigkeit von 30 m/sek.

Abb. 348 läßt bei Auflage II unter sonst gleichen Verhältnissen den Nachteil einer Lagerschale mit nur $\sigma = 0{,}20$ mm gegenüber $\sigma = 0{,}34$ mm Spiel erkennen. Bei $\sigma = 0{,}20$ liegt bei Ölzulauf über den Zapfen $= \gamma$ (Abb. 305) und bei den geringeren spezifischen Belastungen die Grenze der ohne Druck zufließenden Ölmenge Q_e in der unteren strichpunktierten Linie.

Abb. 349 veranschaulicht den Einfluß der Zapfengeschwindigkeit auf die durch die Lagerdruckfläche geflossenen Ölmengen Q_d für Auflager II bei einem spezifischen Flächendruck $p = 6{,}5\ kg/cm^2$. Während bei einem Lagerspiel $\sigma = 0{,}20$ mm die Ölmenge in der Druckfläche Q_d mit wachsender Zapfengeschwindigkeit ansteigt, hat bei $\sigma = 0{,}34$ mm die durch die Druckfläche fließende Ölmenge bereits bei 20 m/sek die volle Größe derjenigen bei 60 m/sek erreicht. Betont sei, daß die Öleintrittstemperatur t_e gleichbleibend war, nicht aber die Temperatur in der Ölschicht.

Die untere Grenze für die genügende Dicke der Ölschicht in der Auflagefläche liegt sonach bei den geringen Geschwindigkeiten, d. h. es besteht die Gefahr halb flüssiger Reibung während der Perioden geringster Geschwindigkeit, also beim An-

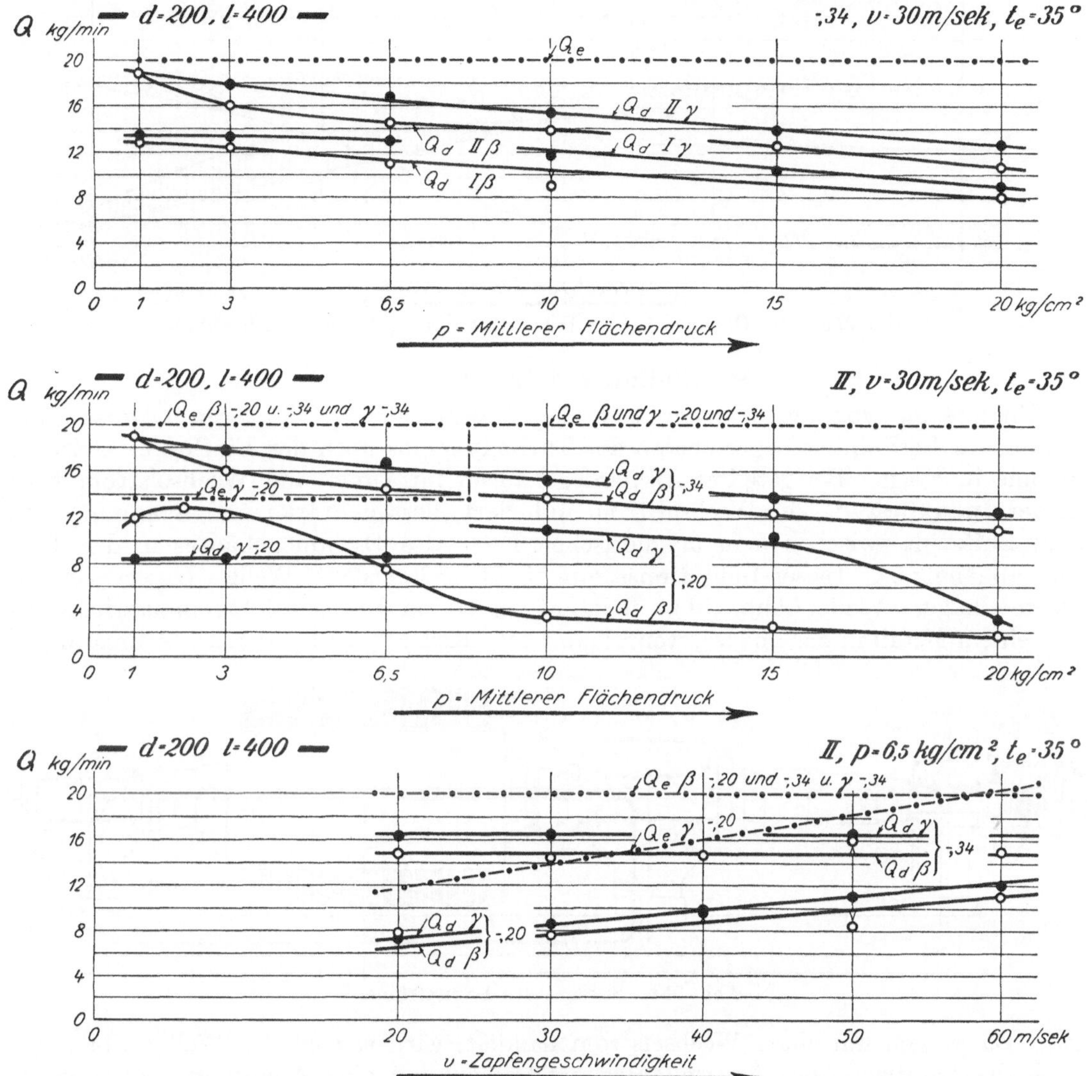

Abb. 347—349. Die Ölmenge in der Druckfläche in Abhängigkeit von der Auflageform (I oder II), von der Öleintrittsstelle (β oder γ) und vom Lagerspiel (σ —,20 oder —,34).

fahren und Abstellen der Turbinen. Beim Anfahren hat man zudem zumeist mit sehr kaltem, zähflüssigem Öl zu tun, das gegebenenfalls in die Druckfläche noch nicht eingetreten ist; beim Abstellen ist die Gefahr insofern geringer, als sich an die etwa bereits für die Zuführung des Öles an die Druckfläche ungenügend gewordene Geschwindigkeit der vollkommene Stillstand der Turbinen anschließt[1]).

Schließlich wurde für die Ölzuführung γ noch der Einfluß eines Hilfsabflusses Q_{A2} vor der Druckfläche untersucht (Abb. 350 und 305), eine Anordnung, wie sie bei Schiffsgetriebeturbinen in Frage kommt, wo beim Rückwärtslauf der Ölablaufkanal

[1]) Stribeck: Die wesentlichen Eigenschaften der Gleit- und Rollenlager. Z. V. d. I. 1902.

vor der Druckfläche liegt. Erst über p = 10 kg/cm² macht sich eine Einwirkung des Hilfsabflusses auf die Ölmenge in der Druckfläche geltend und auch dann in beschränktem Maße. Auch hier macht sich der Vorteil, das Öl zur Abführung der Wärme zuerst über den Zapfen strömen zu lassen, erst bei höheren Flächendrücken bemerkbar.

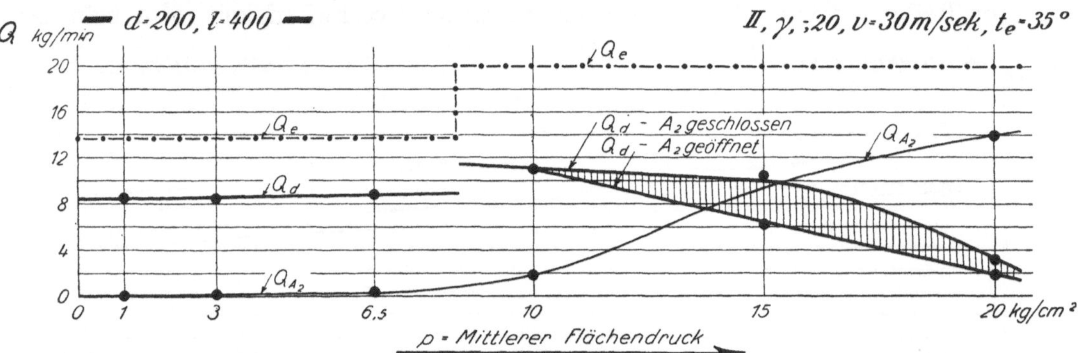

Abb. 350. Die Ölmenge in der Druckfläche bei geöffnetem Hilfsabfluß.

89. Einfluß von Lagerströmen.

Unabhängig von der Konstruktion der Lagerschalen sowie deren Ölversorgung kommt im Betrieb bei Lagerschalen der Turbodynamos noch der Einfluß elektrischer Ströme in Frage. Bei geteilten Dynamogehäusen für Dreh- und Wechselstrom wird in der Induktorwelle ein Wechselstrom induziert, dessen Stärke und Spannung von dem Luftspalt zwischen dem magnetischen Eisen des Dynamogehäuses in der Teilfuge abhängig ist. Dieser Induktionsstrom fließt im Kreislauf: Welle—Lager—Grundplatte—Lager—Welle (Abb. 351). Bekanntlich treten bei jeder Stromaustrittsstelle von einem Metall in das andere, wenn kein fester Kontakt vorhanden ist, Anfressungen

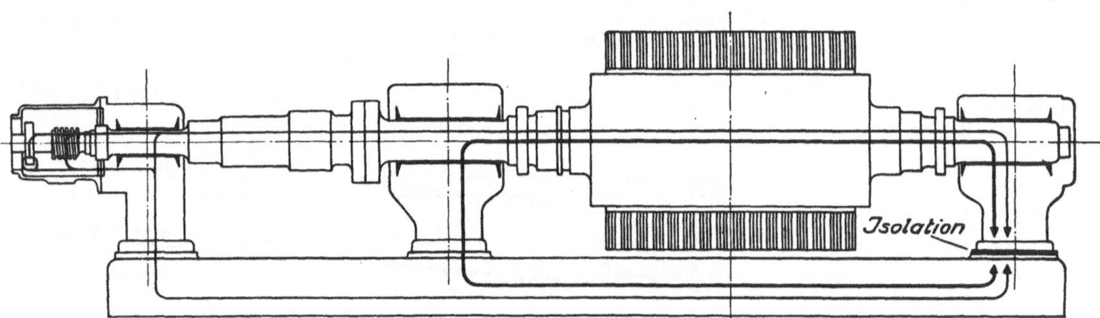

Abb. 351. Schema der Lagerströme.

auf. Da es sich um einen Wechselstrom handelt, wird sowohl der Wellenzapfen als auch die Lauffläche des Lagermetalls angefressen und eine Abnutzung sowie unter Umständen ein Heißlaufen des Lagers verursacht. Es ist daher erforderlich, den Stromlauf an einer Stelle zu unterbrechen, was am zweckmäßigsten durch eine Isolation des äußeren Lagerbockes (Erregerlager) gegen die Grundplatte erfolgt. Selbstverständlich müssen alle anschließenden Rohrleitungen usw. ebenfalls durch eine Isolation elektrisch unterbrochen werden[1]). Der einwandfreie Betrieb derartiger Lager ist also

[1]) Montagevorschrift für die Isolierung des Lagers gegen Induktionsströme.

In der Montage.

Die Induktorwelle ist nach Herausnehmen der Lagerschale durch eine Holzunterlage mit Preßspan-Zwischenlage vom Lagerbock zu isolieren und der mit sämtlichen Rohrleitungen fertig montierte Lagerbock auf Isolation durch ein Galvanoskop zu prüfen.

In Betrieb.

Es ist die Spannung E_1 zwischen den beiden Lagerschenkeln innerhalb der Lager zu messen, dann ist sowohl der Mittellagerbock als auch der isolierte Erregerlagerbock durch einen Schleifkontakt mit dem

abhängig von der Instandhaltung dieser Isolationsschicht, weshalb die Prüfung des Isolationswiderstandes zur ständigen Betriebskontrolle an Dreh- und Wechselstrommaschinen mit geteilten Dynamogehäusen gehört. Die Prüfung erfolgt durch einfache Messung des Isolationswiderstandes mittels Wechselstromvoltmeters; gegebenenfalls kann dasselbe dauernd in den Stromkreis eingeschaltet bleiben.

90. Das Lagermetall.

Entsprechend der Abgrenzung des bearbeiteten Gebietes der übrigen Abschnitte ist auch der Abschnitt über Lager nur mit Rücksicht auf die von den Turbomaschinen gestellten Ansprüche bearbeitet. Es wurde nachgewiesen, daß bei Zapfengeschwindigkeiten über 20 m/sek die Form II bzw. Form III der Auflagefläche gegenüber der üblichen, auf $^1/_3$ des Umfanges aufgeschabten Auflage Form I von Vorteil ist. Die Feststellung der örtlichen Drücke und Temperaturen in der Lauffläche oder vielmehr in dem Schmiermittel zwischen den Laufflächen ergab ein Bild über die tatsächlich auftretenden örtlichen Beanspruchungen des Laufmaterials.

Man wäre versucht, auf Grund dieser Tatsachen die Frage des zweckmäßigsten Lagermetalls als nebensächlich beiseite zu stellen, da es sich bei ruhend belasteten Zapfen um eine reine Flüssigkeitsreibung handelt. Die Lagerzapfen müssen jedoch unter voller Flächenbelastung anlaufen, ohne daß von unten Preßöl zugeführt und die Lauffläche hierdurch entlastet wird; unter diesen Umständen ist bei den niedrigsten Geschwindigkeiten nicht immer volle Flüssigkeitsreibung, sondern nur halbflüssige Reibung gewährleistet. Aber auch bei reiner Flüssigkeitsreibung ist, wie Versuche gezeigt haben, das verwendete Lagermetall nicht ohne Bedeutung.

Dieses Auftreten einer halbflüssigen Reibung hat sich weitestgehend bei Aufnahme der vorgenannten Versuchsreihen erwiesen. Es war aus gewissen Gründen erforderlich, Schalen aus Gußeisen zu verwenden, das sich bis zu Flächenbelastungen von 20 kg/cm² und bei Geschwindigkeiten über 20 m/sek als völlig brauchbar erwies; erforderlich war, daß das Lager erst belastet wurde, nachdem der Zapfen die der jeweiligen Belastung entsprechende Mindestgeschwindigkeit überschritten hatte. Wurde aber bei den Versuchen die Zapfengeschwindigkeit vermindert, so blieb bei dem kritischen Punkt, an dem die reine Flüssigkeitsreibung in halbflüssige Reibung übergeht, der Versuchszapfen plötzlich stehen. Die Ausführung dieser ganzen Versuchsreihen wäre nicht möglich gewesen, wenn dazu nicht der nahezu masselose Antrieb des Versuchszapfens mittels kleiner schnellaufender Dampfturbine angewandt worden wäre. Die Dampfzuführung für die Turbine wurde fest eingestellt, so daß mit einer Zunahme des Reibungswiderstandes ein sofortiges Abfallen der Umlaufzahl verbunden war; nur hierdurch wurde eine größere Beschädigung des Zapfens bzw. der Schale vermieden.

Für den verantwortlichen Betrieb von Turbomaschinen sind die Anforderungen, die an das Lagermetall zu stellen sind, wie folgt zu kennzeichnen: Bei dem gegebenen Spielraum zwischen den umlaufenden Schaufelrädern und dem feststehenden Teil der Turbine soll eine Abnutzung des Lagermetalls, auch an den örtlich höchstbeanspruchten Stellen, nicht eintreten; das Lagermetall muß also unter Berücksichtigung der höchsten örtlichen Drücke und der höchsten örtlichen Temperatur eine gewisse Härte besitzen (Abb. 353). Andererseits darf diese seine Härte nicht zu einem Angreifen der geschliffenen Wellenzapfen führen, wie es z. B. bei den Zinklegierungen der Fall ist. Dieser Forderung entsprach bisher am besten die hochprozentige Zinnlegierung; aber auch niedrigprozentige Zinnlegierungen eignen sich ebenfalls für die geforderten Ver-

zugehörigen Lagerschenkel zu verbinden und die Spannung E_2 zwischen dem isolierten Erregerlagerbock und der Grundplatte zu messen. Ist die Isolation gut, so müssen die Spannungen E_1 und E_2 annähernd gleich groß sein. Die Spannungen selbst sind mit einem Wechselstrom-Voltmeter mit einem Meßbereich bis etwa 20 Volt zu prüfen.

hältnisse. Dagegen haben Bleilegierungen, die durch einen Zusatz alkalischer Leichtmetalle, wie Kalzium, Natrium oder Barium eine größere Härte erhalten, sich infolge ihrer Affinität zu Sauerstoff für die Lager der Turbomaschinen mit großen Durchflußmengen von Öl als völlig unbrauchbar erwiesen, da eine Zersetzung des Metalls durch den vom Öl aufgenommenen Sauerstoff bereits nach kurzer Zeit eintrat.

Die bisher veröffentlichten Untersuchungen an Lagermetallen sind zum größten Teil erst während des Krieges und nach demselben durchgeführt worden. Zu erwähnen sind insbesondere die Arbeiten von Heyn und Bauer, die Klötzchenversuche von Prof. v. Hanffstengel sowie die Versuche der Reichsbahn über die Behandlung und Verwendung der Lagermetalle[1]).

Anschließend an die Klötzchenversuche von Prof. v. Hanffstengel sind von uns Untersuchungen an ganzen Lagerschalen mit Weißmetallausguß ausgeführt worden und zwar wurden ganze Schalen gewählt, um die Betriebsverhältnisse besser nachahmen zu können. Während jedoch die bisherigen Versuche sich in der Hauptsache auf die Untersuchung der Lagermetalle bei normaler und anormaler Beanspruchung bis zum Beginn der Freßperiode beschränken, wurden die neueren Versuche auch auf das Verhalten der Metalle während der Periode des Versagens der Schmierung (Freßperiode) ausgedehnt. Der Zweck der Versuche sollte sein, diejenige Legierung zu finden, welche beim Versagen der Schmierung einen recht langen Auslauf zuläßt, ehe sich die Lauffläche um einen bestimmten Betrag abnutzt. Außerdem sollten die besten mechanischen, physikalischen, chemischen, schmelz- und gießtechnischen Eigenschaften untersucht werden, die man von einem guten Lagermetall verlangt.

1. Haltepunktskurven: Bei den einzelnen Lagerweißmetallen ist die Lage der sogen. Haltepunkte von besonderer Wichtigkeit. Hierunter werden einerseits die Schmelz- und Erstarrungspunkte verstanden, bei denen alle Teile der Legierung entweder flüssig oder fest sind; andererseits finden sich zwischen diesen Grenzen noch weitere Punkte, bei denen aber nur einzelne Teile der Legierung erstarrt sind, d. h. bei denen sich Kristalle ausscheiden. Die Temperatur hält sich hierbei während des Erstarrungsvorganges eine kurze Zeit konstant, da durch das Ausscheiden von Kristallen eine Wärmeentwicklung durch Freiwerden der Kristallisationswärme stattfindet. Bei einer Legierung aus mehreren Metallen, z. B. Zinn, Antimon und Kupfer, finden sich in der Abkühlungskurve mehrere Absätze. Jedem Absatz entspricht eine besondere Kristallausscheidung; am untersten Absatz wird die sog. Grundmasse fest. Aus derartigen Kurven läßt sich leicht ersehen, bei welcher Temperatur gewisse Teile der Legierung anfangen flüssig zu werden und bis zu welcher Temperatur die Legierung erhitzt werden muß, bis sie vollkommen flüssig ist. Es gibt nun Lagerlegierungen, die schon bei 180° anfangen flüssig zu werden, während dies bei

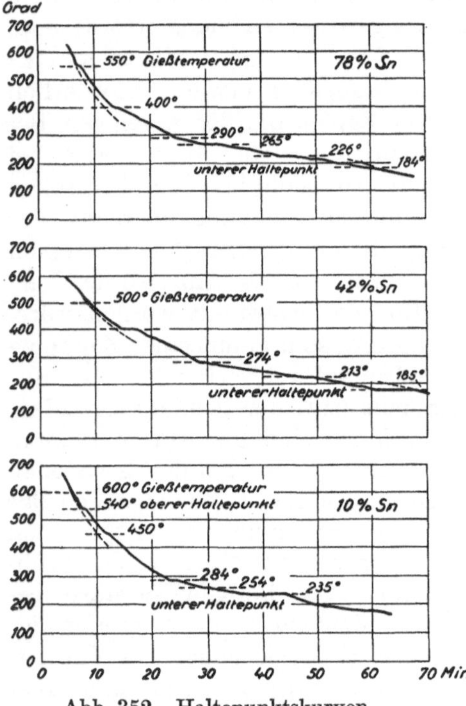

Abb. 352. Haltepunktskurven.

[1]) Heyn und Bauer: Untersuchungen über die Lagermetalle Antimon-Blei-Zinn-Legierungen. Verlag von Leonhard Simion Nf. 1914. — v. Hanffstengel: Bericht über die Arbeiten des Ausschusses für Lagerversuche. Maschinenbaubetrieb vom 10. 3. 1923, H. 12. — Reichsbahn: Behandlung und Verwendung der Lagermetalle in den Werkstätten und im Betrieb. H. 1 der Richtlinien für den Werkstättenbetrieb, 2. Aufl., hrsg. vom Eisenbahnzentralamt, Berlin Dezember 1923.

anderen erst bei ca. 240⁰ geschieht. Abb. 352 zeigt die Abkühlungskurve von 78-, 42- und 10%igen Legierungen.

Die 78%ige Legierung hat bei ca. 180⁰ einen schwach ausgebildeten Haltepunkt, während bei der 42%igen Legierung sich bei 180⁰ der Haltepunkt sehr stark ausprägt. Die 10%ige Sn-Legierung hat bei 180⁰ keinen Haltepunkt, sondern erst bei 240⁰. Erwärmt sich also bei versagender Schmierung das Lager nach und nach, so wird insbesondere bei der 42%igen Sn-Legierung, auch in geringerem Maße bei der 78er Legierung, das Lagermetall bei 180⁰ teilweise flüssig werden und ausfließen, während bei der 10%igen Sn-Legierung dieser Zustand erst bei einer wesentlich höheren Temperatur von 240⁰ erreicht wird.

Der oberste Haltepunkt dieser Kurven liefert außerdem die Schmelztemperatur, bis zu welcher das Lagermetall mindestens erhitzt werden muß. Ein wesentlich höheres Erhitzen ist schädlich, weil hierdurch unnütze Oxydationsverluste auftreten.

2. Kugeldruckhärte: Von weiterer Wichtigkeit für die Güte des Lagermetalls ist die Kugeldruckhärte der einzelnen Legierungen. Die Kugeldruckhärte gibt Aufschluß über die Widerstands-

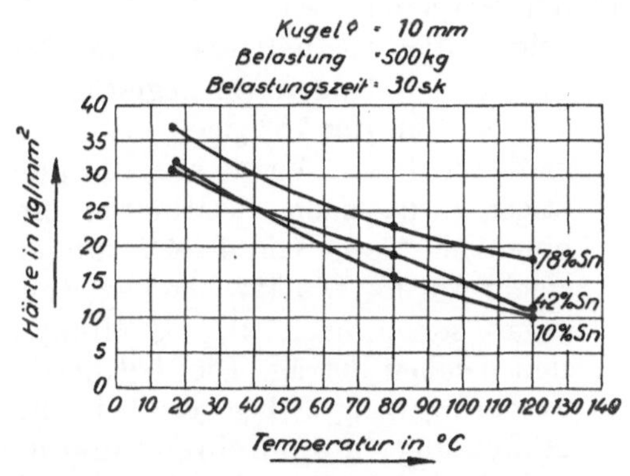

Abb. 353. Kugeldruckhärte von Lagermetallen.

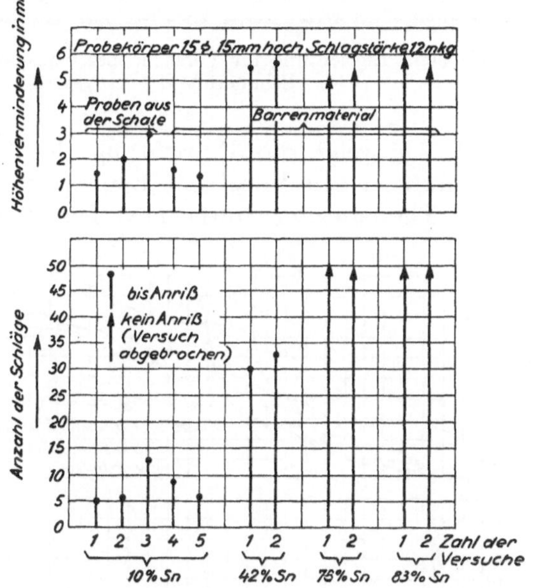

Abb. 354. Sprödigkeit verschiedener Lagermetalle.

fähigkeit eines Materials gegen Verdrückung. Die Härten der einzelnen Lagermetalle weichen bei ca. 70—80⁰ schon ziemlich voneinander ab. Abb. 353 zeigt die Härtekurven der 78-, 42- und 10%igen Lagermetallegierung in Abhängigkeit von der Temperatur. Die Versuche wurden vorgenommen mit 500 kg Belastung bei 10 mm Kugeldurchmesser, Belastungsdauer 30 Sekunden.

3. Sprödigkeit des Materials: Die Sprödigkeit des Materials kann durch Schlagstauchversuche (Abb. 354) untersucht werden. Man staucht einen zylindrischen Körper aus dem betreffenden Weißmetall und beobachtet den ersten Anriß. Dasjenige Lagermetall ist natürlich am sprödesten, welches zuerst einreißt. Die bei den Versuchen verwendeten Klötzchen waren 15 mm hoch und hatten einen Durchmesser von ebenfalls 15 mm. Das Bärgewicht betrug 4 kg, die Fallhöhe 30 cm. Bei der 78- und 83%igen Legierung erfolgte nach 50 Schlägen noch kein Anriß, aber eine Höhenabnahme von 15 mm auf ca. 9,5 mm. Bei der 42%igen Legierung erfolgte nach 30 Schlägen ein Anriß bei einer Höhenabnahme von 15 mm auf 9,5 mm. Bei der 10% Sn-Legierung: Anriß nach 8—13 Schlägen, Höhenabnahme von 15 mm auf ca. 13,5 mm.

4. Versuche bei versagender Schmierung: Von ganz besonderer Bedeutung für die Untersuchung eines Lagermetalls sind die Versuche bei Versagen der Schmierung. Bei normaler Belastung und normaler Drehzahl wurde zunächst der Beharrungs-

zustand abgewartet und hierauf plötzlich die Schmierung abgestellt. Es wurde nun beobachtet, in welcher Zeit die Lagerschalen, die mit Weißmetallen verschiedener Zusammensetzung ausgegossen waren, sich um ein bestimmtes Maß abgenutzt hatten. Außerdem wurde der Kraftbedarf des Antriebmotors gemessen. Dasjenige Lagermetall ist am besten, welches in einem großen Zeitraum eine verhältnismäßig geringe Abnutzung zeigt. Für die Praxis sind diese Versuche von Wichtigkeit, weil beim plötzlichen Versagen der Schmierung einer im Betrieb befindlichen Maschine mit einem Lagermetall, das sich in kurzer Zeit stark abnutzt, der Rotor zum Streifen kommen und eine Beschädigung der Maschine herbeigeführt werden kann.

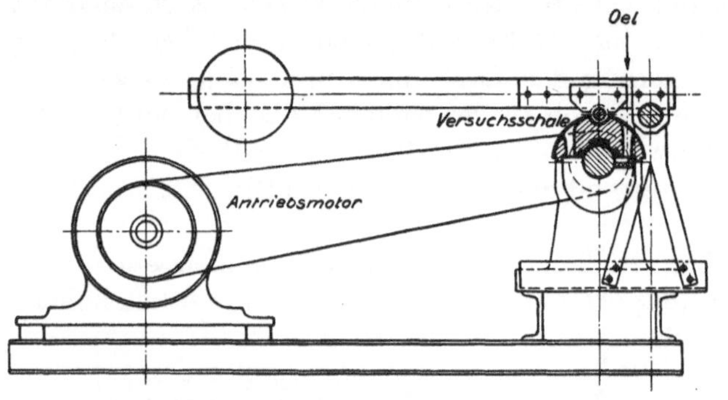

Abb. 355. Einrichtung für Versuche bei versagender Schmierung.

Abb. 355 zeigt die Einrichtung des Versuchsstandes. Die Versuchslagerschale wurde durch einen Hebel mit Laufgewichten belastet, die Messung der Temperatur mittels Thermometer sowie mit Thermoelementen vorgenommen. Abb. 356—358 zeigen die Ausfließkurven der 78-, 42- und 10%igen Sn-Legierungen. Die Kurven der 78%igen Legierung sind bei diesen Versuchen die günstigsten, da nach 25 Minuten erst eine Abnutzung von 4—4½ mm erreicht wurde. Die 42%ige Legierung ergab schon nach 2½—3 Minuten den gleichen Betrag. Die 10%ige Sn-Legierung zeigte dagegen bei einer Abnutzung von 5 mm ein Zeitintervall von 4½—15 Minuten. Diese große Verschiedenheit in der Abnutzungszeit ist begründet durch die verschiedenartige Wärmebehandlung von Lagerschale und Dorn beim Ausgießen.

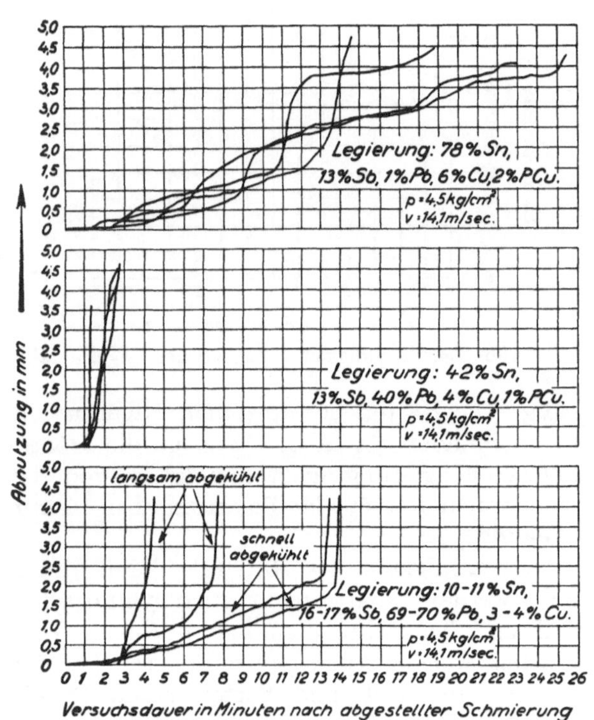

Abb. 356—358. Abnützung verschiedener Lagermetalle bei versagender Schmierung.

Die Temperatur steigt nach abgestellter Schmierung anfangs sehr schnell und nähert sich langsam dem untersten Haltepunkt, bei dem das Metall anfängt auszufließen. Bei dem 78%igen Lagermetall (Abb. 356) beträgt diese Zeit ca. 23 Minuten, bei einer Abnutzung von ca. 4 mm. Das 42%ige Lagermetall hat, wie bereits berichtet, einen sehr stark ausgeprägten untersten Haltepunkt (Abb. 357); daher geht das Ausfließen des Lagermetalls schon nach der sehr kurzen Zeit von ca. 3 Min. vor sich. Bei der 10%igen Sn-Legierung (Abb. 358) fehlt der unterste Haltepunkt von ca. 180° und läßt sich demzufolge bei entsprechender Wärmebehandlung eine Ausfließzeit von ca. 14 Minuten erreichen.

Tafel XV.

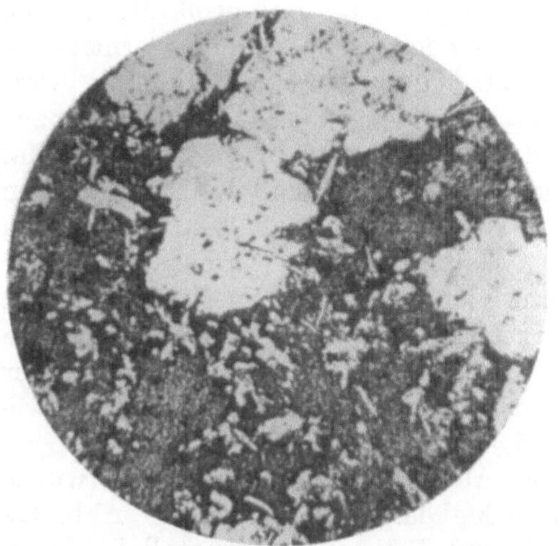

$v = 100$
78% Sn. Langsam abgekühlt.

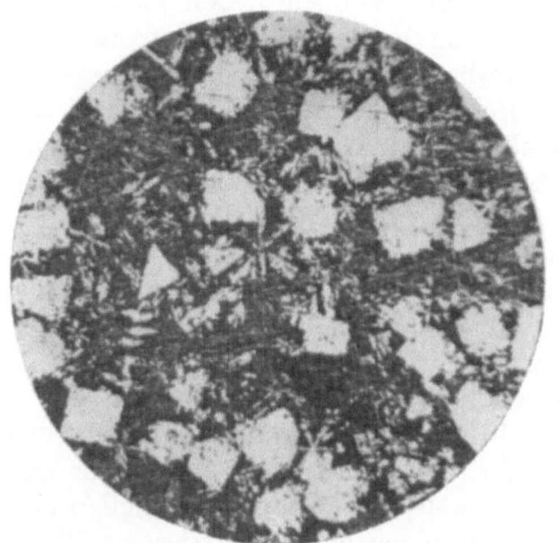

$v = 100$
78% Sn. Schnell abgekühlt.

$v = 100$
42% Sn. Schnell abgekühlt.

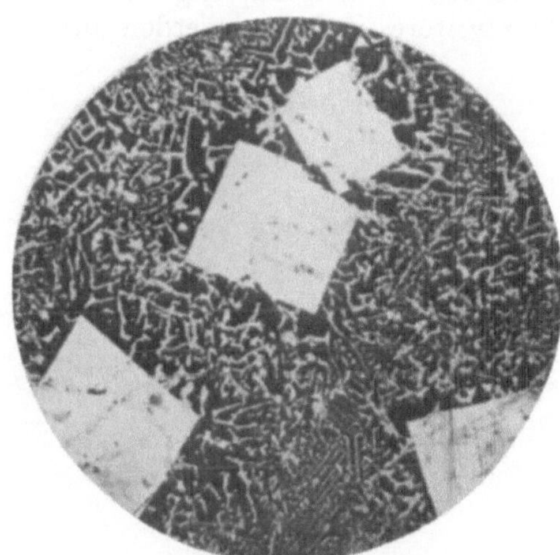

$v = 100$
10% Sn. Langsam abgekühlt.

$v = 100$
10% Sn. Schnell abgekühlt.

Abb. 359—363. Metallgefüge bei verschiedener Abkühlungsgeschwindigkeit.

5. Wärmebehandlung: Wie bereits im vorstehenden erwähnt, spielt die Wärmebehandlung beim Ausgießen einer Lagerschale mit Lagermetall eine große Rolle. Die Erfahrung hat gezeigt, daß trotz Verwendung von hochzinnhaltigen Lagermetallen die Gebrauchsgüte der damit ausgegossenen Lagerschalen sehr ungleichmäßig war. Während einerseits das Weißmetall bröckelig und rissig wurde und Heißlaufen bzw. Auslaufen des Lagers hervorrief, waren andererseits Schalen aus dem gleichen Material jahrelang anstandslos in Betrieb. Untersuchungen haben ergeben, daß das Einschmelzen sowie das Gießen des Weißmetalls, ferner das Anwärmen von Schale und Gießdorn und nachträgliches Abkühlen auf die Qualität des Weißmetallagers von hervorragender Bedeutung sind. Aber gerade zum Schmelzen und Vergießen der Lagermetalle findet man häufig noch die primitivsten Einrichtungen. Nun ist aber eine vollkommene Wärmebehandlung nicht nur schädlich für die Güte der Lagerschalen, sondern der Schaden erstreckt sich auch auf die Metallverluste durch erhöhten Abbrand sowie durch vermehrten Lohn- und Brennstoffaufwand.

Um den Einfluß von langsamer und schneller Abkühlung zu untersuchen, wurde die gleiche Schale einmal schnell und das andere Mal langsam abgekühlt. Abb. 359 bis 360 zeigen nebeneinandergestellt das 78-, 42- und $10^0/_0$ige Lagermetall bei langsamer bzw. schneller Abkühlung. Das grobkörnige Gefüge stammt aus der langsam abgekühlten Schale, das feinkörnige Gefüge aus einer schnellabgekühlten Schale. Die Ergebnisse eingehender Versuche über den Einfluß des Gefüges zeigen die Auslaufkurven der $10^0/_0$igen Sn-Legierung (Abb. 358) bei langsamer und schneller Abkühlung. Wie aus der Abbildung zu ersehen ist, lief das Lagermetall bei ganz langsamer Abkühlung bereits nach $4^1/_2$ Minuten aus, bei schneller Abkühlung erst nach 14 Minuten.

Die $10^0/_0$ige Sn-Legierung baut sich in der Weise auf, daß sich zuerst Kupfer-Antimon-Kristalle ausscheiden, die ein feines netzartiges Gitter in dem erstarrenden Block bilden. Alsdann setzen sich an diesen Kristalläderchen Mischkristalle aus Antimon und Zinn ab. Zum Schluß erstarrt in dem verbleibenden Zwischenraum die sog. Grundmasse, die aus Blei und Mischkristallen zusammengesetzt ist. Kristalle ohne verbindende Grundmasse würden einen spröden Körper bilden, der leicht ausbricht, während wiederum Grundmasse allein ohne Kristalle ein weicher Körper wäre, der leicht verquetscht.

Nicht berührt ist die Frage, wie sich die verschiedenen Lagermetalle verhalten in bezug auf die abschleifende Wirkung, die das Öl auf sie ausüben muß, auch wenn reine Flüssigkeitsschmierung herrscht. Zurzeit kann nur vermutet werden, daß die hochprozentigen Zinnlegierungen bei den heute vorkommenden Zapfengeschwindigkeiten von 30—40 m pro Sekunden noch nicht ohne weiteres verlassen werden dürfen.

Leicht wie der Iris Sprung durch die Luft, wie der Pfeil von der Sehne des Bogens, hüpfet der Brücke Joch über den brausenden Strom.

Schillers Spaziergang 1795.

XI. Formgebung.

So konstruieren, daß man rechnen kann und so konstruieren, daß das Material in allen Teilen der Konstruktionskörper gesund ist, bedeutet das α und das ω des Maschinenbaues. Gesunde Konstruktionen sind zumeist auch schön, obschon es oft schwierig ist, mit einer inneren gesunden Konstruktion auch eine äußere Schönheit zu verbinden, äußere schöne Formen, die auf den Fachmann und den Laien eindrucksvoll wirken.

Die Endwand einer Maschinenbauwerkstatt aus dem Jahre 1890 nach Abb. 364 ist häßlich und niemand wird sie gegenüber der umgebauten verteidigen. Lokomotiven vom Jahre 1843 (Abb. 365) belacht heute unsere heranwachsende Jugend. Die

Abb. 364. Endwand aus dem Jahre 1890 links, umgebaut rechts.

heutigen Schnellzugslokomotiven (Abb. 366) mit dem Ausdruck ihrer inneren Kraft, mit ihrem glatten Äußeren, mit den wenigen, aber ausgesprochen horizontalen Linien, empfindet jeder als vertrauenerweckend, als schön. Die „Gewitterdroschke" (Abb. 367) aus den Anfängen des Automobilbaues wirkt häßlich im Vergleich zu unseren heutigen Kraftwagen (Abb. 368). — Wer empfände nicht dankbar die schöne und so natürliche Linie der neuen Kölner Hängebrücke über den Rhein und wie brutal wirkt die knochige Form des „Blauen Wunders" zwischen Loschwitz-Blasewitz, das in rohester Weise das zarte Landschaftsbild der Loschwitzer Berge zerstört.

Eine Dampfturbine, unsere modernste Großkraftmaschine (Abb. 370), kann Anspruch darauf erheben, in einem hellen, schönen Saal Aufstellung zu finden; sie kann fordern, so sauber gehalten zu werden, wie ein Ausstellungsgegenstand höchster Eleganz, sie ist ein Etwas, das spielend seine ernste Arbeit verrichtet. Wie bei dem Zweckbau eines Architekten, läßt sich das dem Auge verborgene, im Innern sich abspielende Ar-

Abb. 365. Lokomotive aus dem Jahre 1843.

Abb. 366. Moderne Schnellzugslokomotive.

Abb. 367. Kraftwagen ältester. Konstruktion.

Abb. 368. Moderner Kraftwagen.

Abb. 369. 50000 kW-Dampfturbine; erster Entwurf.

Abb. 370. 50000 kW-Dampfturbine; Ausführung.

Abb. 371. Lagerkörper.

beiten der Turbine auch äußerlich zum Ausdruck bringen; ein kräftiger herumgeführter Wulst schließt den runden Hauptkörper nach vorne ab und auf der ganzen Länge bleibt das den Rotor umschließende Gehäuse als freier Zylinder sichtbar; frei eingehängt zwischen dem vorderen Lagerkörper und dem mittleren Lager der Turbodynamo kann sich das Gehäuse den Temperaturen des Dampfes entsprechend frei dehnen, ohne durch angegossene Füße oder Rippen gezwängt und verbogen zu werden.

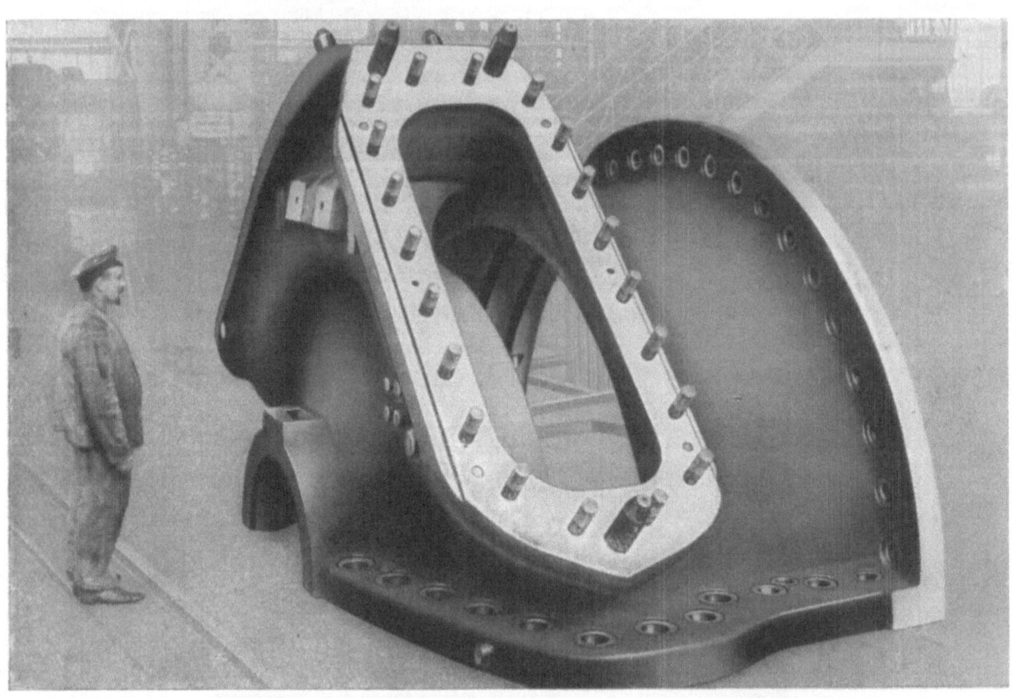

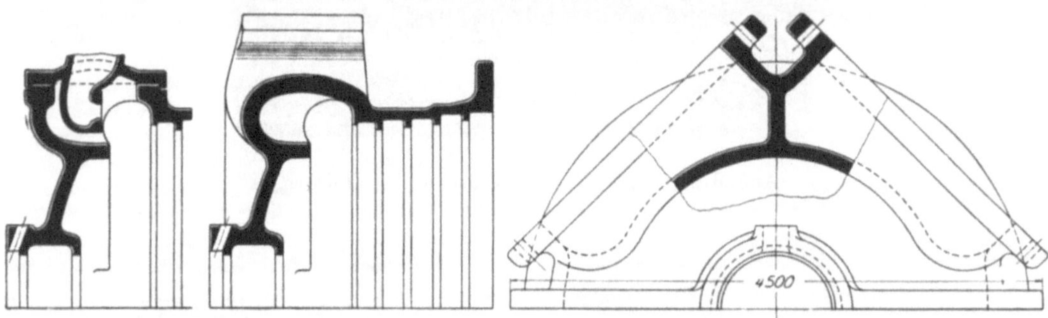

Abb. 372—373. Hochdruckgehäuseoberteil der 50000 kW-Dampfturbine.

Oben auf diesem Körper sind die Regulierventile aufgebaut und zu diesen führen an beiden Seiten die frei sichtbaren Zuleitungsrohre den Dampf hinauf. Vor der Turbine stehen zwei große Säulen mit Handrad für die Hauptmanövrierventile sowie zwei kleinere Säulen für die Dampfventile der Hilfsmaschinen.

Die Dynamo ahmt in ihren schweren vertikalen Linien die Turbine nach; ihre Füße sind kräftig nach außen gezogen, um das schwere, runde Gehäuse zu tragen und um durch ihr Inneres hindurch der Kühlluft den Austritt in die Luftkanäle des Fundamentes zu gewähren. Die Endkappen, leicht auf der Grundplatte aufgebaut, führen aus anderen Kanälen frische Luft dem Rotor zu.

So wie alle Rippen und Querlinien an dem Hauptkörper der Turbine und Dynamo (Abb. 370 im Gegensatz zu Abb. 369) fortblieben, so war es auch möglich, an den Lagerkörpern alle harten horizontalen Linien zu vermeiden (Abb. 371) und sie durch bestimmte kräftige und dabei volle Formen mit nur vertikalen Linien zu ersetzen.

Abb. 372 und 373 zeigen die Ausführung des Hochdruckgehäuseoberteiles der 50000 kW-Dampfturbine. Die Düsenkästen (Abb. 374—375) forderten zwei weite Durchbrüche in dem zylindrischen Hauptkörper und zwischen diesen beiden Öffnungen mußte eine äußerst kräftige Brücke die genommene Festigkeit wieder ersetzen. Die beiden Düsenkästen sind die einzigen Körper, welche den vollen Druck und die volle Temperatur des Frischdampfes auszuhalten haben; zugleich aber erhalten diese Körper beim Stillsetzen der Maschine plötzlich die im Kondensator herrschende Luftleere und Temperatur. Freie Dehn-

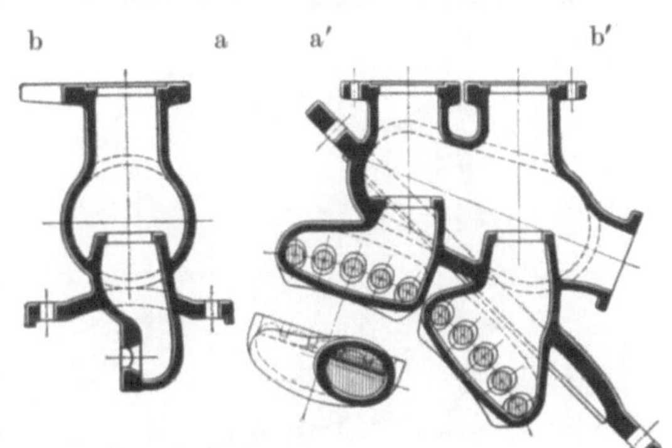

Abb. 374—375. Düsenkästen der 50000 kW-Dampfturbine.

barkeit in allen Querschnitten, keine Rippen oder sonstigen Schwimmhäute, kugelige Formgebung in allen Teilen war der Hauptgrundsatz der Konstruktion.

Abb. 377 gibt die Skizze des Turbinengehäuses, in dem die ganze Umsetzung der etwa 250 t Dampf in 50000 kW erfolgt, die erste Maschine, welche diese große Kraftleistung in einem einzigen Gehäuse bewältigt. Abb. 376 läßt die Konstruktion der Brücke zwischen den beiden Abdampfstutzen von 2400 mm Durchmesser, die den Dampf nach erfolgtem Arbeiten in die Kondensatoren führen, erkennen.

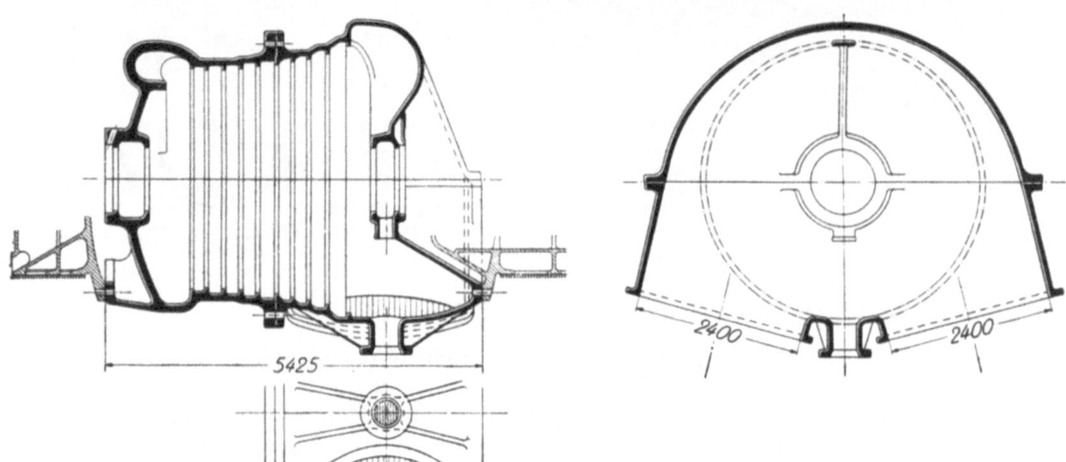

Abb. 376—377. Abdampfstutzen der 50000 kW-Dampfturbine.

Vor zwei Jahrzehnten war eine Kolbendampfmaschine von 1000 PS Leistung mit 6,5 kg Dampfverbrauch pro kW eine Glanzleistung; heute werden als Markstein im deutschen Maschinenbau Turbodynamos bis zu 50000 kW Einheitsleistung gebaut bei einem Zwanzigstel des Gewichtes pro kW bei nur 5 kg Dampfverbrauch, und die Turbinentechnik ist bereit, weitere Aufgaben zu lösen.

Dampf- und Gasturbinen. Mit einem Anhang über die Aussichten der Wärmekraftmaschinen. Von Prof. Dr. phil. Dr.-Ing. **A. Stodola,** Zürich. Sechste Auflage. Unveränderter Abdruck der V. Auflage. Mit einem Nachtrag nebst Entropie-Tafel für hohe Drücke und B^1T-Tafel zur Ermittelung des Rauminhaltes. Mit 1138 Textabbildungen und 13 Tafeln. (1154 S.) 1924. Gebunden 50 Goldmark

Nachtrag zur fünften Auflage von Stodolas Dampf- und Gasturbinen nebst Entropie-Tafel für hohe Drücke und B^1T-Tafel zur Ermittelung des Rauminhaltes. Mit 37 Abbildungen und 2 Tafeln. (32 S.) 1924. 3 Goldmark

Dieser der 6. Auflage angefügte Nachtrag ist auch als Sonderausgabe einzeln zu beziehen, um den Besitzern der 5. Auflage des Hauptwerkes die Möglichkeit einer Ergänzung auf den Stand der 6. Auflage zu bieten.

Kolbendampfmaschinen und Dampfturbinen. Ein Lehr- und Handbuch für Studierende und Konstrukteure. Von Prof. **Heinrich Dubbel,** Ingenieur. Sechste, vermehrte und verbesserte Auflage. Mit 566 Textfiguren. (530 S.) 1923. Gebunden 14 Goldmark

---

Die Steuerungen der Dampfmaschinen. Von Prof. **Heinrich Dubbel,** Ingenieur, Dritte, umgearbeitete und erweiterte Auflage. Mit 515 Textabbildungen. (399 S.) 1923. Gebunden 10 Goldmark

---

Der Einfluß der rückgewinnbaren Verlustwärme des Hochdruckteils auf den Dampfverbrauch der Dampfturbinen. Von Privatdozent Dr.-Ing. **Georg Forner,** Berlin. Mit 10 Textabbildungen und 8 Zahlentafeln. (36 S.) 1922. 1.50 Goldmark

---

Bau und Berechnung der Dampfturbinen. Eine kurze Einführung. Von **Franz Seufert,** Studienrat a. D., Oberingenieur für Wärmewirtschaft. Zweite, verbesserte Auflage. Mit 54 Textabbildungen. (89 S.) 1923. 2 Goldmark

---

Anleitung zur Berechnung einer Dampfmaschine. Ein Hilfsbuch für den Unterricht im Entwerfen von Dampfmaschinen. Von Geh. Hofrat Prof. **R. Graßmann,** Karlsruhe i. B. Vierte, umgearbeitete und stark erweiterte Auflage. Mit 25 Anhängen, 471 Figuren und 2 Tafeln. (658 S.) 1924. Gebunden 28 Goldmark

---

Die Berechnung der Drehschwingungen und ihre Anwendung im Maschinenbau. Von **Heinrich Holzer,** Oberingenieur der Maschinenfabrik Augsburg-Nürnberg. Mit vielen praktischen Beispielen und 48 Textfiguren. (204 S.) 1921. 8 Goldmark; gebunden 9 Goldmark

---

Drehschwingungen in Kolbenmaschinenanlagen und das Gesetz ihres Ausgleichs. Von Dr.-Ing. **Hans Wydler,** Kiel. Mit einem Nachwort: Betrachtungen über die Eigenschwingungen reibungsfreier Systeme von Prof. Dr.-Ing. Guido Zerkowitz, München. Mit 46 Textfiguren. (106 S.) 1922. 6 Goldmark

---

Der Regelvorgang bei Kraftmaschinen auf Grund von Versuchen an Exzenterreglern. Von Prof. Dr.-Ing. **A. Watzinger,** Trondhjem und Dipl.-Ing. **Leif J. Hanssen,** Trondhjem. Mit 82 Abbildungen. (92 S.) 1923. 7 Goldmark; gebunden 8 Goldmark

---

Regelung der Kraftmaschinen. Berechnung und Konstruktion der Schwungräder, des Massenausgleichs und der Kraftmaschinenregler in elementarer Behandlung. Von Hofrat Prof. Dr.-Ing. **Max Tolle,** Karlsruhe. Dritte, verbesserte und vermehrte Auflage. Mit 532 Textfiguren und 24 Tafeln. (902 S.) 1921. Gebunden 33.50 Goldmark

Werkstoffprüfung für Maschinen- und Eisenbau. Von Dr. **G. Schulze,** Ständiges Mitglied am Staatl. Materialprüfungsamt Berlin-Dahlem und Dipl.-Ing. **E. Vollhardt,** Studienrat an der Beuth-Schule, Berlin. Mit 213 Textabbildungen. (193 S.) 1923.
7 Goldmark; gebunden 7.80 Goldmark

Die Grundlagen der deutschen Material- und Bauvorschriften für Dampfkessel. Von Prof. **R. Baumann,** Stuttgart. Mit einem Vorwort von Prof. Dr.-Ing. **C. v. Bach.** Mit 38 Textfiguren. (134 S.) 1912. 2.90 Goldmark

---

Die Werkstoffe für den Dampfkesselbau. Eigenschaften und Verhalten bei der Herstellung, Weiterverarbeitung und im Betriebe. Von Oberingenieur Dr.-Ing. **K. Meerbach.** Mit 53 Textabbildungen. (206 S.) 1922. 7.50 Goldmark; gebunden 9 Goldmark

---

Die Kessel- und Maschinenbaumaterialien nach Erfahrungen aus der Abnahmepraxis kurz dargestellt für Werkstätten- und Betriebsingenieure und für Konstrukteure. Von **O. Hönigsberg,** Zivilingenieur, Wien. Mit 13 Textfiguren. (98 S.) 1914. 3 Goldmark

---

Festigkeitseigenschaften und Gefügebilder der Konstruktionsmaterialien. Von Dr.-Ing. **C. Bach** und **R. Baumann,** Professoren an der Technischen Hochschule, Stuttgart. Zweite, stark vermehrte Auflage. Mit 936 Figuren. (194 S.) 1921.
Gebunden 15 Goldmark

Elastizität und Festigkeit. Die für die Technik wichtigsten Sätze und deren erfahrungsmäßige Grundlage. Von **C. Bach** und **R. Baumann.** Neunte, vermehrte Auflage. Mit in den Text gedruckten Abbildungen, 2 Buchdrucktafeln und 25 Tafeln in Lichtdruck. (715 S.) 1924.
Gebunden 24 Goldmark

Die Konstruktionsstähle und ihre Wärmebehandlung. Von Dr.-Ing. **Rudolf Schäfer.** Mit 205 Textabbildungen und einer Tafel. (378 S.) 1923. Gebunden 15 Goldmark

---

Das technische Eisen. Konstitution und Eigenschaften. Von Prof. Dr.-Ing. **Paul Oberhoffer,** Aachen. Zweite, verbesserte und vermehrte Auflage. Mit 610 Abbildungen im Text und 20 Tabellen. (608 S.) 1925. Gebunden 31.50 Goldmark

---

Probenahme und Analyse von Eisen und Stahl. Hand- und Hilfsbuch für Eisenhütten-Laboratorien. Von Prof. Dipl.-Ing. **O. Bauer** und Prof. Dipl.-Ing. **E. Deiß.** Zweite, vermehrte und verbesserte Auflage. Mit 176 Abbildungen und 140 Tabellen im Text. (312 S.) 1922.
Gebunden 12 Goldmark

Taschenbuch für den Maschinenbau. Bearbeitet von Fachleuten. Herausgegeben von Prof. **Heinrich Dubbel,** Ingenieur, Berlin. Vierte, erweiterte und verbesserte Auflage. Mit 2786 Textfiguren. In zwei Bänden. (1739 S.) 1924. Gebunden 18 Goldmark

---

Freytags Hilfsbuch für den Maschinenbau für Maschineningenieure sowie für den Unterricht an Technischen Lehranstalten. Siebente, vollständig neubearbeitete Auflage. Unter Mitarbeit von Fachleuten herausgegeben von Prof. **P. Gerlach.** Mit 2484 in den Text gedruckten Abbildungen, 1 farbigen Tafel und 3 Konstruktionstafeln. (1502 S.) 1924. Gebunden 17.40 Goldmark

---

Technische Schwingungslehre. Ein Handbuch für Ingenieure, Physiker und Mathematiker bei der Untersuchung der in der Technik angewendeten periodischen Vorgänge. Von Privatdozent Dipl.-Ing. Dr. **Wilhelm Hort,** Oberingenieur, Berlin. Zweite, völlig umgearbeitete Auflage. Mit 423 Textfiguren. (836 S.) 1922. Gebunden 24 Goldmark